金商道

The positive thinker sees the invisible, feels the intangible,
and achieves the impossible.

惟正向思考者，能察於未見，感於無形，達於人所不能。——佚名

好策略
的
關鍵

策略大師從觀念到實作完整教戰
教你一步步擬訂好策略

The Crux: How Leaders Become Strategists

理查・魯梅特 Richard P. Rumelt——著

李芳齡——譯

　　本書再次證明何以魯梅特是全球的策略權威，這本新作帶你一覽真實世界裡的策略情境，從網飛公司的串流事業、美國軍方的制定作戰教條，到詳細解說為期三天的「策略鑄造」。這是一本非常值得一讀的指南，獻給最困難的課題之一：面臨棘手的挑戰時，如何開闢出一條前進之路。

——英特爾公司前董事會主席安迪·布萊恩（Andy D. Bryant）

　　魯梅特在這本強大的新作中告訴我們：「策略不是魔法」，但這本書確實施展了魔法，在閱讀書中的每個故事時，我著迷於其中講述的難題，以及每一個「啊哈」和「呃噢」時刻。身為策略顧問，我受到挑戰與啟發，把自己推向更高的思考境界。魯梅特引領我們擺脫死板的框架和感覺良好藥方，進入傑出策略師的陣營，以好奇心、創造力與靈巧來應付棘手情況，直達問題的底部，運用我們的力量破解問題。想深化策

略思考理解力、並實務應用的領導人都應該閱讀此書，書中充滿新啟示及實用的概念與方法來加快你的進展。

麥肯錫管理顧問公司資深合夥人克里斯・布萊德利（Chris Bradley）
《曲棍球桿效應》（*Strategy Beyond the Hockey Stick*）一書合著者

魯梅特是影響我與我歷任公司深遠的思想家，他使我的工作變得更有趣，也催化了驚人的財富創造。本書成功地朝應付最重要的課題邁進了一大步，「辨識關鍵點」這個概念使我們更容易構思出正確、可行的策略。我會敦促我的同仁閱讀此書，當成幫助他們成為策略師的最佳方法。

——紅門軟體公司（Redgate Software）共同創辦人暨
執行長西蒙・蓋爾布瑞斯（Simon Galbraith）

魯梅特在這本精闢實用的著作中提醒我們，策略並不是訂定財務目標的流程，而是深入、不受限地討論公司面臨的重要挑戰，運用創造力找出變革性的解決方案，魯梅特引用廣泛引人入勝的例子，展示了如何做以及這麼做的巨大好處。

——哈佛大學商學院教授蕾貝卡・韓德森（Rebecca Henderson）
《重新想像資本主義》（*Reimagining Capitalism in a World on Fire*）作者

在我們的事業中，策略是個無意義的概念，直到我們找上魯梅特。他幫助我們遠離空洞的目標，以及對未知未來的虛假觀點，朝向找出課

題的「關鍵」，使我們能夠聚焦於正確的行動。若身為策略師的你決心為事業制定一個聚焦、條理清晰連貫的策略，這將是你需要的唯一一本書。

——汎亞伯達能源公司（TransAlta Corp.）前執行長暨
總裁唐恩・法洛（Dawn Farrell）

這本書完成其使命。魯梅特施展他的最優能力，精闢地解析如何思考策略，診斷挑戰，把條理清晰連貫的解決方案付諸實行。我親身體驗「可應付的策略性挑戰」概念使美國國防情報局受益匪淺。

——前美國國防情報局局長、美國陸軍退休中將
小羅伯・艾希禮（Robert P. Ashley Jr.）

在一片漫談事業目標的空洞聲中，魯梅特切入關鍵。這是來自當今最具洞察力且生動有趣的策略論述評論家的又一本傑作。

——倫敦政經學院教授約翰・凱爵士（Sir John Kay）
《玩別人的錢》（Other People's Money and Obliquity）作者

打造與驅動一家成功企業需要什麼？若想穿越這片迷霧，你必讀本書。書中以精闢的洞察編造了一份路線圖，幫助你深入且清晰地診斷自身處境，建立一條讓種種行動可茲遵循的清楚路徑與方向。本書是你成為有影響力的成功領導者和策略家的指南。

——沃塔電動卡車公司（Volta Trucks）執行長艾薩・艾爾薩雷（Essa Al-Saleh）

少有人能像魯梅特這樣成功結合策略管理的學問和實務。在本書中，他提出既具啟發、又能據以行動的策略洞察與思想，他挑戰我們許多人對於策略的既有假設，也為我們提供一條前進之路，幫助辨識及應付公司面臨的重要策略性挑戰。」

——猶他大學商學院策略管理學教授傑伊‧邦尼（Jay B. Barney）

本書驅散了策略是什麼的迷霧，使這片領域清晰明朗，也迫使策略師深入思考真正重要的問題，以及何處應該策略思考及資源部署才能獲致成功。在日益複雜的世界，以及資訊過多、且未必切要還可能混淆視聽之下，本書令人耳目一新，甚受啟發。這是一本必讀之作。

——義大利國家電力公司（Enel Group）執行長暨總經理
法蘭西斯科‧史塔雷斯（Francesco Starace）

德國詩人腓特烈‧賀德林（Friedrich Hölderlin）曾說：「危險出現之處，挽救力量也出現」，這就是魯梅特在這本啟發之作中邀請我們去發掘的。在邁向頂峰的路上，關鍵點可能使我們崩潰或放棄，或者引領我們至下一個挑戰的引爆點，這就是策略要做的事——辨識重大挑戰與決定採取什麼行動的一種持續流程。魯梅特的著作既是激發、也是邀請，要我們找出關鍵點並據以採取果決行動。

——托比亞斯‧馬丁尼茲‧吉門諾（Tobias Martinez Gimeno）
塞爾尼克斯電信公司（Cellnex Telecom）執行長

「好策略」從何而來？
學會在現實世界研擬策略

吳相勳

元智大學　終身教育部主任、管理才能發展與研究中心主任

　　自己長期參與學術界與實務顧問輔導兩邊的工作，在讀理查‧魯梅特教授的《好策略的關鍵》時，完全能夠吸收魯梅特教授的觀點，並且不斷地與自己實務經驗相互應證。魯梅特教授是策略領域的頂尖學者——他在組織多角化對績效的影響、行業層級與事業單位層級對績效影響的這些「量化」研究成果，影響了往後每一世代的學者。然而，如同他在本書所強調的意旨，多數的理論演繹與量化研究對於公司研擬出好策略沒有起到什麼作用，而且還可能產生不良結果。魯梅特教授透由大量的個案教學、顧問輔導服務與貼身觀察卓有成效的領導者，得到了一個極為明確簡潔的結論：**如果要形成有成效的策略，得打破既有流行的制定策略做法，專注地直視一個棘手挑戰（gnarly challenge），以具創造力的方式產生策略行動，搭配協調一致的內部活動，才得以突破現實困境。**

　　經驗豐富、極富成效的外部策略顧問們，可能會覺得本書所言正是實務策略規畫的本質，因此他們閱讀本書最大的收獲與啟發，主要來自

魯梅特教授提供的多樣案例與其分析手法。對於初入策略顧問領域的學者、年輕顧問師、公司幕僚，這本書可能大幅扭轉了本來的策略診斷、形成、執行的做法，重新形塑策略思維。

其實，過去已有極少數策略管理研究領域學者提出，經理人制定策略得從真實困境著手，才能正確地理解策略的形成過程，從而協助經理人排除決策迷思與障礙、有彈性地因應公司面對的諸多挑戰。代表人物是亨利・明茨伯格（Henry Mintzberg）教授，他提出現實世界的策略形成多半不是透過理論演繹所得，而是經過規畫並付諸實行的「意圖策略」（Deliberate Strategy），以及未經規畫卻實際付諸行動的「突現策略」（Emergent Strategy）二者之間的混合體。各位在讀這本書時，應能感受到魯梅特教授試著提出一套位於「意圖策略」與「突現策略」之間的制定策略的思路。

魯梅特教授提出了幾個遵守「意圖策略」思路卻產生不了有效策略的情況：

1. 外部策略顧問或是高層主管照著標準流程，先是描繪願景、使命、目標，通常得搭配 PEST、SWOT 等分析，接下來繪製策略地圖，找出幾個行動方案，最後試著修改績效制度以配合新策略與行動方案。然而，願景與使命是怎麼跑出來的？如此空泛的願景陳述與使命宣言又如何引導眾人以形成策略？

2. 拿了麥可・波特（Michael Porter）的通用策略架構，在成本領先與差異化兩個策略中做出選擇。這就是資深策略顧問常說的「只會套用，沒有路用」，因為許多採用此法的主管或是顧問沒有根本釐

清公司所面臨的挑戰，而是相信有一個通用可行的萬用解法。

3. 公司嚴謹地導入了完整的平衡計分卡架構與績效指標，然而卻無法即時地對於環境變化與棘手挑戰做出有效回應（見第 15 章的 Delkha 公司案例）。

以上三點，無論是策略老手或是菜鳥都會有著滿滿既視感。或許是我們太常以事後諸葛方式來學習如何擬定策略。相信「意圖策略」者若照著學院派做法，都是將成功公司的光輝時刻切片下來，臨摹著他們的願景、使命寫法，揣測著他們的績效管理方式，然後套用著教科書或是網路上可以找到的策略制定標準流程，產出一個自己半信半疑的策略與一套行動方案。結果就是，這些花費大量時間、精力、資源的策略與行動方案不太可行。

魯梅特教授提醒我們，公司所面對的挑戰總是接踵而來，有些是公司得面對的長期變化，多數則是短期衝擊。正視諸多挑戰才是所有策略制定者要做的第一步，而不是花了許多時間寫下使命聲明，他認為「把使命聲明當成座右銘，當成激發情感與信諾感的一種箴言或格言」就好。

本書的核心宗旨固然明確，不過對策略初心者的可讀性略低，原因在於魯梅特教授並非直接給予一套「好策略」執行做法，而是不斷地以個人心法與實際案例穿插論述而使得篇幅過長。我建議讀者可以不必照著書中章節閱讀，而是先閱讀魯梅特教授實戰做法，再來深讀其他重要觀念。以下是我的閱讀策略，適合時間有限的讀者與策略初心者：

A. **了解魯梅特教授「好策略」全貌**：讀者直接前往「第 19 章策略鑄造流程演練」，閱讀魯梅特教授為「FarmKor」（假名）公司所設計的策略制定流程。策略初心者可以在腦中比較魯梅特教授的做法與自己原本做法的差異之處，應該會發現這是一套不同於「意圖策略」填鴨式的引導討論做法。接著可接續讀「第 20 章策略鑄造的概念與工具」，先將書中常用的詞彙與引導流程細節掌握好。最後，回到「第 1 章卡洛琳的兩難困境：我該如何研擬策略？」魯梅特教授模擬網飛（Netflix）策略擬定過程，以及「第 3 章策略是一個旅程」的賽富時公司（Salesforce）案例來更加熟悉這套方法。

B. **掌握「好策略」的策略鑄造關鍵手法**：「第 2 章梳理挑戰：辨識和運用關鍵點」有兩個觀念重點——什麼是棘手的挑戰，以及如何以洞察力找到行動選項。棘手挑戰的前兩大特徵是「公司所面對的問題缺乏清楚定義」「抱負與目標混雜在一起」，從而導致了另外兩個特徵「策略選擇不是從已知方案出找尋，而是透過特意地尋求或是想像出來的」以及「行動與實際結果的因果關係不明」。也因為棘手挑戰如此難以應付，策略制定者就得了解如何從眾多機會與挑戰中，找到需要聚焦解決的一個挑戰，而不是試圖一次解決所有挑戰。而要解決選定的挑戰，需要具有創造力的做法，這也就是本章另一重點——如何以多種方法找到與設計行動選項。

C. **提升策略品質的重要方法**：基於前面的基礎，接下來可以專注理解魯梅特教授幾個極富洞見的觀念。「第 4 章你能贏之處：可應

付的策略性挑戰」強調聚焦於極為少數的棘手挑戰，如此才能找到自家公司的優勢，並且明瞭得排除哪些執行策略的擋路石與心態。建議「第 11 章尋找優勢」「第 12 章創新」可以接續第 4 章後閱讀。補充說明一點，若對第 11 章與第 12 章所述觀點想要更系統化學習，可以閱讀漢米爾頓・海爾默（Hamilton Helmer）的《7 大市場力量：商業策略的基礎》（商業周刊出版）。另一個提升策略品質重要方法羅列於「第 7 章創造協調一致的行動」，有了富有創造力的行動選項，策略制定者還得確保公司內部各項行動環環相扣、相互增強。其實這章所提到的觀念在許多策略著作都已提過，熟悉此一觀念者可以略過此章。

最後，我想指出魯梅特教授在第 2 章的一個重要論述做為推薦序的結尾。「好策略」需要眾人聚焦在一個具體的、可被拆解的挑戰，接下來必需靠洞察力找到具有創造力的反應方案。在諸多可以擁有洞察力的做法中，魯梅特教授似乎有意地將「保持毅力」放在首位，這是我較少在常規策略工作坊見到引導人或是高階主管特意強調的。魯梅特教授的意思是棘手挑戰得苦思解決之道，別期望僅靠二、三天策略會議把眾人關起來討論就會得到解方。我想許多人都對策略會議有著相當高的期待，尤其有外部顧問主導時，總會期望能夠在短短幾日就能得到成果。我們應該了解「好策略」的鑄造並非只是某人的靈光一現，也非因眾人情緒高昂可以瞬間設計出來的，因為人性如此地迴避真正挑戰、總想尋找捷徑，全體的毅力與耐心將是「好策略」不可獲缺的基石。

目錄

謹以本書獻給我的凱特

她是我生命中最棒的禮物

狗屁股天花板

　　我在法國楓丹白露生活與工作的那幾年，中午通常會去附近森林散步。這片遼闊的森林區歷史悠久，林木蓊鬱，此處長達五百年間是法國國王的狩獵地。占地約一百平方哩的楓丹白露森林，現在裡頭有很多被健行者、慢跑者和自行車騎士日久踏足而闢出的小徑。歐洲工商管理學院（INSEAD）就座落於楓丹白露，多數學生會在森林裡散步或野餐，但似乎少有人知道這片森林裡有岩坡露頭，吸引來自全世界的最佳抱石（bouldering）攀爬者。

　　有時散步我會行經名為「狗屁股天花板」（Le Toit du Cul de Chien，英譯為 The Roof of the Dog's Ass）的抱石路線，這是舉世最難的抱石路線之一。站在這巨石底下，我看到上方約四呎高處有一片寬約十二呎的平滑面，那是岩壁橫向突出的延伸，這橫突面的頂部往上還有一段垂直的岩壁，再往上才到岩頂。我嘗試了從一個小的立足點開始攀爬，再移往另一個立足點，然後就下滑兩呎跌落地面。[1]

　　一個夏日，我看到兩個攀爬者準備挑戰狗屁股天花板，他們不

使用繩索地攀爬，一人攀爬時，另一人在底下為他做掉落時的確保（spotting，攀岩的徒手防護技術）工作。其中一位是德國人，他告訴我，來這裡挑戰之前他一直在高門框上練習單手緊抓。只可惜沒人成功，兩人都在試圖攀爬那橫突岩時掉了下來。他們都解決了第一個困難——從一個很小的立足點，向上攀爬至能把右手一根手指伸進去的小凹點，但之後未能再更進一步，雙雙掉落在地面的沙堆上。我敬佩他們的力量、雄心和韌性。

攀爬者稱這種巨石為「難題」（problems），把最難的部分稱為「關鍵點」（the crux）。你不能僅靠力量或雄心攀爬狗屁股天花板，而必須解決關鍵難題，並且有勇氣在距離地面近兩層樓高的地方小心翼翼地行動。

過了一些時日，我看到一位有才能的攀爬者解決了關鍵難題。為了從地面起步，她以腳尖蹬跳高約三呎，把右手的一根手指壓在那小凹點上，接著用這非常薄弱的支撐點，把左腳延伸至她的左手處，用腳跟抵在一個小岩壁架上，藉此獲得來自她的右手指和左腿之間肌肉張力的支撐。接著，她把背部稍微向後彎屈（胸腹部前凸），以配合岩壁的弧度，再把左臂向上延伸至岩壁上一個能塞進手指的凹點〔＜圖表1＞是愛絲雅・葛瑞奇卡（Asya Grechka）成功做到這一步的照片〕。多數人在這裡掉下來，若此處她直接挺身往上，胸部會抵觸到上方懸垂突出的岩壁，導致她抓住岩壁的手指鬆脫。[2]

所以她用每隻手的一或兩根手指支撐在岩壁上，稍微往前及往後搖蕩……，然後向上騰升，身體稍微往後，離開岩壁，用左手向上攀觸，抓到一個大小與形狀約半個哈密瓜的圓形岩石，用手指的力量和摩擦力

抓住這圓形岩石做為支撐後，她擺盪腿，把右腳尖向上抵入岩石的一個小凹陷處，然後終於能夠用腿部的力量支在一個小壁凹。她再以此向上騰升，藉由一個看不見的腳尖踏，一個岩壁架，就登頂了。

　　看到這些及其他在楓丹白露森林裡的攀爬者，忍不住令人讚嘆這種隱伏的純粹卓越，除了一雙鞋，完全靠著肌肉、體力和膽量來抗衡岩石與地心引力。沒有股票選擇權，沒有團隊或業主，除了其他的攀爬者，沒有別的觀眾，沒有電視攝影機或粉絲群，沒有上百萬美元的合約或產品代言。只有一些人單純地為了自己的樂趣，挑戰自己的極限，去做一般人認為不可能做到的事。

＜圖表 1 ＞ 狗屁股天花板的關鍵點

資料來源：取自 Konrad Kalisch 拍攝的影片，參見
adventureeroutine.de 及 clixmedia.eu

在靠近另一巨石處，我和兩個正享用午餐的法國人聊天，他們來自法國南部一個小鎮，我問他們為何開車越過阿爾卑斯山脈來到楓丹白露攀岩。

「這是歐洲最棒的巨石，」其中一人回答。「在阿爾卑斯山脈，」他繼續說：「我嘗試了最有趣的攀岩，我想我能解決關鍵點。在這裡，我能在十秒鐘內通過關鍵點，然後⋯⋯」

「然後，掉落五次後才過關，」他的同伴微笑著說。

法國有許多山群與巨石，不論就高度、秀麗、宏偉或其他衡量尺度，每一座都有不同的難度與回報。第一個人說，他選擇有最大的期望回報、且相信自己能解決關鍵點的攀岩，我突然認知到，這描述正是我認識與觀察到許多較有成效者會採用的方法，不論面對問題或機會，他們聚焦於最大可達成的進展路徑——那些他們判斷能解決關鍵部分的路徑。

我開始使用「關鍵點」一詞來代表策略技巧三部曲的結果，第一個部分是判斷哪些是真正重要的課題，哪些是次要課題；第二個部分是判斷應付這些課題的困難點；第三個部分是有能力聚焦，避免過度分散資源，別試圖同時做所有事情。這三部分結合起來得出的結果是聚焦於關鍵點，亦即一系列可應付的挑戰當中最重要的部分可透過一致的行動來解決。

跟攀岩或抱石者一樣，每一個人、每一家公司、每一間機構都會面臨機會以及阻礙他們前進的障礙。是的，我們全都需要幹勁、雄心和堅韌，但光有這些還不夠，為了應付種種挑戰，你的關鍵點中存在力量，透過設計、發現或找出方法來克服關鍵點，你將能釋放關鍵點的力量，獲得最大效益。

◢把 Space X 推向太空的關鍵

　　企業家伊隆・馬斯克（Elon Musk）的熱情之一是移民火星，他倡議將小量型的酬載送上火星來達成此構想。2001 年他造訪俄羅斯購買一架舊式俄羅斯火箭，但過程中不滿對方的議價風格，以及價格在談判下飆漲三倍，他開始檢視問題：為何把酬載送入軌道需要花那麼多錢。

　　詳細研究這項挑戰後發現，成本問題顯然出在火箭無法再回收使用，一次酬載要用掉一枚火箭。馬斯克相信，成本問題的關鍵點在重返大氣層，如何讓火箭以時速 1,8000 哩通過大氣層、避開炙熱火爐返回地面呢？為了使舊太空梭可以回收再使用，大機翼要有 3,5000 片絕熱瓦，每一片絕熱瓦必須完美地作用，每趟飛行任務結束後必須仔細檢查，再把每一片絕熱瓦裝回特屬位置。如此說來，太空梭推進器應該可以回收再使用，但是掉落海洋時太空梭推進器會因受損太嚴重而無法復原再使用。所以丟棄一枚火箭，似乎比建一枚火箭並重複使用還要便宜。

　　你可以把這挑戰想成把手指和左腳支撐在狗屁股岩壁上，把你的身體後彎，胸腹往前凸向岩壁面弧度：鬆開手指並向上騰升抓住那個約半個哈密瓜石的竅門是什麼？**關鍵點的概念是把注意力聚焦於一個關鍵至要的問題上；策略是結合政策與行動來克服重大的挑戰；策略的藝術在於定義一個可以克服的關鍵難題，並看出或設計出通過這關鍵點的方法。**

　　聚焦於可回收再利用和重返大氣層，馬斯克獲得了一個洞察：燃料比載具便宜多了，可以藉由載運更多燃料來減緩火箭返回地球的速度，避免重返時遇到超高熱度的巨大複雜性。跟許多以往的科幻故事一樣，馬斯克想像一枚火箭掉轉回頭，啟動第一部引擎減速緩降與著陸。沒有

重返大氣層時的熱爐，不會炭化載具外層，而且過程自動化不需人為操作。重點在於，打造一部能夠可靠地啟動與停止，以及準確地調節動力的火箭引擎。

就組織而言，克服或通過關鍵點的常見方式是透過高度聚焦，運用眾多力量、知識與技巧的元素。就策略師而言，聚焦不是只有注意力，還要把力量源頭運用於一個選定的目標。若力量太薄弱，什麼也不會發生；若力量強大，但分散於多個目標，同樣不會有成效；若力量集中，但集中於錯的目標，完全枉然。當力量集中於正確目標時，就會發生突破。

馬斯克於 2002 年創立 Space X 時，他制定了聚焦、條理清晰連貫的政策。其火箭將以低成本、節約的方式完全重新設計，而不是改造版的洲際彈道飛彈，Space X 也不是數千家承包商（contractor）之一，其載具个會試圖環繞地球飛行來滿足美國空軍。Space X 沒有想探索宇宙的大批科學家，沒有奇特的研發實驗室，馬斯克聚焦的挑戰是工程性質，不是科學性質。不同於美國太空總署（NASA），Space X 不肩負啟發孩童研究科學與數學的使命。Spacc X 探索與追求的第一步，是一心一意地高度聚焦於把成本降低。

許多人質疑馬斯克，認為低成本的方法將犧牲可靠性，他純粹以工程師觀點回說：

> 　　許多人問我們：「降低成本的話，可靠性會隨之下降嗎？」，這完全是無稽之談。法拉利很貴卻不可靠。但我敢拿 1,000 美元跟你對賭 1 美元，你去買一輛本田喜美開個一年絕對不會故障。你可以有既便宜又可靠的車子，同理也適用於火箭。

為了降低成本，馬斯克聚焦於工程和製造的單純性，以及限制轉包商（subcontractors）的數目。獵鷹 9 號載運火箭（Falcon 9）使用乙太網資料匯流排而非訂製設計，自家機械工廠以遠低於航太承包商的成本，打造出特殊模型。

大型承包商的工作基本上相當乏味，因為大部分工作轉包出去，承包商主要在應付政府。反觀，Space X 的工程師壓力大卻不乏味。

Space X 的第一趟商業性飛行在 2009 年，把馬來西亞的一顆觀測衛星發射至軌道上。但該公司的革命性創舉始於 2015 年，獵鷹 9 號載運火箭成為有史以來第一具把酬載送入軌道後掉頭、啟動其引擎、緩慢地重返大氣層、以尾部軟著陸的火箭。到了 2018 年，獵鷹 9 號載運火箭把酬載送入低軌道的每磅成本比以往的太空梭便宜了 23 倍，其兄弟版獵鷹重型載運火箭（Falcon Heavy）把獵鷹 9 號載運火箭的每磅成本再降低一半（參見＜圖表 2 ＞。

＜圖表 2 ＞載運火箭把酬載送入低軌道的每磅成本（2018 年美元幣值）

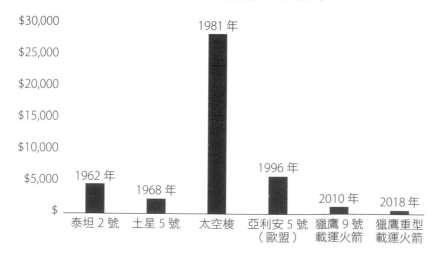

2020 年 5 月 20 日，Space X 載運兩名美國太空總署的太空人至國際太空站。同年六月初，太空總署核准 Space X 在未來的任務中重複使用獵鷹 9 號載運火箭，以及未來載人飛龍太空艙（Dragon crew）的計畫。

太空總署估計上火星得花 $2,000 億美元，而馬斯克估計只需花 $90 億美元，這種優勢主要源自有條理清晰連貫的政策，著眼於單純、可再使用性和成本。若由國會或官僚謀畫這任務，成本會大膨脹，數百上千的議程和支薪人員將被附加在這計畫上頭。

Space X 未來會不會取得重大成功還很難說，造火箭、上太空都是冒險的事，目前的媒體氛圍能把任何致命事故炒得沸沸揚揚。以目前的標準來看，二十世紀的飛行器根本發展不起來，因為會有人受到傷害啊。不過我能告訴你的是，Space X 之所以能在火箭技術領域取得優勢，主要是馬斯克抓住了問題的關鍵，並且洞察如何克服它。此外，該公司條理清晰連貫的政策創造了優勢，其政策全都確實指向盡可能以最低成本把物體送入軌道。

◢策略：從了解挑戰的性質和關鍵點著手

有成效的人辨識且把注意力集中於一個挑戰的關鍵點——在錯綜複雜的問題中，重要且可以解決的部分（合理地確信能夠克服），藉此獲得洞察。為了有效地行動，你必須充分檢視問題與機會，辨識關鍵難題，採取克服它的行動。忽視了關鍵點就行不通。

策略的藝術不是做決策，做決策的前提是你已經評估了一張可能的行動清單，現在要從中做抉擇。策略的藝術不是找到一個你寄予厚望的

目標，並熱切地、一心一意地追求它，這是一種名為「偏執」的心理問題。策略的藝術也不是訂定愈來愈高的績效目標，用領導魅力、蘿蔔和棍棒促使人們達成這些目標，這麼做的前提是有人知道如何找到穿越組織面臨實際問題的叢林路徑。

身為策略師，你必須擁抱所面臨挑戰與機會的複雜、困惑的力量。

身為策略師，你必須辨識與了解問題的關鍵點，在關鍵點上，行動將最有機會克服最緊要的障礙。

身為策略師，你必須有毅力，因為在面對問題叢林時，很容易抓住一條最先發出微光的路徑，但實際上，這可能不是正確路徑。

身為策略師，你不僅得負責應付外部挑戰，也要對組織本身的健全性負責。

身為策略師，你必須在種種抱負（你和組織其他利害關係人希望支持的種種目的、價值觀和信念），以及種種課題之間拿捏平衡。

身為策略師，你必須保持行動與政策彼此連貫一致，別因為過多不同的方案或相互抵觸的目的而導致徒勞無益。

少有人誠實寫或說出這些事實。我們被告知，策略就是要取得優勢（廢話，這還用說嗎？），要對你想達到的境界有一個長期願景。還有，採行 X 方法或 Y 心態，一般企業也能像最優企業那般獲致成功──你的顧問繪出圖表，把你的企業拿來和最優企業比較，然後對二者的落差搖搖頭。

老實說，事實是我們不是生活於烏比崗湖〔Lake Wobegon，美國作家凱羅爾（Garrison Keillor）小說《烏比崗湖》筆下小鎮住著一群表現比普通人更優越的居民。〕，大多數企業不論各自採行什麼方法，都無法

高於平均水準。事實是,有些情況無法挽救而非一定有巧妙的出路。事實是,組織無法在極小的空間內改變方向,是的,像是我們應該進入網路服務業,而不是在大型購物中心裡銷售那些貨比三家又長得很相似的越南製牛仔褲。事實是,一些情況過於深陷競爭的政治利益糾葛中,以至於沒有足夠的行政權去打破僵局。策略不是魔法。

事實是,為了應付一個挑戰,你首先應該致力於了解這挑戰的性質。面對一個失敗的學校教育制度,你必須清楚了解它為何失敗,才有可能謀求改善。為了向購物者提供更好的購物體驗,你必須知道他們的想要什麼、他們的習慣、他們的需求以及銷售技術。別從目標著手,應該從了解挑戰與找出其關鍵點著手。

古希臘哲學家赫拉克利特(Heraclitus)說:「性格決定命運」,在性格鮮明的人身上,特別明顯能看到這點。有些人可能愛賭博與冒險,但他們清楚賭博的本質。你如何建立別人對你公司長期營運成果的信心呢?你得有一個故事——一個策略,一個敘述,說明你今天的行動如何配合一個創造更好未來的計畫。策略的背後邏輯應該讓其他智者也覺得有道理,會說:「我們總是提高營收與降低成本」欠缺說服力。而說:「我們這家漆料公司將擊敗其他所有的漆料公司,因為我們聚焦於顧客」這也欠缺說服力。想使別人相信你,信賴你的策略,你得有邏輯與論據,有證據說明你將如何應付面臨的挑戰。

關於本書

　　撰寫本書的直接動力來自 2019 年 12 月秋季，我在科羅拉多州亞斯本山滑雪時傷了背部，導致接下來幾個月無法滑雪和健行。緊接著，新冠肺炎疫情導致我無法旅行。這段安靜的時間讓我梳理與發展出其實已經蘊釀了好些時候的思想與題材。

　　2020 年的安靜時間讓我寫下了這些思想與學習心得。我個人的經驗是，在書寫之前，其實我不知道自己知道什麼，撰寫的過程會顯露矛盾、論點薄弱，以及需要更多資料來佐證見解之處，撰寫過程有助於整理出重要的東西和不那麼重要的東西。這過程使我想起以前我幫八歲女兒梳理頭髮中打結與糾纏之處。

　　本書大量使用第一人稱「我」，有些讀者認為這聽來有點像在自我推銷，其實不是的，我不喜歡作者將其見解寫成事實、模型寫成現實。經濟學家撰寫教科書傾向說「公司在特定境況下做了什麼事」，卻沒有講明他們談的是「公司模型」，而不是真實公司的實際行為。商管書籍作者常把自己的見解表達成事實，有位作者寫道：「專業化的途徑有

二：挑選一個目標市場區隔，或是推出有限範圍的產品。」這是一種理論嗎？這是作者親身經驗中學到的嗎？抑或取自其他作者的見解？若這位作者使用第一人稱來表達這見解（不正確的見解），讀者或許會更留心，並把這見解拿來與自身經驗相較。

我使用第一人稱來解釋我如何得知與相信某些事，這些「事」通常不是事實或邏輯論證，它們是我終其一生工作中發展出來的結論與觀點。舉例而言，若探討的主題是策略目標與策略本身之間的關係，我會解釋與敘述什麼情況最早釐清了我對這主題的思考；若探討的主題是估計現金流量時的不確定性，我會講述和一些做出這類估算的企業主管共事的經驗。

本書探討四個主題。第一，處理策略課題的最佳之道是直接面對挑戰。太多人從目標與其他願景（想要達成的最終境界）著手，其實應該改從挑戰著手，診斷挑戰的結構與其作用力。一旦這麼做，你的目的感以及考慮的行動都將改變。診斷工作是辨識關鍵點。這是挑戰最要緊、且你實際上預期能夠解決的部分。別挑選一個你還無法應付的挑戰，而是對面臨情況的關鍵點下手，建立動能，再重新檢視你的處境與其可能性。

第二，了解切要自己境況的力量與槓桿源頭。為突破關鍵點，你將使用一或多個力量與槓桿，光有意志力還不夠。

第三，到處存在耀眼的分心事物，避開它們。別花太多時間雕琢使命聲明；研擬策略時別從目標著手；別把管理工具和策略混為一談；別太陷入追求季獲利而忽視了真正重要之事。

第四，當主管以團隊或研討會方式商議與研擬策略時，小心許多

陷阱。從挑戰著手，避免太快趨同於一個行動，才能幫助團隊定義關鍵點，設計出協調一致的行動，克服關鍵難題。

我希望本書能幫助你了解挑戰導向的策略（challenge-based strategy）功效，以及辨識挑戰的關鍵點所獲得的力量。

1

挑戰導向的策略
與關鍵點

策略是政策與行動的結合，旨在克服涉及高度利害的挑戰。策略不是一個目標或一個想望的最終境界。策略是一種解決問題的形式，你無法解決一個你不了解或理解的問題。因此，挑戰導向的策略始於概括地敘述組織面臨的挑戰，即問題與機會，它們可能是競爭性質、法律性質、社會規範變化引發的挑戰，甚至是組織本身的問題。

隨著了解加深，策略師將找尋關鍵點——要緊、看起來可以解決的那個挑戰。策略師的力量很大部分源自這種縮小範圍，因為聚焦仍是策略的基石。

第 1 章

卡洛琳的兩難困境
我該如何研擬策略？

我和一位加州大學洛杉磯分校安德森管理學院在職企管碩士班研究生約了早上十點見面，她三十五歲，在一家保健產品公司負責事業規畫業務，利用星期五和星期六的時間就讀為在職人士開設的專班。她前來我位於安德森管理學院的五樓辦公室，討論在工作上遇到的一個難題。

卡落琳說：「公司執行長新官上任」，要她重新思考自己部門的事業策略，他希望有新方法可以實現 15％的年獲利成長率。這位執行長指出，只要成功做到這點，就能大大推動她在公司的升遷之路。卡洛琳說：「我喜歡企管碩士班的策略課程，從案例分析討論中學到很多……」，她暫停了一下，接著說她需要：「快速取得一些特定工具，研擬出上司想要的策略。」她希望我幫助她填補公司當前境況和上司想要境況之間的差距。

我們稍稍討論了她的公司和課程中談到的概念。我鼓勵她指出，是什麼使得她公司有別於其他競爭者，再詢問她公司面臨了什麼挑戰與機會。起初她回答得吞吞吐吐，都是一些籠統、空泛的東西。

「我們有好人才，」停頓一會兒後，卡洛琳說出了她的疑慮：「我們努力使公司產品跟上最新潮流。」她公司的策略計畫是一份簡短文件，裡頭說明公司的財務目標，以及達成這些目標的里程碑。她說自己想要：「一份簡單的路線圖……，一個能讓執行長在董事會上提出的計畫，內含達成目標的步驟。」

我點點頭，沒說什麼。

「一定有什麼方法可以研擬一個有邏輯的事業策略。」她最後說道。

我腦海裡閃過一個「策略計算機」的畫面，如<圖表 3 >所示，但我沒有說出來，卡洛琳目前的心情接受不了這幽默。

<圖表 3 > **策略計算機**

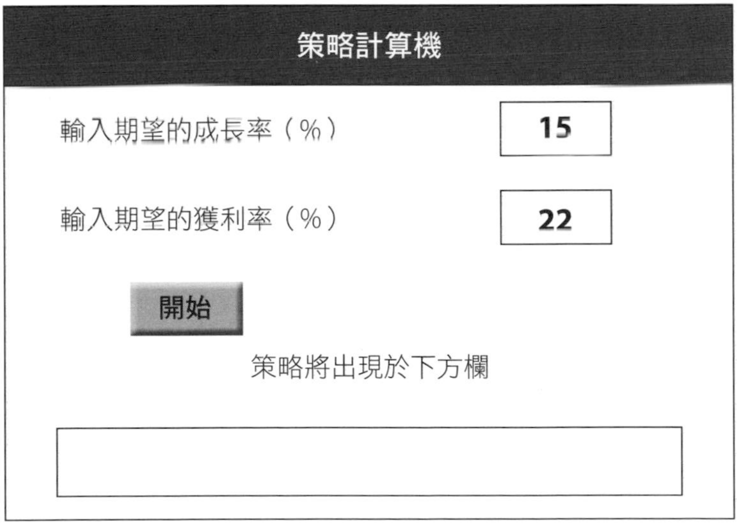

策略計算機

輸入期望的成長率（%）　　15

輸入期望的獲利率（%）　　22

開始

策略將出現於下方欄

其實卡洛琳目前處於困境中。她明確指出了近乎所有關於策略著作與課程都遺漏的一塊重要基石，策略權威蓋瑞‧哈默爾（Gary Hamel）在十多年前就點出了這個弱點：「當然啦，不論是微軟（Microsoft）、紐可鋼鐵（Nucor）或維珍航空（Virgin Atlantic）的策略，所有人在看到策略時，都知道這是個策略。事後，人人都能識別出那是不是偉大的策略。我們也了解，規畫是一種『流程』。唯一的問題是，這流程不會產生策略，而是產生計畫。策略產業不為人知的小祕密是，策略本身根本沒有策略研擬理論。」[1]（哈默爾所謂的「策略產業」，指的是那些論述，以及受僱研擬策略一事的學者與顧問們。）

卡洛琳的問題在於她上司沒有清楚了解公司境況的關鍵點，他聚焦於績效目標與結果，而非聚焦於機會與問題。

◢網飛公司的策略解析

應付一個策略性挑戰的重要步驟是診斷情況：了解「發生什麼事？」，找出關鍵點，繼而研擬合理的行動反應。為了更仔細說明這些步驟，我以網飛公司（Netflix）在 2018 年時面臨的情況為例，下文模擬診斷流程，以及研擬行動反應。

1998 年網飛公司推出 DVD 租片與銷售網站，很快成為郵寄出租 DVD 業務的龍頭，用以預測顧客訂單的「Cinematch」演算系統和效率優異的物流廣受好評。2010 年起，該公司做出其中一項最引人注目的事業策略轉軸，其執行長里德‧海斯汀（Reed Hastings）把公司的業務核心轉向線上串流業務，逐漸脫離 DVD 出租業務，並和星光電視

頻道（Starz）、迪士尼（Disney）、獅門娛樂（Lionsgate）、米高梅（MGM）、派拉蒙（Paramount）和索尼影業（Sony Pictures）等公司簽定重要的版權交易合約。

2013 年網飛推出最早的原創作品《紙牌屋》（*House of Cards*）和《勁爆女子監獄》（*Orange Is the New Black*），這些節目是網飛委託製作的。到了 2017 年底，網飛已經在串流服務中發行了 26 部原創作品。此外，網飛國際市場也在成長。2018 年初，該公司有 5,800 萬個國際訂閱戶，美國本土則有 5,300 萬個訂閱戶，營收為 $117 億美元，同時還以良好的速度成長中。另一方面，網飛也很燒錢，2017 年時的淨現金流出為負 $18 億美元。

如＜圖表 4 ＞的第二個部分所示，網飛的每月現金成本大於平均每訂閱戶收益，現金利潤（cash profit）和會計利潤（accounting profit）之間的不一致，源於該公司把內容成本分攤到幾個年度，往後只要繼續成長，公司就會出現正的會計利潤。網飛的大部分淨現金流出是以舉債來支付。由於網飛激進的行銷活動，費用支出也相當高。

在付費串流服務業，網飛的市場占有率約為 76%，遠遠領先亞馬遜黃金影音（Amazon Prime Video）的 17％、互錄（Hulu）的 4％、以及家庭票房（HBO）的 3％。

2011 年網飛遭遇了重大挫折。此前，網飛支付每年 $3,000 萬美元給星光電視頻道取得節目授權。在合約履新時，星光要求每年授權費提高至 $3 億美元，迫使網飛必須提高近 60％訂閱費，重挫公司股價。

星光事件是後續諸多發展的前兆。內容供應商開始索要更高的授權費，有些供應商也開始撤回授權內容，期望建立自己的串流服務平台，

<圖表 4 >網飛公司的財務績效

	2017 年	2016 年
百萬美元		
營收	11,693	8,831
營收成本	7,660	6,030
行銷	1,278	991
技術與發展	1,053	852
總務與管理費用	864	578
營業利益	839	380
其他利益（費用）	(353)	(119)
稅前淨利	485	261
備付所得稅	(74)	74
淨利	559	187
平均每月每訂閱戶		
營收	9.38	8.64
內容製作成本	1.51	1.44
授權內容成本	5.92	5.73
行銷費用	1.20	1.03
技術成本	0.80	0.89
總務與管理費用	0.36	0.60
其他費用	1.36	1.02
總現金成本	11.15	10.71
現金利潤	(1.77)	(2.07)

尤其是網飛面臨失去自家串流服務中最熱門的兩大電視影集：《六人行》（*Friends*）以及《我們的辦公室》（*The Office*）。華納媒體公司（WarnerMedia）把《六人行》撤回至自己的串流平台 HBO Max，而《我們的辦公室》被其業主 NBC 環球集團（NBCUniversal）召回，準備放到即將籌設的孔雀（Peacock）串流服務平台上。

其他的經營暴風像是原創作品製作成本攀升，以及新競爭者加入賽局。迪士尼和二十一世紀福斯影業（21st Century Fox）合併，計畫積極進軍串流業務，更宣布在 2019 年把自家內容從網飛撤出。此外，迪士尼還計畫把旗下的所有舊影片及未來發行的院線片全都放到新的串流平台上，這將包括來自盧卡斯影業（Lucasfilm）、漫威娛樂（Marvel Entertainment）、皮克斯動畫工作室（Pixar）、福斯、ESPN 以及迪士尼自家製作的影片，從《幻想曲》（*Fantasia*）、《小飛象》（*Dumbo*）到冰雪奇緣（*Frozen*），全都囊括中。誠如一位觀察家所言：「迪士尼有 75 年的文化資本可以端上檯面。」[2]

對網飛而言，雪上加霜的是，蘋果公司宣布加入串流服務大戰，其 Apple TV+ 服務每月僅收費 $5 美元，並持續增加影片清單。蘋果口袋很深可以支付新節目。

長期目標陷阱

像卡洛琳及其上司這樣尋求研擬策略的領導人，通常得到這樣的建議：先要釐清你的目標。提出此建議的人可能述說《愛麗絲夢遊仙境》之類的寓言，談到柴郡貓，談到若不知道自己的目標與方向，不論你做什麼都是枉然。最有可能是，他們會建議你先把使命和願景聲明寫出

來，再定義策略目標。一本著名的策略教科書作者們提出的指引就是這種典型：

條理清楚的策略，第一個要素是有一套明確且策略所針對的長期目標。這些長期目標通常指的是公司希望透過策略來達到的市場定位或地位。例如，長期目標可能是「制霸市場」，或是「成為技術領先者」，或是「成為優質廠商」。我們所謂的「長期」，指的是這些目標是持久的。[3]

我們花點時間思考一下這項建議。在這常見的架構裡，策略被描繪成一套為了達成「第一要素」長期目標的行動，但是這些目標來自何處呢？

顯然沒人知道目標怎麼跳出來的，在做任何分析之前，它們就神奇地出現了。若還未分析你的事業、事業的競爭者、競爭動態等等，就聲稱自家想「成為技術領先者」，根本大放厥詞，絕對無法幫助組織了解該如何向前邁進。（關於這點，參見第十四章「別從目標著手」。）

起草眾多的抱負

人或組織有一、二個主要目標根本是錯誤的概念，這是經濟學家和一些管理思想家發明出來的。事實是，多數人及組織有「一堆抱負」，亦即他們有許多的意圖、未來願景以及想看到或達成的東西。在「一堆抱負」中，有些相互抵觸，無法一起達成。

二十五歲時，我想成為頂尖研究員，為高階主管提供顧問服務；暑休不工作時就去爬世界百岳山峰、學習飛行，冬季則去偏遠地區滑雪；

嫻熟統計決策理論的數學;成為能啟發學生的教師;跑十公里馬拉松;駕駛 Morgan Plus 4 敞篷車輕鬆穿梭在荒野與會議室之間;和一位有聲望的職業女性結婚,養育快樂又有才華的孩子;有時間和我的家人相處;盡早賺夠錢退休;在法國巴黎的聖路易島(Île Saint-Louis)買棟聯排住宅。後來人生中,我在某些方面取得了進展。伴隨機會與挑戰的出現,新抱負出現而舊抱負往後移。這一路上,當我決定接下來做什麼時,必須在自己的抱負項目中挑選。

若我是 2018 年初時的里德・海斯汀,我的抱負同樣會有很多選項:

- 我希望公司存活與昌盛。
- 我會擔心公司股價太高了。
- 我想維持我已經累積的帳面財富。
- 我不想公司失去美國串流服務市場的領先地位。
- 我也夢想成為像迪士尼那樣有實力的智慧財產權製造廠,製作自己的電影,設法像迪士尼和維亞康姆(Viacom)那樣,重複利用內容與角色(例如玩具、書籍、主題樂園等等)。
- 我希望能有別於「守舊派」,找到與藝人和製作人合作的新穎方法。我想持續拓展國際足跡,尤其是那些也能製作內容的較大國家(例如英國、德國、義大利、巴西、墨西哥、南韓、日本)。
- 歐洲議會正考慮制定一項串流服務法規,要求至少有 30％的內容在當地製作,我想推動相關計畫好在未來利用此規定來對抗迪士尼。

- 印度是個巨大市場，我想在那裡以低訂閱費提供串流服務。
- 我也夢想變得更像一家電視台，提供每日新聞串流服務，涵蓋運動賽事。
- 我能不能參考 YouTube 做法，建立一個各別的串流「頻道」，播送外部的投稿內容？我有時會想，但願賣掉我的持股，再創立新的東西，有較小的團隊，不需要管理上萬名員工。
- 我想休假一年，多陪陪家人。

里德‧海斯汀是個有才幹的創業者，事實上他可能真的懷有上述中的一些抱負，甚至比我想的還要多。這類意圖與夢想是策略的先導，但無法達成全部，至少無法一舉達成全部。有效的策略源自對挑戰、抱負、資源和競爭情勢的探索，**能幹的領導人藉由正視實際面臨的情況來研擬策略，推進全部抱負中的一些項目**。重要且必須認知的一點是：抱負並不是一個固定的起始點，在開闢一條前進之路時，策略師往往必須在價值觀與抱負中做選擇。在特定情況下凸顯的抱負，既是結果，也是必然的事實。奇異集團（General Electric）在 2015 年時懷有「在 2020 年前成為前十大軟體公司」的抱負，但現在卻巴不得儘快脫手奇異數位事業（GE Digital）。2020 年時致力於提供最大樂趣的遊輪，在爆發新冠肺炎後，力圖成為「最乾淨」的遊輪。蓋璞公司（Gap）曾經的抱負是成為流行服飾業領先者，如今這抱負已被力圖存活取代。

診斷的挑戰

研擬策略的起始點是診斷。網飛公司有很多可供分析的機會——價

格、成本、競爭者、購買者行為、品味和喜好變化等等。顧問在分析該公司，以及比較他與競爭者的角色比重程度時，購買者（亦即訂閱戶）行為很重要，不同的民族和不同的文化對影片種類、新穎性、情節、變化和訂價等等如何反應，全都值得分析探索。我們也應該了解其他公司如何應付類似情況。

你的顧問大概會撰寫關於成本、價格、市場、購買者和競爭趨勢的二百頁研究分析報告，但是讀完報告後你該如何研擬策略，爭取未來串流服務業的領先地位呢？

常聽人說，經理人是決策者。決策理論發展很成熟了，一言以蔽之，該理論告訴你應該選擇預期報酬（效用）最高的那個行動。若認為策略就是做決策，那麼你的職責應該是檢視每一個選項，從中選出最佳者。就算你不是個經驗豐富的主管，也能看出這是一句廢話，試問這些「選項」從何而來？

事實是，研擬策略並非單純追求目標或做決策，除非行動與結果之間的因果關係相當明確。若知道每一步棋如何改變獲勝機率，當然很容易在賽局中走出每一步，但我們並沒有對應的資訊。所以下西洋棋時，我們記住聰明棋步的型態並尋找關鍵點，那個可能讓我們利用對手的明顯弱點所在。

棘手型挑戰

研擬策略是一種解決問題的特殊形式。我所謂「解決問題的形式」，意指要處理的問題遠比在校時期的家庭作業問題更複雜、更不結構化。在談論與撰述策略時，最好使用「挑戰」一詞，別使用「問

題」，因為「問題」這字眼往往令人聯想到數學難題、家庭問題，以及其他不愉快的情況。我也想強調，一個策略性挑戰可能是被一個大機會所觸發，可視為「該如何最佳掌握這機會」的挑戰。

我認為策略性挑戰以三種基本形式呈現：選擇型挑戰（choice challenge）、工程設計型挑戰（engineering design challenge）和棘手型挑戰（gnarly challenge）。我看到的大多是棘手型挑戰，這或許是因為公司面臨較容易應付的挑戰時，不會向外尋求幫助。

選擇型挑戰是指我們知道選項，但因為涉及不確定性和無法量化的層面，使得抉擇選項有難度。策略性選擇通常發生於涉及大且長期的資本投入或合約時。例如，你在澳洲擁有煤礦，而中國逐年增加採購，你該不該投資興建一條通往海濱的鐵路和港口呢？這港口該建多大？要簽哪種供應合約？

工程設計型挑戰出現在必須創造新東西時，但在實際執行之前，有方法可以評估這項工作。若你讀工程系，學到如何分析一座橋樑鋼鐵構件和鋼索的應力，日後被要求設計新橋樑時，就能複製先前的設計。但是像挪威要求設計一座舉世最長、橫跨比約納峽灣（Bjørna Fjord）550公尺深的浮橋時，你必須創造一個新設計，必須想像如何用鋼鐵及混凝土來打造一座浮橋。不同於選擇型挑戰，工程設計型挑戰沒有預先定義的選項，不過現代工程的妙處在於，有優良的結構、水、負載和風力等模型，我們可以先用數學和模擬來測試你想像出來的設計，之後再做選擇。

更困難的情況是棘手型挑戰，沒有給定的選項，沒有優良的工程模型可供測試，任何解決方案都不掛保證，行動與結果之間沒有清楚的因果關係。

為解決棘手型挑戰，首先你得深入探索挑戰的性質，了解「發生什麼事？」。情況的弔詭或核心難題是什麼？什麼限制可能被鬆解？

診斷網飛

站在網飛公司執行長里德・海斯汀的立場，我看到整個挑戰有下列元素：

- 面臨的核心競爭局勢是，公司靠著租用他人的素材來成長，在未來可能行不通了。迪士尼（包括 ESPN、皮克斯、盧卡斯影業）、華納媒體、米高梅、NBC 環球，以及更多其他內容供應商將從網飛及亞馬遜收回各自的作品，內容大戰將愈趨激烈。
- 新的串流服務業者加入賽局，每一家業者採取月費模式，試圖以「原創」內容爭取訂閱者，市場將在何時因訂閱戶財力限制及內容疲乏而達到飽和？一旦市場飽和後呢？
- 網飛的原創內容大多委託那些稱霸了一世紀的製片公司製作：華納兄弟（Warner Bros）、獅門娛樂、派拉蒙、索尼等等，這種供應方式能維持多久？
- 若網飛嘗試製作高品質、通常會先在戲院上映的電影，此舉將與其供應商直接競爭。這是否意味著網飛被束縛於只能製作 B 級水準的電影？
- 國際市場（尤其是歐洲以外市場）的利潤仍低。
- 網飛供應一些 A 級製作水準的電視影集，但是伴隨亞馬遜、迪士尼、蘋果、互錄和更多串流服務業者競逐這領域，授權價格或人

才價格會不會導致作品問世無利可圖呢？

● 網飛取得每一位新訂閱戶的成本持續升高，從 2012 年的 $300 美元左右增加到 2017 年的 $500 美元左右。

● 現金流量持續為負值，網飛持續舉新債來融資其成長。

● 唯有在製作及內容成本能夠分攤到更廣大的、有大致相同內容品味的訂閱群上，網飛的成長才能達到現金利潤為正值。國際市場的擴張能夠為其帶來這樣的訂閱群嗎？

　　為了闡明關鍵點和切入策略性挑戰核心的重要性，我在此敘述一般人很容易想到網飛可以採取的各種政策與行動。在捍衛國內市場方面，網飛可以推出每月 $4 美元的有限版訂閱來和迪士尼抗衡，網飛在這個版本提供低價、在手機與平板上觀看卡通與其他孩童娛樂節目的方案，另外每月再支付 $10 美元，就可取得成年人的全訂閱版本。

　　網飛可以致力於建立「新」好萊塢，擺脫舊好萊塢的權力政治、財力與文化等層面的束縛，集中火力聚焦於明星資源。《先見之明》（*The OA*）及《勁爆女子監獄》等電視影集走紅，其中提供了重要啟示是，未必要當紅的明星才能製作出受歡迎的內容。想走昂貴且高風險之路，需要很大的訂閱群，以及來自資本市場的持續挹注，而且不能犯重大失誤。

　　2018 年初時，網飛的市值逼近 $900 億美元，可以買下一間製片公司（例如米高梅），藉此取得其作品集和製片能力。當然啦，這條路和前述建立一個「新」好萊塢的想法相抵觸。

　　網飛也可以製作幾部像 HBO《權力遊戲》（*Game of Thrones*）那樣的大片，這種內容能吸引數百萬只為了觀看這部劇的訂閱戶。至於怎麼

做到則沒有一定的公式。

再來可以提供多種串流服務，為不同的訂閱者群體訂製各種服務。網飛有很大空間可以探索觀眾分群和價格安排。

在擴展國際市場方面，網飛還可以聚焦於美國以外的已開發國家市場，尤其是英語圈（加拿大、澳洲、紐西蘭和英國），加上一些內容品味相近，所得水準又支付得起串流服務的地區。以網飛目前立足於這些地區的現況來看，可以利用美國以外地區的影片製作專業能力，建立新內容優勢。相反於聚焦英語圈，網飛也可以追求成為全球串流影音內容發行商，不但可以降低製作內容的支出，還能聚焦於成為一家全球性的國際內容發行商。截至 2018 年初，網飛在這方面做得相當不錯，包括德國影集《闇》（*Dark*）、西班牙影集《紙房子》（*Money Heist*）、印度影集《神聖遊戲》（*Sacred Games*）、巴西影集《百分之三》（*3%*）。

◢挑戰的關鍵點

我們可以把一組棘手型挑戰想成一大團糾纏在一起的電線桿與電線，橫阻了前進之路，你可以花很多時間去蠻亂拉扯，但若找到正確的著手點，切開一條粗電線，這一大團糾結就能分解成易於處理的小區塊。而這條粗電線就是這一大團糾結的關鍵點。

網飛面臨的整體挑戰是，不能再仰賴以合理價格取得既有優良電視節目和影片的播放權。對串流服務業務而言，取得內容和訂閱規模二者都很重要，有更多的訂閱戶，業者就能付更多錢取得內容版權，「需要的節目數／訂閱戶數」比率就會降低，因為訂閱戶數增加一倍，需要的節

目數並不需要增加一倍。因此，訂閱戶規模似乎是關鍵。當然啦，吸引訂閱者的是好內容，除非業者純粹玩成本賽局，只針對那些對內容種類不在意的觀眾，例如孩童。

在競爭中，尋找不對稱性，也就是針對競爭者差異，是一種有用的做法。回到楓丹白露的「狗屁股天花板」例子，比起高大的攀爬者，巨石關鍵難題對矮小健壯的攀爬者比較容易。或者一支軍隊可能規模較大，但另一支軍隊經驗較豐富；一間企業可能技術較佳，但通路管道很差。在網飛的例子中，引起我注意的是該公司在國際市場上有較強的地位，這是一個值得關注的不平衡現象。網飛起步早，在英語圈、部分歐洲地區和土耳其都有不錯的訂閱戶數成長，迪士尼和其他業者未來也會擴展自家串流服務至海外，但可以預見他們會試圖使用美國的製片基地。網飛能否藉由外國製片來爭取全球觀眾訂戶的優勢呢？

在我看來，網飛當時關鍵點的機會在於：使用目前的國際市場優勢，製作足以餵養美國國內市場和成長中國際市場的內容。

行動選項

從診斷步驟移向創造可供選擇的行動，需要大膽無畏，尤其是在棘手的情況下（例如網飛面臨的情況）。行動選項不是給定的，必須靠想像或建構，然後盡你最大的努力在研擬出的行動選項中做選擇。最後，你必須把構想轉化為明確、協調一致的行動。為研擬與評估一個可能的行動方案，我們必須做判斷。為了發明一個解決方案，我們必須判斷、假設或相信某些事情為真。

就網飛的情況，關鍵點分析引領我們尋求一個機制來促進製作國

際性的優質內容，並在此同時使網飛成為受青睞的播映頻道。規模將使網飛獲得好報酬，但是還有更多必須考量：製作國際性內容並不容易，網飛能夠創造和分享相關知識嗎？這些東西能和融資掛鉤嗎？網飛能設立一個國際學會來傳授編劇、演戲、製片等方面的技巧嗎？人工智慧的發展能否使語言翻譯變得更容易、更便宜？我可以再展示其他的選項設計，只是我不打算花大多篇幅模擬這種策略研擬。我希望你能從上述例子看出仔細診斷挑戰和辨識關鍵點的重要性。

———————

　　診斷挑戰，然後研擬應對挑戰的反應，這個流程是策略研擬的最佳理論。你分析自己面臨的挑戰和資源，試著思考克服挑戰的方法來實現一些抱負。有大量工具可以協助你分析挑戰，有各種方法能激發與幫助你思考如何因應挑戰，例如類比其他情況、改變觀點、把上回奏效的方法再做一次等等。但是這些只是刺激與啟發的工具，你不能「挑選」一個策略，你得設計策略，然後盡最大努力，在實際擬出的策略選項中做選擇。最後，你必須把構想轉化為明確、協調一致的行動。

第 2 章

梳理挑戰
辨識和運用關鍵點

在職涯早期,我把策略研擬工作想成分析工作,我收集資料,使用來自顧問與學者的分析架構,仔細檢視產品、價格、地區,以及歷經時日的競爭行為,我設法量化競爭優勢。若我分析的對象是一家航空公司,我就解析是什麼原因使得一家航空公司的利潤大於另一家航空公司。若我的分析對象是一本雜誌,我會製作投影片詳細分析每篇報導、每張相片等等的成本。但是經過一段時間,我認知到分析固然有用,卻不會產生策略——一個能夠改善情況的前進之路。

在試圖從企業領導人那裡獲得更多學習時,我觀察到許多企業領導人認為他們的職責是推促員工達成績效數字。也有領導人很會說話,但實際上不怎麼了解他們領導的事業實質內容。一些領導人把策略視為企畫或財務工程,甚至是一長串的「待辦事項」清單。有些領導人具有洞察力,但缺乏行動的勇氣。

所幸,有些領導人是技巧高明的策略師,我得以觀察他們,並從他們身上學到一些東西,例如:

- 殼牌集團（Shell）的傳奇策略首腦皮耶‧瓦克（Pierre Wack），他教我看待一個形勢中各種因素之間的關連性，要我警戒趨勢走過頭而回彈的反覆彎折現象。
- 蘋果公司的史蒂夫‧賈伯斯（Steve Jobs），無比坦率的特質讓他能夠切穿層層胡扯，抓住一個情況的關鍵點（也因此惹惱他周遭的許多人）。
- 美國國防部淨評估辦公室（Office of Net Assessment）第一任主任安德魯‧馬歇爾（Andrew Marshall），他有傑出的直覺，正確定義競爭的性質，使對話變得更好。〔他的一篇論文把冷戰狀況重新定義為美國和蘇聯之間的長期競爭，這成為一個轉軸（pivotal），使美國的政策制定者從軍備觀點轉向包含經濟與社會層面。〕
- 前英特爾公司董事會主席安迪‧布萊恩（Andy Bryant），他了解規模與複雜性能如何跟技術優勢抗衡。
- 紅門軟體公司（Redgate Software）共同創辦人暨執行長西蒙‧蓋爾布瑞斯（Simon Galbraith），其診斷天賦便他能夠超越單一事業，宏觀更大的局勢。

還有其他經理人有著不同的做事方式，歷經時日地使我開始看出這種差異的大輪廓。

技巧高明的策略師樂意檢視分析與資料，但他們也能辨識和聚焦於一個關鍵至要的挑戰或機會，研擬因應這關鍵挑戰或機會的方法。他們能嗅出什麼事要緊，並且有能力把心力集中於這些課題。他們關心績

效，但不會把結果和行動混為一談。他們不從某個熱門清單、顧問提出的矩陣、幕僚準備的 PowerPoint 投影片這三個選擇中挑選出一種策略，或許最重要的是，他們不把策略視為一種「我們將來想達到什麼境界」的固定敘述，他們當然也有明顯的勝利、獲利和成功雄心，但他們把策略視為應付戰場上的挑戰和出現的重要新機會。

棘手的挑戰並非僅靠分析或應用預設的架構來「解決」，一個條理清晰的策略性反應是經由一個流程產生：診斷挑戰的結構、架構、重新架構、縮窄聚焦、類比參考以及洞察。策略是一種體現目的的創造物，我稱其「創造物」，因為策略不是多數人顯而易見、也不是演算法，而是洞察與判斷的產物。策略不是一種演繹，而是一種謀畫設計，「富有洞察力的設計」概念隱含：知識固然必要，但光靠知識還不夠。

工業設計師基斯・多斯特（Kees Dorst）寫了一篇關於如何解決設計難題的文章，精闢地點出聚焦於一個問題關鍵點的重要性：

> 經驗豐富的設計師在處理一個新奇的問題時，總尋找核心自相矛盾之處，思考是什麼使得這問題難以解決。唯有滿意地確立了核心自相矛盾的性質後，他們才會開始思考解決方案。[1]

有技巧的設計師暨策略師知道，挑戰的關鍵點是引起窒礙或限制感的東西，並封阻容易的解決方案。他們的注意力被這關鍵點吸引，因為這關鍵點暗示了槓桿作用——若我們移動了這塊楔石，就有可能突破整座阻牆。他們尤其注意看起來與其他情況中相似的關鍵點，或是有暗示指出如何解決的關鍵點。

◢陷阱：試圖演繹出策略

你不能從一套必然相關的預設原理來演繹出一個策略。「範式公司」（假名）[2]的一群高階主管就犯了這個錯誤，這是一家中型特種紙類產品製造公司，其執行長「蘭卡爾」（假名）請我評估他的策略，「董事會想要一位獨立方來檢視我們研擬的東西。」他解釋。我的主要工作是訪談一些經理人，檢視他們製作出來的各種文件。

蘭卡爾的第一步是釐清公司的目的，他告訴我：「我們的目標是生產可衡量的具體成果，尤其是總資產報酬率起碼達到 9％，市場占有率至少 25％，以及每年營收成長率 10％。」

範式公司高層團隊參考麥克‧波特（Michael Porter）的著作《競爭優勢》（*Competitive Advantage*），波特把策略區分為四種類型，如＜圖表 5＞所示，這是範式公司高層團隊使用的首要工具。

＜圖表 5＞波特通用策略

	價格競爭	特色競爭
廣市場範圍	成本領先	廣泛差異化
窄市場範圍	集中成本領先	集中差異化

蘭卡爾的策略團隊為自家公司選擇了廣泛差異化策略，因為該公司過去靠著擁有最廣泛種類的特種紙產品樣式與規格來競爭。[3]

該團隊又引用某商業期刊上的一篇文章，該文章提出下列所謂的

「營運策略」：

- 持續改善
- 產能利用
- 即時生產
- 外包
- 訂定新產品上市時間

蘭卡爾的團隊選擇了「訂定新產品上市時間」，因為其他的營運策略對他們來說有點不切實際，該公司位於另一州的生產廠房與設備老舊又工會化，總部對生產細節沒有太多控管權。

蘭卡爾希望有一個以邏輯流程制定出來的策略，好在董事會、甚至法庭上站得住腳。他想要我向範式公司董事會指證，「廣泛差異化」及「訂定新產品上市時間」這兩個策略是合理、有不錯的機會可以產生起碼9％總資產報酬率，以及每年至少10％營收成長率。我當然無法這麼做，因為蘭卡爾的策略根本和範式公司面臨的挑戰無關。

範式公司的基本問題在於對製造沒有實質的控管權，而最大客戶又是成長緩慢的廠商。在我們辨識、聚焦於這些問題後，蘭卡爾的團隊開始逐步產生如何應付這些挑戰的想法。他們用幾個月的時間發展出一個合理的策略，把行銷及銷售工作重心轉向有明顯成長的較小型廠商客戶，把製造活動區分為標準型產品和特種產品。我的貢獻是促使他們正視實際的挑戰，而非財務目標及通用策略。

◢演繹和設計的差異

蘭卡爾試圖用麥克・波特的「五力」（Five Forces）模型或金偉燦（W. Chan Kim）及芮妮・莫伯尼（Renée Mauborgne）的「藍海策略草圖」（Blue Ocean Strategy Canvas）之類的策略「框架」去演繹出策略。但是這類框架旨在喚起人們注意某一情況中可能重要的東西，而不是、也無法指引明確的行動。

也有人試圖用期望達成的績效目標，例如「接下來五年，每年具獲利性地成長 20%」來演繹出策略，這也行不通，因為績效目標本身沒有行動的含義。若你開始在績效目標中加入一些東西，例如「聚焦於最大的潛在客戶」，這個提議行動就內藏了一些挑戰含義：為何我們以往沒有追求較大的客戶？是什麼因素造成追求較大的客戶很困難？為了銷售給較大的客戶必須做出什麼改變？

為了更清楚辨別，有必要深入探討演繹與設計的差別。我們大多熟悉演繹法，最早由歐幾里德在西元前 300 年的著作《幾何原本》（*The Elements*）予以形式化，高中時學習他著述的幾何學習公理（與同一事物相等的那些事物彼此也相等；所有直角都相等……），我們學到如何從這些公理演繹出幾何關係。演繹法與邏輯學概念接近，給予一些假定，就會得出特定的其他關係或事實。

在牛頓的萬有引力定律下，知道火星和地球的位置與軌道的話，就能演繹推斷出讓一艘太空船離開地球和抵達火星所需要的速度。給你聽音樂史，一個音樂服務網站就能相當準確地推斷你接下來可能喜歡聽什麼樂曲。演繹法是我們人類文明創造出來最強大的推理工具之一，在數

學和物理學領域的成就尤為可觀。

原子彈證明在黑板上演繹推理的物理學家真的能炸毀城市後，經濟學家和一些社會學家開始把他們的注意力從檢視實際行為，如同物理學家般轉向使用演繹推理系統，而其中得出的結果是與實際行為沒什麼關係的現代經濟學。在現代經濟學中，人們和廠商全都追求期望值最大化，這期望值名為「效用」，因其未必以貨幣來衡量。

赫柏‧西蒙（Herbert Simon）對經濟單位（人或組織）的決策過程提出開創性研究心得，在 1978 年贏得諾貝爾經濟學獎。他觀察到相對於現代經濟學理論，實際上人們在做選擇時未必追求效用最大化。他們並不是經濟學中想像那種完全理性的生物，他們的理性有限（bounded rationality），當然啦，除了學者，大家都能明顯看出這點。

人們狹隘又局部地判斷，當下什麼行動對他們相較更好。西蒙發現，優秀的西洋棋棋手比弱勢的棋手能辨識出更多的棋盤型態，知道更廣泛的困難情況及可能的反應。然而，當你請優秀的西洋棋棋手用語言表述自己的思維時，他們無法確切地解釋思考型態，「我的注意力被QB5 吸引……，」一位棋手說，他無法解釋自己如何辨識一個情況的關鍵點。

經濟學者惱怒於西蒙在此領域獲得諾貝爾經濟學獎，因為多數經濟學家已經放棄研究實際的經濟行為，而偏好從他們的複雜數學式子去演繹推論出行動。

西蒙著迷於演繹和設計之間的差別，這點對我們很重要。他解釋，常態科學是去了解自然界，他說：「另一方面，設計則是關心事情應該如何才能實現人的目的」。西蒙的洞察對我的教育職涯產生特殊影響，

他指出：「諷刺的是，這個世紀，」自然科學左右了專業學院設計課程時的考量，「工程學院逐漸變成物理學和數學學院；醫學院變成生物學學院；商學院變成有限數學學院。」[4]

我的人生經驗支持西蒙的看法，亦即專業學院以演繹取代了設計。在現今頂尖專業學院的學者眼中，設計有點像手工藝課，類似修理或焊接汽車，遠離那些備受尊崇的活動，例如建立隨機過程的數學模型、選擇性偏差的統計分析。

在企管碩士班讀行銷學時，會接觸到有關消費者行為理論及市場區隔的概念，但鮮少洞察現實公司的各式各樣行銷方案。學生會發現，他們無法從消費者行為理論演繹出真實世界的行銷方案。

讀財務課程時，會學到很多有關證券價格的理論，但是若想成為投資銀行家，必須從真實世界裡學習交易結構的複雜性，你無法從財務理論演繹出交易結構。

在企管碩士班研修策略課程時，會分析一些經典的事業策略成功案例，但是愈來愈普遍的現象是，教授將這些教案當成自己喜愛的產業組織經濟學概念的「例子」。同樣地，你無法從理論演繹出好策略。設計主要是結合想像力和知道許多其他設計，仿效每一樣設計中的一些元素。現代工程和商管學院的問題在於，若只學會演繹邏輯，你就無法了解種類繁多的設計。

我大學就讀加州大學柏克萊分校電機工程系，大四時的興趣是大型電力系統——為大家供應電力的大型渦輪發電機。我選修了系上唯一開設的一門發電機與馬達課程，授課教授要我們學習張量分析（tensor analysis）[5]，我們甚至連一張發電機的相片都沒見過。學習張量分析的意

思是，使用張量數學就能模擬發電機的電輸出性能。但是這種分析無法讓我們知道一台真實的發電機是什麼東西，或是如何設計或打造一台發電機。這門課程全是數學，不是工程。我改而選修電腦設計，然後選修回饋控制系統設計，因為這些科目確實內含了淺略的設計。

幾年後，我在美國太空總署旗下的噴射推進實驗室（Jet Propulsion Labs）擔任系統設計工程師，工作內容是初步設計未來的太空船。有一次返回母校拜訪之前的指導教授，我告訴他目前工作遭遇的一大難題。許多太空船的元件在歷經時日後故障，因為沒有星際維修人員維修太空船，因此我們不斷地研究要如何修補故障的感應器和無法啟動的無線電。我們可以計算可靠度數據，卻不了解這些元件為何會故障。指導教授搖搖頭說：「除非找到方法將其數學化，否則就無法在工程系研究這個。」

◢棘手情況有哪些特徵

上一章討論網飛公司的例子時，我提出了棘手型挑戰的概念。這裡進一步解析，棘手型問題有下列特徵：[6]

- 問題本身可能沒有清楚的定義，因此研擬策略的工作有一大部分是探索「問題」的種種概念，致力於辨識或選擇一個關鍵點。在許多棘手情況中，其實沒有一個特定的「問題」，只是感覺事情不對勁，或是感覺機會就在轉角處。
- 多數時候，你不是只有單一一個目標，而是有一堆抱負，如同我

在二十五歲時心懷一堆抱負,或是我在上一章描繪網飛公司執行長海斯汀的境況,亦即一堆渴望、目標、意圖、價值觀、害怕和野心,它們可能相互抵觸,通常無法同時達成全部。面對棘手型問題時,需要從這一堆的抱負中形成一種目的感。

● 策略選項可能不是給定的,而是必須尋求或想像出來。很多時候,目光短淺的幕僚或既得利益團體會刻意地凸顯一些選項,例如入侵或封阻、要不要收購。實際上,絕大多數情況下還有其他可行之路。

● 可能的行動和實際結果之間的關係並不明朗,縱使專家之間對於各種提議行動的成效看法也迥異。在棘手情況中,對事實的解讀有很多種,想要的結果和特定行動之間只有薄弱的關連性。

那麼在不確定真正的挑戰是什麼之下,該如何應付棘手型挑戰,進而研擬出一個解決方案呢?不論是個人或組織,都無法同時把注意力聚焦於所有事情。而關鍵點是問題與機會混合的重要組成部分,若我們把資源集中聚焦其上,幾乎確定可以克服。

我們追隨有成效的策略領導人,因為他們已經做了這工作——在眾人被現實困惑之際,他們呼籲集中應付與克服確實能贏的那個部分。面對一個棘手型挑戰,策略師辨識或形塑其中一個可以解決的問題——不是整個棘手的挑戰,而是與整個挑戰的重要元素有密切關係的那個問題,而且這是一個我們有能力解決的問題。

舉例而言,1999 年漫威剛剛靠著一本漫畫書和玩具業務,終結了破產窘境,但仍然負債累累。該公司有一群忠誠的漫畫書讀者,但沒有廣

大的一般受眾，債務償還主要是靠著把漫畫中的角色授權給玩具和遊戲業者來賺錢，而下一個機會是讓漫威的漫畫角色走入劇情長片。其中一個典型的問題是「先有雞，還是先有蛋」：因為截至當時為止，還沒有一部以漫威角色為基礎的賣座電影，因此製片公司開出取得版權的價格很低。由於沒有以漫威角色為基礎的賣座強片，因此除了漫畫書讀者基本上沒人認識這些漫威角色。另一個難題是，漫威雖有 4,700 個漫畫書角色，好萊塢主要感興趣的角色只有蜘蛛人（Spider-Man）和 X 戰警（X-Men）。

　　以很低的價格把蜘蛛人授權給索尼影業，把 X 戰警授權給福斯影業後，漫威的總裁凱文・費吉（Kevin Feige）辨識出問題的關鍵點是讓其餘的漫威角色變得更值錢。為應付這個關鍵點他制定一個計畫：讓一大群漫威角色全部存在一個相同的科幻宇宙裡來創造價值。漫威從華爾街集資成立一家獨立製片公司，其下第一部成功電影是《鋼鐵人》（*Iron Man*），接下來陸續推出了 28 部劇情長片，其中有許多相同的漫威角色反覆出現在電影和十一部電視影集裡：鋼鐵人、雷神索爾（Thor）、美國隊長（Captain America）、酷寒戰士（Winter Soldier）、黑寡婦（Black Widow）、鷹眼（Hawkeye）、幻視（Vision）、黑豹（Black Panther）等等。迪士尼在 2009 年收購漫威，並繼續發展漫威宇宙（Marvel Cinematic Universe）電影系列。

　　唯有從相互衝突的渴望、需求和資源交織而成的網絡中看到、辨識出緊張所在的關鍵點後，你才能駕馭一個棘手型挑戰。我們可能想擴張產能，但沒有空間這麼做；建議顧客可能喜愛的新產品，卻被通路商拒絕，因為這新產品會侵蝕其他的獲利流。解決了關鍵點，通常有助於解

決更大課題的主要部分，誠如一些研究「解決問題」這類主題的學者所言：「最起碼，必須先深入分析問題，才有可能獲得一個具有洞察力的解決方案。」[7]

找出關鍵點是應付棘手型挑戰時的第一步。在棘手型挑戰的複雜性中發現或闡明可解決的問題並不容易。許多棘手型挑戰如同一個令人困惑與爭議的大雜燴，看起來像是有許多相互關聯的問題。有些人具有梳理出關鍵點的天賦。例如，安德魯‧馬歇爾看出冷戰的關鍵在於制定一個和蘇聯抗衡的策略，利用美國社會和經濟力量來發揮更大的作用，而非只從事軍備競賽。至於其他人只是在面對複雜性時裝出自信罷了。過去數十年，我看到安德魯‧馬歇爾和汎亞伯達能源公司（TransAlta Corp.）前執行長暨總裁唐恩‧法洛（Dawn Farrell）之類的策略家，使用收集（collecting）、分群（clustering）和過濾（filtering）的實用工具來幫助梳理棘手的情況。

收集：列出一張問題、課題和機會清單，務必檢視所有課題，而非只檢視首先想到的課題。這份清單的長度將超出你的預期，就如同去渡假時隨身物品總是多於你原先的預期。最初你對問題的了解並不完整，對可能的行動選項的了解也受到限制，但你或團隊成員知道的絕對比立即能說出口的還要多。參考局外人和競爭者有助於收集工作（關於這點，參見第十九章的更多探討）。

分群：把問題與機會分組。我指導團隊進行策略鑄造流程（Strategy Foundry，參見第二十章）時，要求每位參與者辨識一個挑戰，我們在板子或卡片上把它們寫出來，通常全部收集起來大約會有十二個左右。常見的情形是，這些「挑戰」的每一個不僅僅是一個挑戰，因此我們會再

分解它們，最終大約會得出二十個挑戰與機會。接著，我們嘗試把相關的挑戰分類成群。單獨做這事會有點困難，但可以試著把不同的觀點想像成他人的聲音與意見，就像在團體中進行這個流程。

分群工作產生的類群有模糊的分界，這沒關係，我們的目的不是建立科學上嚴謹分群，而是要探索各種挑戰的性質差異：有些挑戰比其他挑戰更困難；有些挑戰與競爭有關；有些挑戰是內部課題；有些挑戰比其他挑戰更要緊；有些挑戰較容易解決；有些挑戰可以推遲至未來。

過濾：做完收集與分群工作後，你會發現有太多的課題、問題和利益糾葛，需要過濾它們。過濾工作的第一步是排序：把那些看起來急切的排在前頭，暫緩把注意力放在那些可以推遲的行動上，誠如已故南非大主教戴斯蒙·屠圖（Desmond Tutu）所言：「吃一頭大象的方法只有一種：一次一口。」

篩選出急切的挑戰後，過濾工作的下一步是針對重要性和可應付性（addressability）來評級。重要性指的是，挑戰威脅到企業的核心價值觀、生存或代表重大機會的程度。可應付性指的是，挑戰看起來可解決的程度。（第四章更詳細討論這個主題。）

可應付性的判斷較容易引起爭論。一些挑戰很明顯可應付，一些挑戰很重要、但相當難應付，而關鍵點通常在此。

看起來似乎不容易應付又要緊的挑戰，值得大大注意。能不能把挑戰區分成幾個子問題？是否很像其他組織面臨過的類似問題？是否有人可能是這種情況的專家？什麼樣的變化可以改變挑戰的可應付程度？突破哪一個楔石限制（關鍵中的關鍵！）能使挑戰變得可應付？或者，更激烈的做法是，可以把這個要緊、但困難的挑戰分解成塊，再做一次收

集、分群和過濾流程，完全聚焦於這個主題。

挑戰的關鍵點也是緊張點——資源與課題之間、或政策之間導致摩擦的一個限制或衝突。亞馬遜開啟市集服務之初，容許外部廠商透過亞馬遜網站銷售各家產品，其中的難題是一些廠商可能在擴大規模和範疇後挑戰亞馬遜，甚至在將來把供應商和產品帶到自己的網站平台上。然而亞馬遜想成為世界最大的線上商店，拒絕外部賣家等於限制自身的發展規模。跟許多洞察一樣，亞馬遜最終採行的解決方案在事後看來很簡單。亞馬遜開始大舉改善物流系統，提供倉儲與出貨服務給平台賣家，這場「求婚」令多數賣家難以拒絕。而亞馬遜也持續擴展更多的產品，反制了幾乎所有供應商的威脅。

另一個看出關鍵點的例子是，蘋果公司的管理團隊意識到，賈伯斯致力於事事都由自家來做的政策明顯抵觸行動應用程式商店的概念。他們開始認知到，只要開放 iPhone 的應用程式商店給外面的程式設計師，將促使應用程式開發者激烈競爭，從而降低應用程式的價格，並且透過相互較量來提升應用程式的品質，一連串反應將提高 iPhone 的價值。

面對棘手型挑戰，不把它解析到只剩下一個關鍵點會更難應付。無人能解決一個他們無法理解與抓住要點的問題。

◢設計行動選項

過濾出一群課題、把棘手型挑戰分解成多個部分後，接著建立假說。應付棘手型挑戰的第二步是設計行動選項。你可以拿現有的知識來檢查大家提議的行動，看看這些想法中的任何元素是否被強烈支持的證

據所排除。舉例而言，若一個提議行動是蓋更多的低收入住宅，但過往事實顯示，這類住宅區的居民經常成為犯罪受害人 [8]，那這項提議行動就應該被質疑。若沒有執法或控制犯罪的配套策略，光是興建這樣的住宅區，可能害處多於好處。基於這個歷史事實，低收入住宅的新解決方案將需要大躍進且新穎地結合政策、建築、規畫和行動。

如前文所述，伊隆·馬斯克看出，以較低成本把酬載送入軌道的挑戰關鍵在於火箭的可回收再用性，當認知到燃料比硬體便宜時，他的大躍進就發生了。他的新火箭將攜帶更多的燃料，讓火箭可以重返地球而不致燒毀。以下是辨識出關鍵點後產生大躍進行動的一些例子：

● 跟蘇聯一樣，中國向來由中央課徵稅及營業收入後再根據各項計畫來分配預算。鄧小平看出，中國的關鍵性經濟問題是欠缺追求效率的誘因（或者以西方的用詞來說，欠缺賺錢的誘因），他說：「致富光榮。」在這個向來標榜均貧為美德的國家，是非常革命性的一句話。鄧小平最重要的新行動是讓地方上銷售產品與服務的共產主義集體事業，保留各自大部分的盈利，當這政策結合出口活動以及小心輸入外部的技能時，就成為一個條理清晰連貫的策略。

● 1960 年時，新加坡面臨的棘手挑戰是異常高的失業率，這個小島國的大多數人口無家可歸又擅自占屋占地。一些國家面臨這種境況時，可能會訴諸世界的慈善捐助，但李光耀認為棘手挑戰的關鍵點在於新加坡是個糟糕的經商之地，他決心使新加坡變成舉世最具吸引力的商業之地，藉此致富新加坡。他的行動非常條理一

貫，以西方已開發國家的標準來看極其嚴苛。新加坡不准存在無家可歸的占屋占地者、不准成立工會、不准暴動，並推出強固的私有產權法，打造穩定的經濟環境。再下達毒販抓獲處以死刑、抓獲異議分子和工會籌組者入監服刑。在一系列政策與行動結合下，外資開始流入新加坡，就業機會激增，培養出訓練有素的勞動力。今天有超過三千家多國籍企業在新加坡營運，該國失業率很低，人均國內生產毛額（GDP）高達 $58,000 美元，人民平均壽命為 84 歲。

● 2003 年時，網站設計公司 37signals 的共同創辦人暨執行長傑森・福萊德（Jason Fried）苦惱著使用電子郵件來聯絡自家平台上個案承接人、顧問和設計師這些不斷擴大的客戶群。問題的關鍵在於使用者會用電子郵件、Excel 試算表、備忘錄、電話，以及各種其他的管理工具，而這些工具彼此之間的連結溝通性很差。試算表問世的早期也遭遇類似的挑戰，你必須使用不同的工具來執行計算、繪圖、資料輸入與輸出。福萊德團隊決定投資開發自己的工具，名為「Basecamp」，這套軟體用單一的應用程式來處理待辦事項清單、訊息版、行程表、即時通群組聊天、提問與回答等等作業。這個非常成功的軟體使該公司的客戶數從 2004 年的 45 名成長至 2019 年時的 300 萬名，該公司也在 2014 年時改名為 Basecamp。

● 1980 年代開始華特迪士尼的績效變差，劇情長片和有線電視業務都不賺錢，專門惡意購併的企業掠奪者開始蠢蠢欲動，認為有機會把該公司拆分為主題遊樂園事業和電影事業，從中快速牟利。

1984 年迪士尼大股東、出身石油致富家族的席德・巴斯（Sid Bass）延攬麥克・艾斯納（Michael Eisner）出任迪士尼董事會主席暨執行長。艾斯納看出迪士尼面臨的挑戰關鍵點在於自家受到高度稱讚的經典動畫片，例如《灰姑娘》（Cinderella）。這些影片的發行近乎定義了每一個世代的迪士尼，其重要性無法複製。長久以來迪士尼手繪每一幀動畫片鏡頭，這種做法誕生於大蕭條時期，到了 1980 年代手繪成本已高到不符經濟效益。艾斯納和迪士尼新總裁法蘭克・威爾斯（Frank Wells）聯手設計了傑出的解決方案，重點行動之一是打破迪士尼的手繪鏡頭傳統文化，投資電腦動畫。另一個重點行動是，拓展動畫片以外的獲利與成長來源，著重創造新的動畫角色為核心。不論是《獅子王》（The Lion King）、《美女與野獸》（Beauty & the Beast）、《風中奇緣》（Pocahontas），每一個新角色或道具都在影片之外創造獲利，細心地開闢與利用玩具、遊戲、電視特別節目、迪士尼樂園以及其他綜效。這在娛樂業是一種全新的策略。

◢洞察的作用與來源

諸如此類的策略研擬非常迷人，因為這是才智與輝煌結果之間的連結。有了洞察，你看出了別人沒能看出的東西，或是別人忽視的東西。但是，如何設計出一個有創造力的策略反應，這存在我們了解範圍的邊緣地帶，只在心智角落露出微光。

洞察是如何發生的呢？它會突然湧現，出乎意料之外。或者不請

自來，在從事某個不相關的活動之際，突然浮現在腦海。洞察令人覺得「正確」，其正確性不證自明。我們不清楚洞察如何獲得，反思也無法揭露其產生過程。

認知神經學家發現了某種與洞察相關的大腦活動，其中特別引人興趣的發現是，在洞察浮現前，大腦右後邊的視覺皮層會突然出現約一秒鐘的活動，這低頻率（6 至 10 赫茲）的第一脈動（alpha pulse）封鎖外部感知片刻。視覺皮層的這個突發活動意味著，「洞察乍現」（flash of insight）這句話並非只是個比喻。[9]

洞察乍現是一種創作的體驗，當我們辨識到一個好策略時會踴躍分享。英特爾的共同創辦人高登・摩爾（Gordon Moore）領悟到，微影製程的微縮特性可以讓他把愈來愈多的電晶體擠到一平方釐米的矽上面，因而得出「摩爾定律」（Moore's Law）。傑夫・貝佐斯（Jcff Bezos）在 1994 年看出網際網路是銷售紙本書籍的理想媒體；馬可・貝尼奧夫（Marc Benioff）「夢見」他設計出雲端型顧客關係管理（CRM）系統；山姆・華頓（Sam Walton）把他的折扣商店視為物流系統中的結點而非個別商店。當洞察乍現改造了世界的一部分時，我們將以新方式看待世界，未獲得新洞察的競爭者會亂了套，只能攻擊我們力量的邊緣而不是中心。

有關研究或論述洞察的人，通常暗指洞察乍現是一種剎那間的欣喜，問題和解方之間的僵局被打開了。結束搭乘「小獵犬號」（The Beagle）航海之旅後，查爾斯・達爾文（Charles Darwin）困惑於各種物種如何歷經時日形成，自然選擇——既有物種的差別生存——其概念剎那間浮現在他的腦海：「我碰巧為了消遣而閱讀了馬爾薩斯的《人

口論》（*On Population*），很能領悟無處不在的生存掙扎……，我立刻聯想到，在這些境況下合適的物種往往存活下來，不合適的物種會滅亡。」[10]

這種洞察時刻確實令人欣喜萬分，但只把獲得洞察視為歡呼時刻可能過於專注成功面相，實際上洞察未必是「啊哈」時刻，也可能是「呃噢」時刻。當凱瑪百貨（Kmart）的管理高層初次了解到沃爾瑪並非只是專攻鄉村地區零售業務者、反而是破壞整體事業營運方法的競爭者時，他們可沒感受到達爾文發現「適者生存」概念時的那種欣喜。

洞察不會因為我們的呼叫而自動現身，不能保證洞察必定會出現，但有方法幫得上忙。若不抓住問題的荊棘，你就不能指望洞察解決方案。練習調整觀點有助於洞察力。了解將連貫一致的行動聚焦在一個槓桿點上的力量有助於你洞察策略。看正確的地方有助於產生洞察，我開始尋求洞察時會先檢視還未受到質疑的、有關事情如何運作的假設，檢視利益與資源的不對稱性，檢視他人的習慣與慣性。

坊間有大量關於如何產生新點子的文獻：腦力激盪、冥想、視覺化、評估前收集許多資料、催眠、採納別人的觀點、思考「若……，會怎樣？」、想像中的導師等等。但是哲學家約翰·杜威（John Dewey）在其著作《我們如何思考》（*How We Think*）中提出的論點很有道理。他指出，設計新點子最可靠的來源是對一個「感覺困難」進行「深思」。[11]設計洞察的重要來源是頭腦清晰地診斷挑戰的結構，特別是其關鍵點，可使用毅力、類比、觀點、明確假設、詢問為什麼、辨察潛意識的限制等等工具包。

保持毅力

追求洞察時需要毅力。面臨困難問題時，毅力意味著：願意忍受「迷路」造成的焦慮與氣餒，堅持找到走出困境之路。當第一個點子出現時，檢驗與評析它，願意且能夠再找到另一條應付挑戰的途徑。

我曾經迷路過幾次：下雪的日落時分，在新罕布夏州華盛頓山（Mount Washington）高處走錯了冰壑；處於一萬八千呎高空而思緒混亂，降落於伊朗白雪覆蓋的達馬萬山（Mount Damavand）錯誤那一側；在占地遼闊且樹林種類單一、綿延無盡的森林裡迷路。

迷路時，你會心生無助與焦慮，沮喪於不知走哪條路好，傾向抓住最先出現的暗示途徑。[12]那兩塊岩石彼此堆疊，這不就指出了走出森林的途徑嗎？

某種程度上，這種感覺與面臨棘手型挑戰時的感覺相同。乍看之下，沒有明顯的解決方案；沒有現成解答。這可能令你難堪而強烈傾向採行第一個提出的解決方案，很難勸你先把這提議放在心中，再繼續尋求另 個解決方案，因為這等於要再一次接受焦慮與沮喪。展現毅力，從一個不同角度再次思考面臨的狀況非常重要。

理論指出，面對一個複雜問題時，若存在一個誘人、看似較簡單的選擇——令人分心的解決方案，人們就難以看到另一個不明顯、但更好的解決方案。（本書第二十章討論「再思」忠告，源於這種現象。）在一個有趣的實驗中，研究人員提供老練的西洋棋棋手一套典型的「悶殺」（smothered mate，即當國王或皇后被自己的棋子圍攏，或是在棋盤邊緣時的情況，通常由對手的馬來悶殺。）棋步可走，但也有一條較不明顯、但更快的致勝途徑。[13]他們要求這些棋手不限時以最少的棋步來

獲得勝利。研究人員發現，優秀的棋手因熟悉的五步悶殺攻擊法而「分心」，但大師級棋手卻不會，他們很快看出兩種解決方案，並選擇更快的三步解決方案。

這實驗得出一個結論，大師果真不是浪得虛名。但更有趣的想法是，你應該提防那些看起來既明顯又亮眼的問題回應之道，當面臨策略性質的問題時，廣泛搜尋可大大改善你找到較好解決方案的能力。

同質與異質類比

洞察最直接來源是類比，類比他者的例子與啟示。來自直接競爭者的例子最為清楚，但也有直接硬碰硬交火的風險。在競爭中，策略師通常尋求以不同於競爭者的方法來應付情況。在訪談日本的豐田公司引擎設計師時，我詢問他們一個問題：「為何不使用本田的方法？他們最擅長設計引擎了。」豐田引擎設計師回答：「豐田團隊追求的目標不只是做得像本田一樣好，他們想要做得更好。」同理，許多最有用的類比來自其他產業、其他國家或其他時代，甚至可能完全來自其他種情況。無庸置疑地，廣泛的知識與經驗有助於汲用適當的類比。

馬可·貝尼奧夫創立賽富時（Salesforce.com）直接類比於亞馬遜。霍華·舒茲（Howard Schultz）觀察到一家義大利米蘭的咖啡館後創辦了星巴克（Starbucks）。比爾·格羅斯（Bill Gross）創立 GoTo 則類比了黃頁簿。瑞安航空（Ryanair）設計策略時以西南航空（Southwest Airlines）為榜樣（參見第三章）。臉書（Facebook）一開始則是類比大學年鑑的線上版本。

我們也可以尋找近似隱喻的類比。若我把這挑戰繪成一張圖，圖像

可能是一個螺旋或一個箱子？我們百事公司（Pepsi）是一種食草動物、食肉動物或食腐動物？在美國，我們是西元前50年的羅馬，崛起成為世界霸權？還是西元400年的羅馬，異邦人用羅馬帝國自己興建的道路來入侵羅馬？或者我們是雅典而中國是新羅馬？我們這家微軟公司藉由興建城堡、巡邏邊界和懲罰鄰居來保護自家領土、或藉由結盟來保護我們的疆域？有什麼其他觀點？競爭者如何看這情況？顧客如何看這情況？高中生如何看這情況？幾年後，我們會如何看待這情況？律師及政治人物如何看待這情況？資料庫經理人如何看待這些問題？裝卸碼頭如何看待這情況？

縮放觀點

拉近焦距只看問題中的一個部分，可以使問題的某些部分變得更清楚、更容易應付。舉例而言，若你面臨「顧客體驗」的問題，試著只看退貨流程，這或許能激發更廣泛使用的洞察。

拉人焦距則是相反，把挑戰視為大局的一個部分。我家鄉奧勒岡州的野火是個大問題，多數八月盛夏喀斯喀特國家森林公園（Cascade National Forest）附近的野火常導致天空彌漫煙霧。這問題大多數人爭論要預防；或是圍堵、疏伐撫育（thinning）與控制燃燒；或是野火乃自然現象。但更宏觀情況顯示，野火大多發生於國家自然保護區，這些區域因受保護而不能開發，因此缺乏滅火通路、防火道和其他設施發展。因此，更大的問題是定義與管理自然保護區，我們真的要為此而支持每年在距離城鎮僅一哩之處發生大火嗎？

明確假設

明確假設有時能改變觀點而帶來助益。舉例而言，一家美國的大型汽車製造公司假設，把其零組件運送貨櫃標準化可以達到規模經濟，同時降低零組件的取得成本。這假設正確，但還有另一個未說明的假設是這項政策不會帶來其他額外成本，不過這假設是錯的，用過大的貨櫃運送零組件會導致更多零組件損傷，增加重工（rework）成本。

詢問為什麼

對假設或做事方式提出「為什麼」，這是破除現有框架的一種方法。為何電影院讓熱門影片首映時大排長龍，而不根據需求調整價格？為何房屋改建工程花費的時間總是比預估的長二、三倍？為何幫一位大客戶安裝和運轉自家軟體需要花兩個月？為何折扣商店占地面積都這麼大？

潛意識的限制

獲得洞察的一大阻礙是潛意識的限制，一個未被覺察、對這世界或問題狀況抱持的假設或信念。人類心智中刻板抱持的舊思想可能妨礙我們以新方式看待事物。而阻礙我們的可能不僅僅是視野狹窄而已，也可能是潛意識害怕而不敢或不願意拋棄的整個教條、信念或運作原則。

以動畫為例，名為「費納奇鏡」（phenakistoscope）的技法發明於1833年。這是個玩具，用一塊硬紙板圓盤，圓盤最邊緣以等距離切割出一系列狹縫，往內的圓盤圍繞著中心點畫出一系列圖片。面對著鏡子，透過一條狹縫看鏡中快速轉動圓盤上的映像。原本你的眼睛通過每一條

狹縫看到其中一個映像，但在快速轉動圓盤時產生視覺暫留，使得一系列圖片形成連貫動作的錯覺。費納奇鏡使得人們首次見識到了映像移動，看到一匹奔馳中的馬。

就技術而言，洞察這動畫形成並不困難。小學五年級時，我用方框、箭和圓圈的短動畫故事逗樂坐我旁邊的女孩。做法是在書籍頁緣畫上方框、箭和圓圈，然後快速翻動書頁，故事就開始生動起來了：方框前進吞噬了逃跑的圓圈，最終方框被飛箭射中。一旦你了解一部動畫的製程，很容易就能製作另一部動畫了。

潛意識的限制是極強大的信念，認為感知描繪的就是事實。若相信你感知到「連續動作」是由於動作本是連續的，那你也應該察覺一系列靜態圖象不是「動作」，只可能是看起來像一系列快速拉動的靜態圖象。想理解動畫，你必須接受令人不安的概念：感知的事實出人的心智所建構，我們的感知系統填補空白，執行大量的填補行為。由此可知，早期建構動畫需要改變或移除潛意識的限制。

◢羅浮宮的解決方案

貝聿銘為羅浮宮設計的新入口是找到問題關鍵點、繼而洞察解決方案的好例子。

法國政府在 1984 年決定翻新聞名於世的羅浮宮。羅浮宮原為一座城堡，始建於 1200 年左右，1546 年法蘭索瓦一世（François I）改建成一座王宮。1793 年羅浮宮又變身為一座博物館，到了二十世紀則像是一座充滿房間與通道的迷宮，辦公空間太少又沒有像樣的公眾入口。時任法

國總統密特朗（François Mitterrand）委託華裔美籍建築師貝聿銘設計一個解決方案。貝聿銘實地勘查後很快得出結論，廣大的中央廣場必須成為翻新工程的中心。當時羅浮宮的中央廣場是個枯燥的停車場，貝聿銘設想開挖中央廣場，在下方設立新辦公室及儲藏室。那麼，出入口呢？貝聿銘不喜歡一座空洞的中央廣場，但與此同時，也不想豎立一座擋住周圍古典建築景觀的建物。

問題的關鍵點：建一個既能改造空洞的中央廣場、同時又不擋住古典宮殿景觀的出入口。貝聿銘的設計洞察是在中央廣場中心位置建立一座透明玻璃建築，玻璃的概念意味著沒有平面屋頂，因為屋頂會扼殺部分景觀還會集塵。傾斜屋頂也存在相同問題。於是貝聿銘決定建一座透明的金字塔，這是一個出入口，在裡頭仍然可以看到周圍的建築，從外面看也不會擋住視野。（是我的話，會選擇蓋一座透明、有溝槽的圓屋頂，但他們沒有諮詢我的意見。）貝聿銘決定了金字塔設計後，問題就得到解決。這其中涉及必須解決的、不計其數的工程、美學和政治問題，但在一座透明金字塔的大概念下，它們全都可以解決。

這設計一宣布立刻引發激烈批評，至今仍然有人討厭它，但羅浮宮的這座透明玻璃金字塔出入口獲得廣大讚譽，成為了巴黎前三大觀光景點之一。

第二個辨識關鍵點、繼而找到解決方案的好例子是 GoTo 和 AdWords。

1999 年初我造訪比爾・格羅斯創建的創意實驗室（Idealab），這是位於加州帕薩迪納（Pasadena）的一家網路創業育成中心。格羅斯建議我試用他團隊最新開發出來的搜尋引擎「GoTo.com」，我輸入搜尋關鍵

字「best new cars（最佳新車）」，立即看到福特、豐田等車款條目。這很引人興趣，因為 1998 年時的網路搜尋一團混亂，輸入搜尋關鍵字「best dog food for Labradors（拉布拉多犬的最佳狗食）」，你可能獲得有關狗或食物的資訊，也可能獲得色情資訊。另一部分挑戰是，網路基本上是免費的，任何人只要有些技巧就能架設網站，然而觸動搜尋引擎的是網站名稱和隱藏的關鍵字。

格羅斯的洞察關鍵點來自檢視電話黃頁簿，近乎每家公司都有一個條目，付較多錢的公司可以獲得更大的版面廣告。他能否建立一個讓公司為了搜尋結果擺放位置而付錢的搜尋引擎呢？

格羅斯想讓搜尋變得更有成效，同時解決產業苦惱「如何賺錢」的挑戰。他解釋，像雅虎（Yahoo!）、眺望（Alta Vista）、狼蛛（Lycos）搜尋引擎是根據關鍵字來找網站，「在 GoTo，我們讓網站競標關鍵字出價最高的網站，得以排列於搜尋結果第一位，出價次高者排第二位，依此類推」，然後 GoTo 才會列出所有其他未參與競標的網站。他解釋：「我們在某人點擊搜尋結果時收費。該網站可以即時查看自己在搜尋結果中的排列位置，調整競標出價來達成目標。」

格羅斯的洞察新穎又聰明，競標模式為搜尋引擎帶來可觀收入，這方法也自動消除成千上萬試圖引誘粗心搜索者的「垃圾」網站。不過，GoTo 只在廣告形式方面運作良好，若你搜尋有關於如何修理一輛車子的資訊，你可得先看完多頁贊助廠商的連結。那年稍後，GoTo 公開上市並於 2001 年改名為「Overture Services」，2003 年被雅虎以 $16 億美元收購。GoTo 對格羅斯而言是一大財務勝利，他握有搜尋引擎如何賺錢這個核心問題的種子，而進一步的創新已經上路。

我在帕薩迪納與比爾·格羅斯交談時，賴利·佩吉（Larry Page）和謝爾蓋·布林（Sergey Brin）獲得他們的第一回合創投資本 $2,500 萬美元。他們當時也試圖改善搜尋引擎，並且發明了「網頁排名」（PageRank）這套聰明的演算法，成為業界最佳的搜尋結果排序演算法。他們解決了搜尋問題，但也苦惱於如何賺錢，他們看到格羅斯的 GoTo，但堅決不願讓付費連結（pay-for links）損害他們的「網頁排名」。他們面臨的挑戰是提供準確的搜尋結果，但同時也能賺到錢。於是在 1999 年初，谷歌的第九名員工薩拉·卡曼加（Salar Kamangar）管理的一支團隊定義與建立了谷歌的 AdWords 系統。

AdWords 系統的設計概念是把文本廣告放在搜尋結果頁面的旁邊，如此設計就不會污染搜尋結果清單，把搜尋結果和付費廣告區分開來。事後回顧這種做法多麼簡單，但設計團隊打破業界廣泛抱持「搜尋結果是單一清單」的潛意識限制。他們讓廣告商為每千次顯示的廣告付費，後來轉向點擊付費。[14]

AdWords 這個洞察使谷歌，現在的字母公司（Alphabet Inc.），成為舉世最有價值的公司之一。[15]

第 3 章
策略是一個旅程

　　我熱愛登山，曾經每年夏天不是待在提頓山脈（Tetons）、溫德河山脈（Wind River Mountains）、就是阿爾卑斯山脈。嘗試新的登山路線時，不會有如何攻頂的明確地圖，登山計畫通常更像是「我們沿著那山溝往上走，從左邊的那個岩架出來，我們就能看到上方的岩縫能否通行。」登上那岩架後，你可能發現那岩縫不通，於是轉而尋找另一條前進之路，也許是 Z 字形攀登至右側，再攀爬粗曠的岩石至另一個岩架。

　　真實世界裡的事業策略有點像登山，你可能懷抱登上某座山峰頂的雄心，但是路程中需要克服一系列的困難，登山者稱其為「難題」，每克服一個困難，前方將出現新難題與機會。若成功了，將推進你的雄心，下次你會嘗試攀登山脊北壁，或另一座更大的山峰。

　　不論你自身的策略，或是一家公司的策略，真實世界裡的策略是一個不斷應付重要挑戰，以及決定採取什麼重要行動的過程，有些挑戰是長期且廣範圍，其他挑戰則是在前進之路上遭遇較即刻、急切的阻礙，或突然而至的機會。在所有情況下，策略都是正視與解決重要挑戰的過程。

我一再強調這點是因為，常見的錯誤觀念認為事業策略是渴望目標的某種長程草圖，所以我鼓勵你把策略想成一個通過、翻越和繞過一系列挑戰的旅程。若你是 2014 年時的英特爾公司執行長，你可能說過：「英特爾執行摩爾定律製造出舉世最好的半導體。」但到了 2017 年你會被問，英特爾要以什麼策略來應付摩爾定律的趨緩。到了 2019 年則是問你，英特爾要以什麼策略來應付谷歌及微軟開發特殊用途處理器的崛起。到了 2021 年你將被問到，英特爾在製程方面的領先地位似乎已經輸給了台積電。「英特爾以一個單一不變的『策略』跨越所有挑戰」這個思想，使策略概念淪為一種如同「成為領先者」之類的口號或座右銘。策略是解決問題，最好表述一個特定挑戰就好。

策略應該是一種持續行進、不斷發展的過程，這種策略概念允許公司擁有一個策略過程，而不是不斷重述某些模糊的總體目標和意圖。策略流程變得更像創業者一路解決挑戰與抓住機會的任務。一個組織不會只面臨一場「鬥爭」或「戰爭」。若想長期生存，挑戰將不斷出現，而每一個挑戰都應該要解決。生存是持續不斷的追求，制定策略是持續不斷的工作。可能沒有單一途徑或策略去應付所有挑戰，賽富時（Salesforce.com）及瑞安航空一路走來面臨的種種挑戰可茲為例。

◢賽富時公司迎接挑戰案例

賽富時的發展，貼切地展示了歷經種種挑戰與策略反應如何形塑一家公司，若有人說賽富時的發展過程中有「一個策略」，那就太簡化策略的概念了，簡化到使策略近乎沒有意義。

馬可‧貝尼奧夫是能為自己的遊戲主機「雅達利」（Atari）撰寫冒險遊戲的孩子，大學時期他已經在蘋果公司找到為未來的麥金塔電腦（Macintosh）撰寫程式的暑期工作。大學畢業後他進入甲骨文公司（Oracle）從事客服，後來晉陞為客戶／伺服器事業單位副總。任職甲骨文公司期間，貝尼奧夫逐漸嫻熟於該公司的 OASIS 顧客關係管理系統。

顧客關係管理系統起初是索引卡，在 1970 年代演進成為電腦資料庫，這類資料庫列出顧客、聯絡人、訂單史、評價、銷售線索識別，以及其他有助於管理銷售活動的資訊，後來這類資料庫開始包含會計、出貨和其他的營運資訊。1990 年代末期，CRM 一詞開始用來稱呼這類軟體，而且功能日益複雜，納入顧客資料以外的東西，舉凡產品企畫、供應鏈、付款系統等等，全都開始被整合到 CRM 軟體裡。

傳統 CRM 軟體安裝在公司的電腦運作，由內部的資訊技術（IT）部門管理。1990 年代末期，CRM 軟體的領先供應商是甲骨文（OASIS 系統）、希柏系統（Siebel）、思愛普（SAP）。根據技術研究與顧問公司揚基集團（Yankee Group）在 2001 年時估計，一套有二百名使用者的標準 CRM 系統要花費公司總成本約 \$280 萬美元，其中 \$190 萬美元是軟體授權費，其餘成本是支援費和客製化費用。[1]這類系統相當複雜，安裝和維修都有一定的困難度。

貝尼奧夫回憶他在 1996 年時夢想如何建立一個雲端型 CRM：「我在睡夢中有了創立賽富時的點子時，真的，我做了一個奇怪的夢，在夢裡我想到亞馬遜網站，但那網站的產品標籤不是書籍、CDs 或 DVDs，而是顧客帳戶、聯絡人、機會、預測和報告。」[2]

當然，這點子並非貝尼奧夫憑空想像，他思考 CRM 系統多年，也

深度參與降低顧客大筆啟用成本的方法。困難的關鍵點在於軟體，安裝軟體時必須依據客戶的內部系統量身打造，還有持續更新和修正錯誤等後續管理。

貝尼奧夫想像的簡化情境是把軟體放在雲端，但凡有網路瀏覽器的人都能使用。有了雲端型 CRM，用戶只需在網路上註冊、繳月費即可取得 CRM，不需要架設或租用伺服器，沒有安裝或維修費用，不需要聘用負責管理系統的 IT 部門。

貝尼奧夫在 1999 年離開甲骨文，帶著該公司執行長賴利・艾利森（Larry Ellison）的祝福和大約 $200 萬美元的種子資本，其他的創投資本相當容易取得，因為當時是網際網路公司創業榮景時期，艾利森的背書也是一大助力。

一開始他面臨的重要挑戰是吸引優秀的軟體開發者，以及有更多的資本餵養他們。換成是你會如何吸引最優秀的軟體開發者呢？貝尼奧夫的方法是先建立名氣，他邀請記者與作家到矽谷參加豪宴，想盡辦法搞宣傳。他把賽富時描繪成一個激進的顛覆者，目的是要顛覆傳統的軟體產業，他當時採用的標誌是在「software（軟體）」字上蓋上一個紅色圓圈與一條斜槓的禁止符號，再加上「No software」的標語，宣傳影片則是呈現賽富時的噴射戰鬥機把老舊的「軟體」雙翼飛機打下來。[3] 他製造話題並創造未來感，確實幫助賽富時吸引了一群有才華的軟體開發者。

賽富時第一款重要產品 SFA（Sales Fore Automation）問世之後，下一個大挑戰自然是吸引公司客戶購買這產品，此時挑戰的關鍵點在於，這類購買決策大多是由公司 IT 部門定奪，但賽富時又沒名氣，而且註冊使用賽富時的雲端型 CRM 將使 IT 部門中負責 CRM 系統的人變成

冗員。賽富時起初採行的方法是繞過公司採購，以低價吸引個人使用者直接購買，但這戰術效果不佳，貝尼奧夫改變政策，讓一家公司最多五名使用者免費註冊使用，超過五人每人收取 $50 美元月費。後來，賽富時採用電話行銷及直接銷售來觸及更多的顧客。有一個更好的產品，再加上大量的好口碑，公司的營收開始成長。

賽富時原先抱持的假設是：免費註冊使用將在企業客戶內部產生「影響力人士」，最終引領大公司註冊使用。但是銷售分析顯示，成長最快速的新客源其實是規模較小的企業。於是賽富時改變政策，瞄準小型企業，尤其是網際網路榮景突然創造出的許多小公司。

2000 年的網際網路榮景泡沫破滅，賽富時陷入了財務困境，由於他們的許多小企業客戶消失，公司內部對於收費政策起了爭論。公司還能繼續維持不簽合約、不提供折扣的政策嗎？或是應該變成容許與客戶簽一年期，甚至多年期的合約？這是一個策略性課題，因為賽富時把自己定位為「無軟體」公司。最終，貝尼奧夫選擇調高月費客戶的收費，敦促最佳客戶簽較長的合約，並提供成功推銷一年期合約的銷售人員不錯的佣金。於是，簡單月費制的原始「願景」漸漸褪色。

伴隨技術漸趨成熟，貝尼奧夫需要新的解決方案，有些是針對廣泛客群的，有些是針對特定產業而設計的。這是一個新的競爭點子，針對現行使用者群提供行動應用程式裝置，最終達到綑綁銷售。這個點子後來演變成讓顧客依據自身境況來調整產品，賽富時在原先的品項標籤（顧客帳戶、銷售線等等）之外，添加「空白標籤」讓使用者可以客製化使用。

這轉變實現的關鍵是賽富時推出的 AppExchange，基本上就是企業

軟體版的應用程式商店，於 2005 年推出，幾個評論家稱其為「企業用的 iTunes」。接著，該公司又於 2006 年推出用來撰寫能在賽富時伺服器上運作的程式工具 Apex，以及建立客製化視覺介面的工具。這些行動使賽富時不再只是一個雲端型 CRM，而是轉型為一個提供廣泛種類的商業應用程式雲端平台。

該公司在 2010 年添加應用程式「Chatter」，貝尼奧夫稱其為「企業用的臉書」。[4] 之所以推出這款應用程式，是想透過提供客戶擁有自己社群網路服務的能力來達到與競爭者的差異化。

很顯然，貝尼奧夫一開始僅對賽富時懷抱些許抱負，但在持續不斷追求的過程中，遭遇無數必須應付的策略性挑戰，而且在應付每一個挑戰時抱負隨之改變與擴大。公司做出的每一步反應都是為了應付眼前挑戰而設計出來的。常有人說策略就是選擇，「選擇」這字眼隱含有一組給定的選項供你參考，但是你是找不到教公司執行長「吸引軟體開發者的最佳方法」指南，經濟學或行銷學中也沒有關於一開始應該瞄準小型、中型或大型客戶的固定法則。貝尼奧夫採行的方法是設計，不是選擇，效力在於這些設計，加上願意改變與調適，以及強而有力的執行。

賽富時是第一家在紐約證交所掛牌上市的網路公司，2021 年初該公司擁有 6 萬名員工，市值約 $2,430 億美元，在《財星》（*Fortune*）評選「最佳僱主」中排名第二。免費註冊演進為免費試用，你可以上「www.salesforce.com」執行。貝尼奧夫的設計已經成為現今所謂的「軟體即服務」（software as a service，SaaS）模式，是許多新創事業採行的模式。

瑞安航空迎接挑戰案例

愛爾蘭企業家東尼・萊恩（Tony Ryan）及兩位投資夥伴於 1984 年共同創辦瑞安航空公司。萊恩曾任職愛爾蘭航空公司（Aer Lingus），後來創建歐洲最大的飛機租賃公司之一。柴契爾夫人主政時的英國政府鬆綁設立航空公司的管制，萊恩想和愛爾蘭航空競爭倫敦－都柏林航線，他知道愛爾蘭航空經營這條航線的成本很高，英國航空公司（British Airways）也一樣。萊恩認為，瑞安航空可以仿效美國航空公司（American Airlines）的成本結構，提供比這兩家國營航空公司還低的票價與好服務，搶攻這條航線的市場占有率。

該公司的初始策略並不成功，好服務與低價格這二者本身不一致，而且瞄準倫敦－都柏林航線來和兩家政府補貼的國營航空公司競爭，屬實不合適一家小型新創事業，英國航空公司承擔得起經營諸多航線當中的一條航線虧錢。果不其然，倫敦－都柏林航線的較低票價導致瑞安航空持續虧損，1984 年至 1992 年間，瑞安航空搶攻這條航線的市場占有率，爭取乘客載運量，但在 1992 年申請破產重組。該公司面臨挑戰的關鍵點是，老牌航空公司在主要航線上的持久力。

瑞安航空公司重組期間，其執行長麥克・歐黎瑞（Michael O'Leary）前往美國，仔細觀察低成本業者西南航空公司（Southwest Airlines）。他看到西南航空的成本結構遠低於美國航空，西南航空還採行聰明的策略，不硬碰硬競爭，服務非主要機場航線（例如從芝加哥飛往巴爾的摩，而非飛往華盛頓特區）。後來歐黎瑞回憶那次造訪時說：

我們去美國造訪西南航空就像前往大馬士革取經，這是改變瑞安航空很重要的體驗。我和赫伯·凱勒赫（Herb Kelleher，西南航空共同創辦人）會面，午夜時分我醉倒了，在凌晨三點左右醒來時，凱勒赫沒睡，還給自己倒了一杯波本酒，我想著向他討教好帶著聖杯回去。但第二天，我啥也不記得了。[5]

在新資本挹注下瑞安航空恢復營運，以極低的成本結構從都柏林飛往倫敦魯頓機場（Luton Airport），而非倫敦蓋威克機場（Gatwick Airport）。在刪減成本方面，瑞安航空做得比西南航空更好，其拆分服務項目來保持極低的基本價格：票價只乘載人，行李另外計費，重新列印登機證要加收費用，飲食也額外付費且不能退票，機艙內張貼了很多廣告。瑞安航空開始增加較小的歐洲城市航線，快速且獲利性地成長。

執行長歐黎瑞喜歡強調瑞安航空的極簡服務，以及每樣服務額外收費的事實。他滿嘴粗俗言論包括：「我很樂意把飛機最後十排的座位拆掉並加裝扶手，我們會說：『若你想站著，票價只需五歐元。』人們會說：『噢不行，萬一墜機，站著的乘客會喪命。』恕我直言，坐著的乘客也可能喪命。」還有：「你不能退票，所以滾開！我們不想聽你的傷感故事，『不退票』說明中，到底有哪個部分你不了解？」[6]

瑞安航空運輸多數乘客時的成本約等於票價，而利潤來自其他收費：行李、優先登機、快速通過安檢、挑選座位、機上洋芋片和飲品，這些全都另外收費。

信心大增後，瑞安航空開始擴展歐洲大陸航線，同樣瞄準非主要機場與大航空公司不飛的航線。幾年前我想從倫敦飛往法國一個中世紀小鎮參

加音樂節，瑞安航空是唯一服務該區的航空公司，票價約 $75 美元。

接下來二十五年，瑞安航空快速成長為歐洲最大的廉價航空公司，國際乘客量為全球所有航空公司之冠。瑞安航空有從英國飛往四十個國家的航線，該公司 2019 年的營收額為€ 77 億歐元，稅後盈餘€ 8.85 億歐元。英國消費者雜誌《哪個？》（Which?）的讀者連續六年評選瑞安航空為他們最不喜歡的短程航空公司。儘管如此，低價和供應許多鮮有航空公司經營的目的地航班，仍使該公司的載客量每年成長 10%。

現在，新冠疫情和波音公司（Boeing）生產時程延遲使瑞安航空面臨一個新的棘手型挑戰。新冠疫情導致航空旅行銳減，迫使歐黎瑞在 2020 年 4 月遣散三千名員工，其中包含許多機師。所有歐洲航空公司大砍班機，英國開始要求搭機乘客必須持有新冠肺炎檢測證明，使得安排飛行行程更困難。

歐黎瑞也特別不滿幾個歐洲政府補貼大型航空公司，漠視低成本的新創航空公司，他說：「傳統航空公司是疫情下變得最弱勢的運輸業者，像是法國航空（Air France）、義大利航空（Alitalia）、（Lufthansa）、漢莎航空（Lufthansa）要不是國營，就是獲得很多政府補助。此舉將在三到五年間大大扭曲歐洲的航空業公平競爭環境。」[7]

這些新的棘手挑戰使得瑞安航空的低成本結構陷入危險，只能用遣散員工來維持低成本營運。該公司領導階層能否找到方法支撐至疫情消退，並在疫情消退後仍擴大低成本營運呢？關鍵在於外界對該公司成功重返規模運作具有足夠的信心，以此吸引必要的財務支持。

第4章

你能贏之處
可應付的策略性挑戰

　　有句老箴言說，策略的祕訣是玩你能贏的賽局。當然，生活不是遊戲，企業經營或治國之策也不是遊戲，但是「聚焦於你能贏之處」這個成本概念既非顯而易見，也非總被遵循。人們可能專注於符合社會期望、看起來不錯、地方政治鬥爭、避免丟臉或對膚淺樂趣上癮。人們與組織可能投入大量資源和心力於他們根據過往經驗認為自己擅長、別人說他們擅長之事，甚至加倍下注於虧損部位，而非投入最有可能獲勝之處。這種專注變成習慣，習慣難以破除去做一些更有益的事。

　　設計或選擇往往意味著把多個課題及渴望擺在一邊，聚焦於將產生最大影響的事。在紐約布朗克斯區經營一間雜貨兼便利商店的穆沙・瑪吉德（Musa Majid）就這麼做。

　　穆沙是來自葉門的移民，1970 年代來到紐約市上學。起初，他在食品雜貨店打工負責拆箱作業。婚後穆沙想要一份更穩定的收入，在葉門移民社區的人脈幫助下，1990 年代他開了雜貨店。這些人脈是重要資源，讓他以好價格找到房東、供應商和員工，也幫他取得銀行貸款和必要的營

業許可證，穆沙說，取得菸酒販售許可證對這門生意很重要。他販售的貨品利潤低，每週七天每天得工作至少 12 小時，而維持生意的重要組成是常客，他能以愉悅的口吻叫出他們的名字、招呼他們。他不信任時薪 10 美元的員工結帳收銀，當他無法待在收銀台時，就讓他姪子代勞。

穆沙的雜貨店生意有一個基本邏輯方針：對生活於紐約市某些區域的居民來說，到處行動不是很方便，因此他們通常在附近的雜貨店購物，儘管相比近郊的大型超市，這些小雜貨店販售的品項明顯較少。除了葉門移民社區的人脈是重要資源之外，穆沙的幹勁、幽默、願意辛苦長時數工作也是重要資源。他賺的錢足夠支應女兒的教育，他驕傲於擁有自己的生意，而非為他人做低下的工作。

在擁有資源下，「經營一間雜貨店」是穆沙可應付的一個策略性挑戰，使他能夠「贏」得一個領域。擁有更多初始資源的人可能不會追求這個「贏」，但對穆沙來說就是「贏」。

◢美軍 Dog 作戰方案

診斷總是會顯示多個挑戰，為了聚焦，必須把一些挑戰放在一邊或延後處理，並選擇要應付哪些挑戰。從這意義來看，關鍵點本身可能是一個選擇，選擇擊中重要課題且能克服的關鍵點，Dog 方案（Plan Dog）可以例示這個邏輯。

德國在 1940 年 6 月攻克法國，那年夏天不列顛戰役（英國與德國之間的空戰）爆發。在太平洋戰區，日本和納粹德國簽署同盟，早於三年前入侵中國。美國軍事計畫者盱衡局勢，認為美國可能很快就會涉入

亞洲和歐洲戰事。在此背景下，美國海軍作戰部長哈洛德・史塔克海軍上將（Admiral Harold Stark）撰寫一份備忘錄，概述美國面臨的挑戰：「若英國明確決斷地戰勝德國，我們就能處處戰勝；但若英國戰敗，那我們將面臨大問題；雖然我們可能不會處處都輸，但可能不會處處皆贏。」[1]

身為海軍將領，他從兩個半球或兩大洋區來思考。在他看來，關鍵點是美國無法同時在兩個戰區作戰。在這框架下，他列出了四個戰略選擇，以字母 A 至 D 分別標示，摘要如下：

A. 在兩大洋戰區打防守戰，保衛兩個半球。

B. 與日本全面開戰；在大西洋戰區打防守戰。

C. 強力援助英國在歐洲的戰事，強力援助英國、荷蘭和中國在亞洲的戰事。

D. 在歐洲戰區當英國盟友，打強力攻擊戰；在太平洋戰區打防守戰。

羅斯福總統選擇了史塔克海軍上將提出的 D 選項，後來被稱為「Dog 方案」（Plan Dog）。陸軍參謀長喬治・馬歇爾上將（General George C. Marshall）支持這選擇。與英方交談後，在 1941 年 3 月達成「德國優先」（Germany First）的一致意見。珍珠港攻擊事件後，美國同時與德國和日本作戰，戰力大多聚焦於德國。這些全都未公開。

「Dog 方案」背後的兩個重要判斷是：美國無法同時在歐洲和亞洲這兩個戰區取得決定性勝利，保衛英國比保衛太平洋地區更重要。面臨歐洲和亞洲的挑戰，美國領導人選擇歐洲區的挑戰為第一優先。不是所

有人都贊同這抉擇，像是道格拉斯·麥克阿瑟上將（General Douglas MacArthur）認為美國的未來在亞洲，歐洲是老舊的過去式了。儘管如此，美國的戰力大多輸往蘇聯為登陸作戰做準備，七千輛坦克（其中40％是美國製）、超過一萬一千架軍機，以及其他更多的軍力與物資透過「租借法案」（Lend-Lease Program）輸往蘇聯及英國。

如何辨識能贏之處？：XRS 測量儀公司案例

領導團隊如何辨識他們能贏之處呢？「XR 公司」（假名）提供一個有趣的例子。XRS 製造用於酸、冷、高溫環境下的測量儀，2012 年末我受邀幫助該公司處理策略課題。「史黛西·迪亞茲」（假名）任職 XRS 十年，擔任該公司執行長已有三年，公司總部座落於俄亥俄州一條市郊州際公路旁的兩層樓建物。我們在史黛西低調簡樸的辦公室會面，史黛西解釋自己面臨一些複雜課題。以下是我的會談筆記（我把內容轉換成完整句子）。

- XRS 是「博勞特」家族擁有的未上市公司，家族考慮在明年或後年公開上市。目前，我們是一家有限責任公司，若要公開上市，我們得做好準備，但現下有一堆待解決的課題。
- XRS 創立於二十年前，製造與銷售嚴峻環境下的溫度、壓力和震動感測器，現在公司的產品線也包括振動及位置改變的感測器。這些器材被用於核能發電廠、噴射引擎、火箭、工業用電爐、特定科學實驗室以及一些化學業應用。
- 我們面臨其中一個問題來自一家以色列的新競爭者，那公司出產

一款把壓力、振動和溫度感測結合一體的感測器，降低需要兩種感測器的成本，我們不確定、也不知道該如何反應這一競爭。目前，我們認為自家聲譽和顧客關係可以支撐公司，但更長期呢？

- 我們的研發目前集中在俄亥俄州，有 75 人從事三種不同領域的研發工作，其一是無人機的感測器，其二是裝入海底電纜裡的感測器，其三是尋求把我們的感測器整合到 W-Fi 與網際網路環境裡，目前公司生產的是有線感應器，不是無線的。

- 去年我們的業主為董事會引進新血……，我想說，此舉的確注入一股新鮮空氣。其中一位董事會新成員「約翰・切羅德」（假名）有財務背景，他說 XRS 財務表現不佳，應該把研發外包，每次開會時他都提出這點。

- 我們的產品線大多需要裝入石英燈泡，俄亥俄州製造廠遭遇品質與成本問題，因此董事會在三年前決定買下北京附近的一間小工廠，把石英燈泡生產線遷到那裡。那間小工廠的員工不到一百人，買下後卻被中國政府點名排放空污，要求我們把工廠遷移至郊區。但是搬遷至新廠房後，生產率急劇下滑，我和一些高階領導人還前去視察想了解情況。我們和這工廠之前的東家／經理「齊先生」（假名）會面，他向我們解釋問題，並告訴我們：「若不滿意員工的表現，我可以把以前的工廠廠長找回來，讓他嚴厲管教。」哎，我們當然不會這麼做，我們僱用一位新的工廠廠長，就是希望工廠有所改進。

- 我們的銷售成長緩慢，銷售人員以前是工程師，他們一年造訪每位客戶兩次。而公司大部分銷售來自那些知道我們產品、知道如

何使用產品的既有客戶訂單。儘管我們有卓越技能生產在嚴峻環境下使用的感測器，但市場需求就那麼多。我們有良好的顧客關係，但核能電廠、噴射引擎、工業用電爐、化學產業或超冷環境沒什麼新事發生。

● 「科特・坎普」（假名）是最早想出如何把這些感測器裝入嚴峻環境設備裡的人，他是個天才，但去世了，和他一起發展我們多數產品的原工程團隊不是離開就是屆臨退休。我們引進了優秀的工程師……，但我必須說，在修改或改進原始設計方面他們做得不理想。

我私下訪談高層管理團隊獲得更多的資訊。一位高階主管告訴我：「這公司有點昏昏欲睡，靠著十年前的成就支撐到現在。」另一位高階主管納悶公司為何要把石英燈泡的生產遷移至中國：「他們可以矯正俄亥俄州廠的問題啊，廠裡有人向職業安全衛生署（Occupational Safety and Health Administration）申訴，董事會不想跟安全性申訴扯上關係，他們把申訴者當成破壞分子看待。」第三位高階主管說：「公司根本沒有行銷團隊，銷售團隊不具備拓展市場所需的技巧。」第四位主管告訴我：「沒有指標衡量公司的進展。」

史黛西組成一個小組，成員包括她本人及另外四名高階主管，小組致力於確實地診斷，探討可能的行動選項。他們的診斷總結是：XRS 感測器產品是一個飽和的低成長市場；公司有一個自滿的內部文化，行銷及銷售工作已經適應和習慣低成長市場；欠缺新的技術性創意。他們想在銷售與行銷方面下工夫，因為這似乎是他們熟悉的挑戰，但在此同

時，小組也認知到市場飽和是更緊要的挑戰。

　　召開第二次會議的那天早上，我進行了一個我稱為「即刻策略」（Instant Strategy，參見第二十章）的練習，要求每一位小組成員寫出一個句子，描繪各自對最重要挑戰的指導性解決方案。我給他們兩分鐘寫在白板上，然後彼此分享與討論。這五人的即刻策略是：

- 調整研發焦點，只聚焦於無線感測器。
- 對多數經理人推出虛擬股票計畫（phantom stock plan）
- 整頓銷售團隊，做更遠征探察工作。
- 對非客戶做更多銷售拜訪。
- 汽車感測器。

　　執行長史黛西說，她能在短時間內把研發改向只聚焦於無線感測器，雖然會有抱怨，但可以做到。財務長說，虛擬股票計畫不難，但需要董事會同意。

　　這小組接著考問寫出「汽車感測器」的經理人，他解釋自己曾開過越野吉普（Jeep）車，體驗到若有震動與傾斜感測器就好了，這種感測器必須經得起晃動、防水、大衝擊，而且是無線的，還要有能夠展示感測資料的某種顯示器。其他人開始七嘴八舌地討論起這個主題，軍隊的車輛會不會需要感測器呢？大型拖車呢？

　　他們決定另組一個特別工作小組，研究車輛感測器這個主題，看看還有誰瞄準這個市場，並把銷售與行銷課題擱置一旁。

　　一個月後，特別工作小組帶回來一個機會：一家名為「Autosense」

（假名）的小型未上市公司正在研發加裝於減震器和輪胎的無線汽車感測器，他們對供測傾斜度感興趣，雖然工程團隊規模小，但富有創造力。XRS 公司董事會花了三個月的時間安排收購「Autosense」的交易。

XRS 擁抱這個新機會開始成長。他們找到方法使感測器能抗震，最終還能防彈。另外，把製造廠搬遷至北卡羅萊納州，關閉中國的工廠。

我的看法是，XRS 過往的基本策略太成功，致使該公司睡著了，管理階層安適地窩在高利潤利基區隔。面對挑戰時，銷售與行銷問題在他們看來既重要且可應付，但他們知道市場飽和的挑戰是關鍵。這點的確很重要，但如此定義關鍵點會使挑戰看起來好像無法解決。指出關鍵點的關鍵時刻是那個寫出「汽車感測器」的經理人暨工程師所說：「若我們的市場飽和，就必須找到一個不飽和的市場。」

很多時候回顧起來，好策略似乎不過是好管理，但其實好策略是根據一些如何能實際應付重要問題的艱難洞察和選擇而設計出來的。

◢抱負的相互衝突

價值和渴望通常被視為對其成就的指導和激勵行動。如第一章所述，個人與組織有一堆抱負，所有抱負喧嚷著爭取關注。挑戰的關鍵點往往不是外在威脅，而是各種抱負之間的相互衝突。

若渴望和平，追求這一渴望就會限制好戰反應。若想要一個可長可久的生產制度，可能會限制創造高股東報酬的能力。追求成功的職涯，可能會限制與孩子相處的時間。當有多個價值觀與渴望時，通通結合起來就會縮小了行動的空間，因為每一個價值觀與渴望對行動加諸了新的

限制，當這些限制重疊時，可能沒有可行的行動來滿足多個價值觀與渴望。

尤其是個人或政治，相互衝突的抱負可能無法調和。一位女性可能希望維持婚姻，但憎惡她的丈夫；一名大學教職員可能信諾於言論自由的理念，但同時又有大多數的教職員想限制「仇恨言論」。在這類情況下，似乎沒有一個可行的政策能滿足這些相互衝突的渴望。

策略通常是我所謂的「角解」（corner solution），這個名詞來自線性規畫，一個問題的解方通常是各種限制的相交點所定義出的一組行動。以幾何學來說，就是線或平面的相交點。當限制太強，強到沒有可能的解方時，我稱策略為一個「空集」（null set），在此情況下，若不鬆解起碼一個限制，終將無解。

對於空集，人類的一般反應是目光短淺地屈從於當下最醒目的價值。你可以從美國擴大涉入越戰看到這種抱負相互衝突的情形，前有杜魯門總統（Harry Truman）因為「輸掉中國」而受到指責，所以詹森總統（Lyndon Johnson）不想被指責輸掉越南。但在此同時，他也不想分散美國國會對他的「大社會計畫」（Great Society Programs）立法與經費支持的注意力。他組成的決策核心群想維護美國做為可信賴盟友和條約夥伴的聲譽，與此同時他們也不想參與重大戰爭。他們想在越南勝利，但不想在軍事上全力以赴；他們密集轟炸北越的行動在全球激起抗議行動，但他們卻排除攻擊北越最重要的經濟與後勤目標。時任美國國防部長羅伯‧麥納馬拉（Robert McNamara）的謀畫，基本上是打一場消耗戰，但北越始終比美國更願意持續流失生命，決心不論付出多大代價，不論耗時多久，都要堅持下去。

若你曾經面臨困難的競值情況，你就會知道「三心二意，拿不定主意」的意思。1966 年時的麥納馬拉想妥協，但他知道這意味著挫敗。他知道在現有的政治束縛下，美國無法在越戰中取勝，但他認為，若美國能讓北越相信美國決心無上限，美國就有可能獲得最終的勝利。不過他也知道，美國願意承擔的成本其實有上限。總而言之，他面臨一個空集。

詹森總統輾轉於各個顧問之間，從鷹派到鴿派，從鴿派到鷹派，一再尋求某人解決問題。因應挫折，美國升高戰力，隨後又暫停轟炸和其他行動，想讓北越相信美國尋求和平，然後當北越不做回應時，美國又派遣更多軍隊來轟炸北越。

1968 年在麥納馬拉辭去國防部長一職的不久前，總統的高級顧問們在開會中考慮參謀長聯席會議主席厄爾‧惠勒上將（General Earle Wheeler）的提議，在越南大舉增兵 205,000 人，儘快消滅敵軍。麥納馬拉勃然大怒：「我向來尊重與接受來自這世上惠勒們提出的要求，但我們不確定增兵 205,000 人能否對戰事產生任何影響……，沒有人知道這是否會有所作為，可能仍不足以贏得這場戰爭。我們沒有贏得這場戰爭的計畫。」[2]

當存在許多相互衝突的渴望，以及有關如何實現這些渴望的相互衝突理論時，結果就是猶豫不決，目光短淺地在各種半調子、不徹底的行動之間搖擺。在這種情況下，極難或不可能設計出有效策略，核心挑戰不在外界，而在於組織或社會內部相互衝突的價值觀和目的。

這類情況的關鍵點在於最強烈衝突的政策或價值觀，為了走出空集，必須鬆解或移除一些限制，必須放下珍視與抱持的一些價值觀，這可能包括更換領導者。我們期望領導人有堅定的決心，但當這種堅定阻

礙了優先要務的改變時就成了缺點與障礙。在越戰的例子中，接替麥納馬拉的新任國防部長克拉克·柯立福（Clark Clifford）原本是鷹派，但他很快改變升高越戰的效益看法，開始協調和倡議美國降低對越戰的投入。1968 年總統大選，新當選的美國總統尼克森（Richard Nixon）致力於逐步從越南撤軍，實踐他競選時的口號「光榮的和平」（Peace with honor）。當然啦，在美國完全從越南撤軍、越戰結束且北越勝利之後，美國的光榮盡失。

美國在越戰中的戰略是由政治限制所定義的空集，為了獲得更好的結果，必須鬆解一些信條與行動的限制，但領導人從未看出自身的矛盾渴望與政策造成了兩難的困境。從未有領導人設想使用更多的軍力，快速摧毀北越作戰能力；也從未有領導人考量乾脆設法幫助北越和南越和平復合。

蘋果公司推出 iPhone 後，微軟公司也出現互競的抱負與政治限制的問題。微軟高層需要把該公司的視窗型行動電話軟體現代化，與此同時在搜尋引擎領域也面臨來自谷歌的挑戰，微軟需要強力進軍爆炸性成長中的網路搜尋市場。然而微軟沒有直接迎向這些挑戰，而是把最優秀的工程師投入徹底重新設計視窗作業系統，試圖實現董事會主席比爾·蓋茲（Bill Gates）的夢想：一個資料庫導向的檔案系統，以及先進的「通用畫布」顯示器。此計畫得出了不幸的結果，那就是廣受差評的Windows Vista 作業系統。這新產品沒有實現任何承諾的進展。微軟從未駕馭過行動電話課題，儘管收購頹敗中的諾基亞（Nokia），後來還不是完全退出行動電話事業領域。在收購雅虎失敗後，直到 206 年微軟的必應（Being）搜尋引擎還未能轉虧為盈。

有人會說，若微軟只專注這些挑戰當中的一個應該會做得更好。不過執行長史蒂夫・鮑默（Steve Ballmer）是這麼回憶：「我把 A 級團隊資源投入長角牛（Longhorn，Windows Vista 的開發計畫代號），而非投入行動電話或瀏覽器，我們的所有資源都綁在錯的事情上。」[3] 誠如許多微軟員工所言，該公司還有更深層的挑戰：政治化的內部文化，以及不善於融併新取得的人才，導致重要的創新人才背棄該公司。事後回顧，顯然不論比爾・蓋茲或史蒂夫・鮑默，都不善於誠實診斷或應付這個關鍵挑戰。

◤可應付的策略性挑戰

我把從急迫重要性和可應付性這兩張濾網過濾出來的挑戰，稱為可應付的策略性挑戰（addressable strategic challenge，後文簡稱 ASC）。可同時處理的 ASCs 數目取決於組織的資源規模與深度，以及最嚴重挑戰的重大程度。「Dog 方案」被選中是因其回應了迫切重要的課題，而且是可應付的課題。他們判斷，聚焦歐洲可以做到，而非只是一個渴望的結果。

有些課題比其他課題更重要是不證自明的道理。在最早（1924 年）使用「business strategy（企業策略）」一詞的文章中，約翰・克羅威爾（John F. Crowell）指出：「在一個情況中，無法對主要與次要畫出一條清楚分界線的人，沒有資格做策略企畫的事。」[4] 但是，「重要」究竟是什麼意思呢？如何評估「重要性」呢？曾經有位老師告訴我：「優秀的判斷是知道一個情況中什麼是重要的」，但這句話只不過是把注意力

從「重要」這字眼轉移至「判斷」這個同樣神秘的角色上。

什麼是「重要」之事，這取決於情況以及提出此疑問者的利益。舉例而言，2020年夏季問卷調查顯示，系統性種族歧視[5]是千禧世代最關心的問題，超越了先前他們更關心的氣候變遷、戰爭和所得不均等問題。在企業或組織的策略方面，當一個課題攸關一個重大利益時，它就是重要課題。換言之，一個挑戰的重要程度，是衡量這挑戰威脅到組織或公司的策略基礎、甚至威脅生存的程度。若一個機會大且有風險，需要公司的策略做調整，這就是一個重要機會。

基於這些原則，本著優秀地判斷出哪些挑戰真正重要後，第二個檢驗是可應付性，也就是這項挑戰能被克服的程度。可應付性取決於組織的技能與資源，以及考慮的時間跨度。美國若投入資源在送人上火星的計畫，幾乎可以確定能在十年內做到。我們也幾乎可以確定，耗盡一生無法使阿富汗變成一個有序運轉的自由民主國家，軍閥社會如日本、蘇格蘭、十五世紀的法國確實能演進成民主社會，但通常需要一個軍閥或強權征服其他的軍閥，再歷經幾世紀演進。再者，沒有證據顯示美國有能力做這種事情。

O-I玻璃公司（O-I Glass, Inc.）是全球領先的玻璃瓶製造商，我受邀協助該公司提升企業策略發展能力，我和該公司的策略副總馬克·寇特（Mark Kott）準備一場策略研討會時，向他闡釋使用可應付性和重要性來過濾課題的概念，馬克說：「這是兩個層面的困難判斷，將出現意見大不相同的情形，到時誰的意見應該勝出呢？」這是關於人們該如何匯總意見和資訊的一個深層疑問，簡單的答案是，層級制度的目的之一就是解決這種歧見。更複雜的答案是：熱烈討論何以會有不同的判斷，

將能產生有用的洞察。

◢把挑戰分塊

一家德國成衣公司的執行長「保羅·迪卡爾布」（假名）不贊同以「可應付性」做為策略的重要限制。他說：「若我們現在只看能應付的挑戰，將會放棄長期大局。我們的策略是創造堅實的差異化——在市場上有非常與眾不同的定位。而且必須有耐心投資於真正的轉型——發展新能力。」

我請保羅別再把「創造堅實的差異化」和「發展新能力」視為策略，我說：「應該更正確地把它們當成抱負、意圖或渴望。不論它們有多聰明都起不了作用，你必須把它們分解成現在能處理與克服的小區塊。」

「可是，那樣不就是戰術而已嗎？」保羅抱怨。

「不，」我說：「戰略與戰術的區別源於軍事，用以區分將領的行動計畫和士官長的行動計畫，不是長期與短期的區別。」

保羅是個聰明人，但和許多主管及政治領袖一樣，他吸收了一個現代觀念，就是策略應該描繪一條邁向未來的概括性長期路徑。這方法當然使你擬訂策略的工作容易很多，但也避開了把概括意圖提煉成現在能採取的行動這個困難部分。

歐洲工商學院校園有一座該校共同創辦人喬治斯·多里奧（Georges F. Doriot）的雕像，多里奧是一位教育家、軍隊領導人暨創業家。這雕像後方有一塊銘牌，上面刻了他的一句名言：「沒有行動，這世界將只

是個概念。」

「可應付性」這個過濾原則並非要你對複雜的長期挑戰置之不理，而是鼓勵把這類挑戰分解成能夠現在處理的更小區塊。誠如中國格言提醒我們的：「千里之行，始於足下。」

◢英特爾習題

如何過濾多個挑戰得出 ASCs，是我在 2020 年初指導「策略高階研習班」課程的一部分。我指導五名來自不同公司的主管，讓他們閱讀選文與一篇英特爾面臨的課題簡短摘要。這部分課程的目的是幫助他們發展辨識挑戰，以及評估挑戰重要性與可應付性的技巧。[6]

半導體產業的鼓聲是摩爾定律。隨著電晶體尺寸愈縮愈小，速度變得愈快，價格也愈便宜，此過程被稱為「微縮」（scaling）。英特爾稱霸微處理器領域，靠的是自家領先產業的微縮技術，跨越一個又一個技術節點，從 1984 年時的 1,000 奈米特徵尺寸（feature size），歷經六階段微縮至 2001 年時的 130 奈米，再歷經六階段微縮至 2014 年的 14 奈米。（一奈米是一米的十億分之一，新冠肺炎病毒直徑約 100 奈米。）英特爾的 x86 處理器成為個人電腦和多數筆記型電腦的 Windows-Intel 標準配備的一部分，使得英特爾的利潤高於其他半導體製造商。

閱讀材料後，這群學員中的一些人發表看法，認為英特爾似乎面臨多到令人眼花撩亂、不知所措的挑戰。但也有學員說，多數大公司也面臨眾多的課題，只是鮮少公司認知到所有的課題。經過熱烈討論大家得出英特爾面臨的十一項重要挑戰清單，以下是摘要：

- **摩爾定律終結**。藉由持續縮小電晶體的尺寸，半導體產業能夠製造更小、更快速的半導體晶片，此途徑稱為「摩爾定律」。但是到了 2018 年，摩爾定律的微縮軌跡似乎來到了終點，就算能夠繼續製造尺寸更小的電晶體，成本也會提高。這對英特爾持續在微處理器領域保持優勢的策略構成一大挑戰。

- **超微半導體公司**（**Advanced Micro Devices，AMD**）。IBM 在 1981 年選擇英特爾 x86 做為自家個人電腦的處理器時，堅持英特爾授權競爭者超微半導體公司成為未來相關處理器的第二貨源。近年，由於超微半導體公司開發出來的「銳龍」（Ryzen）處理器的性能優於英特爾現有的產品，使該公司的市場占有率增加。[7]

- **製造**。英特爾在從 14 奈米技術節點推進至 10 奈米節點時，遭遇重大問題。英特爾的技術推進延遲不僅令該公司難堪，也連帶導致其他科技公司的發展計畫陷入危險。[8] 晶片代工廠台積電在這技術節點並未遭遇問題，使得英特爾的主要對手 AMD 的處理器性能超前英特爾。

- **錯失行動電話市場**。在行動電話領域，英特爾的策略是開發凌動（Atom）處理器，這是為了行動器材而優化的小型 x86 處理器，但此產品未被許多行動電話業者採用。英特爾執行長布萊恩・科再奇（Brian Krazanich）在 2014 年初宣布一項新方案，目標讓 4,000 萬台平板電腦安裝英特爾凌動處理器系統。為此，英特爾向顧客預付從 ARM 架構處理器轉換為英特爾凌動處理器的轉換成本，據估計，科再奇花了約 $100 億美元，試圖使製造商採用凌動處理器，但以失敗收場，這條產品線也在 2016 年停產。英特爾會

不會永遠錯失龐大的行動電話市場呢？

● **安謀控股公司**（**Arm Holdings，Arm**）。行動電話處理器領域贏家是英國的安謀，其持有非常不同於英特爾 x86 的一種簡單處理器架構專利，事業模式是授權自家認證過的設計，讓亞洲代工廠製造晶片，蘋果、高通（Qualcomm）與三星（Samsung）都是取得授權的大公司。安謀對英特爾的威脅在 2019 年大增，當時亞馬遜宣布將為雲端伺服器生產 ARM 架構的 Graviton 2 處理器，高通則推出一款 ARM 架構的系統單晶片（system on a chip，或譯「片上系統」）。

● **數據機**。數據機是行動電話上的「無線電」部件，英特爾多年致力於製造和銷售手機用數據機[9]，但只有蘋果公司這位大客戶，而蘋果和高端數據機晶片製造商高通纏訟（高通在 2018 年指控蘋果竊取晶片機密來幫助英特爾）。2019 年蘋果與高通和解，英特爾關閉數據機研發活動，蘋果以 \$10 億美元買下英特爾的數據機事業。英特爾永遠無法成功進軍行動市場嗎？

● **物聯網**（**Internet-of-Things，IoT**）。英特爾在 2016 年宣布將大舉投入物聯網領域，這是無線電腦運算器材市場。物聯網器材採用的晶片性能遠低於行動電話晶片，這些晶片使家電、智慧型手錶、無人機、狗項圈、車輛，以及截至目前還未想到的器材連結至 Wi-Fi 系統和雲端。到了 2017 年中，英特爾停止開發低階物聯網晶片，遣散此項目 140 名員工，改聚焦於工業用物聯網晶片，並在該個領域獲得進展，營收大增。一些分析師看好英特爾在物聯網市場的成長前景，只是這市場仍處於分裂狀況，沒

有明顯的領先者，德州儀器（Texas Instrument）和芯科實驗室（Silicon Labs）之類的公司也希望搭上物聯網的成長浪潮。

● **人工智慧**。雖然桌上型電腦和筆記型電腦用的 x86 處理器銷售量趨於平緩，但新興的人工智慧領域對龐大的處理能力有著極大的需求。人工智慧訓練用晶片市場的稱霸者是輝達公司（Nvidia），該公司把遊戲用圖形處理器發展和演進成強大的機器學習引擎。英特爾在 2016 年收購內凡納系統公司（Nervana Systems），這個新創事業使用 x86 處理器來運行一個複雜的推理引擎。然後出人意料之外地，英特爾在 2019 年 12 月以 \$20 億美元收購以色列的晶片公司哈巴納實驗室（Habana Labs），但不久英特爾就停止內凡納的產品開發。英特爾管理高層指出，他們將讓哈巴納實驗室繼續做為一家獨立公司營運。

● **雲端**。英特爾以使用 x86 架構的至強（Xeon）處理器稱霸資料中心處理器市場，據估計，至強在伺服器處理器領域的市場占有率超過 90％。近年來個人電腦市場衰退，大數據和雲端運算市場興盛，英特爾的資料中心處理器業務已成為公司的成長驅動主力之一。而英特爾在這個領域面臨的挑戰是，幾個科技業巨人開始在雲端使用訂製晶片，亞馬遜已經設計出一款 ARM 架構處理器，用於自家網路服務雲端伺服器；微軟正在嘗試為雲端資料中心開發 80 核心 ARM 架構處理器。

● **中國**。2019 年時，中國是英特爾的最大市場，占該公司營收的 28％。此外，英特爾有近十分之一的製造廠位於中國。2019 年末中國設立 \$290 億美元的國家基金用於培育晶片產業，降低依賴美

國技術的程度。2020 年爆發的新冠肺炎疫情也為這段深厚的合作關係帶來了不確定性。中國的需求會減少嗎？全球對中國產品的需求會導致英特爾晶片的需求下滑嗎？中國與美國之間會不會爆發新的貿易紛爭？

- **文化**。羅伯‧史旺（Robert Swan）在 2019 年初接掌英特爾執行長一職，這在該公司史上很不尋常，因為史旺出身財務背景而非工程背景。接掌執行長後不久，史旺指出，英特爾的文化是一大挑戰。多年證據顯示，英特爾難以開發出 x86 處理器以外的器材，而且該公司不善於整合新收購的事業。史旺採行「一個英特爾」（One Intel）的座右銘，這是師法 1993 年至 2002 年間擔任 IBM 執行長的勞‧葛斯納（Lou Gerstner）所奉行「一個 IBM」（One IBM）的座右銘，拒絕拆分 IBM 分塊出售。《紐約時報》（*New York Times*）報導，史旺認為英特爾有源自多年制霸地位的深層問題，他說：「對競爭志得意滿的經理人在內部為了預算而爭鬥，其中一些經理人私藏資訊。」[10] 一個重要的轉軸點似乎是英特爾未能按照承諾的時程推出 10 奈米晶片。史旺認為，這些問題向員工顯示，公司必須有所改變。

研習班的分析

　　這個研習班的學員一致認為，英特爾面臨上述這些棘手型課題，但在各個挑戰的重要程度方面，看法各有不同。其中一名學員艾斯豪克說：「他們必須解決製造課題，否則將會輸掉雲端市場和全部營收。若英特爾無法通過下一個 7 奈米技術節點，倒不如成為台積電的客戶。」

阿碧蓋兒的看法大不相同，她認為文化是頭號問題，她說：「晶片微縮的競賽即將到達終點，雲端市場將轉向成本賽局，英特爾還沒有能力迎接轉變。他們靠著 Wintel 標準吃香多年，沒有為成本競爭做好準備。」

他們爭論物聯網、人工智慧和雲端這三項挑戰的可應付性。一個基本問題是，若想有力地應付這三項挑戰，英特爾必須認真投入高量、較低利潤的生產，他們能做到這點嗎？這些技術代表了硬體與軟體、接近顧客、與該公司的 x86 高利潤相背的較低利潤、通過微縮技術節點等等混合的工程問題。多數學員覺得人工智慧挑戰既重要又可以應付，他們研判，若哈巴納實驗室維持獨立營運，有機會在深度學習市場開闢出一個好定位。但這個專業市場有多大呢？

文化問題與前述每一項挑戰都有糾結。研習班學員認為，英特爾多年的市場霸位、高利潤，以及依序透過各階段的摩爾定律節點，導致了該公司根深蒂固的內部信念、習慣和流程。若英特爾想成功靠高量、較低利潤的產品來賺錢，必須改變工程師和行銷人員的工作模式，以及整個支出制度。

發言踴躍的學員派屈克比較關心機會，他說：「真正的挑戰是抓住時機，像人工智慧或物聯網這樣的機會偶爾才會出現，英特爾必須抓住這些機會，別強求拯救傳統事業。」

這群學員不強調摩爾定律的終結問題，儘管英特爾聲稱自身能穩步前進，但多數人覺得趨緩無可避免，必須尋求別的競爭與成長方式。

經過幾小時的討論，我請五位學員分別就各項挑戰做出重要性及可應付性評分，亦即每項挑戰對英特爾策略的重要程度，以及能在三到四年間成功應付此挑戰的可能性。每人以 1 到 10 等級來評分，再把五人的

評分加總平均。例如，人工智慧這項挑戰的重要性平均得分為 8.1，可應付性平均得分為 7.6。由於每項挑戰有兩個評分，可以把結果繪於 XY 軸圖上，如＜圖表 6 ＞所示，X 軸代表重要性，Y 軸代表可應付性。

通常做這類習題時，不會有 4 分以下的重要性或可應付性。如果它們不重要，根本不會被列為「策略性挑戰」來討論。另外，常見的有趣結果是，一些挑戰被視為容易應付。在此例中，「超微半導體」這項挑戰被視為對英特爾來說是「家常便飯」。

＜圖表 6 ＞清楚顯示，這群學員認為兩個可應付的重要挑戰是製造（10 奈米）與文化。這圖表沒有顯示這些學員的評分分布情形，分散得最明顯的是人工智慧這項挑戰，有些學員認為它次要，其他則認為這是未來潮流，比另外喧囂引人注意的挑戰更為重要。

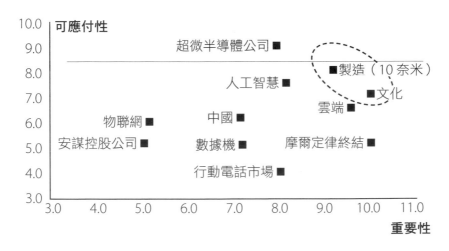

＜圖表 6 ＞研習班對英特爾面臨的挑戰分析

這分析顯示，英特爾面臨的挑戰關鍵點介於製造和文化二者之間，而這兩項挑戰相互關聯。Wintel 標準帶來的獲利讓英特爾年年啄食這個多汁的目標，未能充分關注其他利潤較低的事業，這或許也縮窄了製造工程師的技能範圍。

為了正確辨識英特爾面臨的挑戰關鍵點，我們需要知道該公司更多的內部文化，以及近年在製造方面的困難源頭。關鍵點很可能是一個可以將重要機會與組織變革方案結合起來的地方。英特爾若想在設計與成本上和其他公司競爭，而非只靠著做為業界標準的一部分來賺錢，核心工程文化就必須改變。

千萬不要以為這個研習班解答了英特爾的策略課題。這個練習的目的在於展示「過濾挑戰來找出 ASCs」的過程，找到 ASCs 就能提供一個尋找關鍵點的範圍。為了聚焦解決複雜問題，這種縮窄選擇的過程有其必要。

後記

台積電於 2020 年 5 月宣布，投資 $120 億美元在亞利桑那州興建一座 5 奈米晶圓廠。那年 7 月英特爾宣布，7 奈米晶片將比原訂時程晚至少六個月推出，執行長史旺還表示，英特爾有可能不再自行製造晶片。

2021 年 1 月英特爾董事會宣布，派屈克・蓋爾辛傑（Patrick Gelsinger）將在 2 月 15 日取代史旺接任執行長。蓋爾辛傑的職涯始於英特爾，接掌英特爾執行長前，擔任雲端運算基礎設施領域要角的威睿公司（VMWare）執行長。2021 年 3 月英特爾發表新晶片「Rocket Lake」，使用該公司原本要用於 10 奈米節點的設計，但「向後移植」

（backport），由其較老的 14 奈米製程製造。對於那些期待英特爾儘快修正 10 奈米技術節點問題的人來說，這是個令人失望的進展。

2021 年 7 月蓋爾辛傑端出一項計畫，圖謀讓英特爾重新拾晶片領導地位。此計畫包括一項新的電晶體設計、一種為晶片供輸電力的新方法，以及投入極紫外光微影技術（extreme ultraviolet lithography）的發展。技術觀察家欽佩於這雄心，但懷疑英特爾能否實現這些新構想。

第 5 章

成長的挑戰

「我們的主要挑戰是成長，」執行長說：「成長率減緩傷害了我們的股價及形象，必須增加既有市場的滲透，努力不懈地尋找新機會，創造出新的成長選擇。」

這位執行長對成長的簡短省思並不少見，每當我詢問公司領導人正面臨什麼挑戰時，最常聽到的診斷就是「成長太慢」或「成長減緩」。多數時候，成長減緩是產品或整個市場趨於成熟的自然結果。例如，2007 年至 2012 年全球行動電話總用戶數平均每年成長 13％，但 2013年至 2020 年間的年均成長率降低至 3.4％，成長減緩是因為飽和，2020年時行動電話用戶數比全球總人口多 5％。電信服務供應商威訊通訊（Verizon）預測，2021 年的成長率僅為 2％。

成長挑戰的診斷始於歷史與期望，公司管理階層的成長渴望必須權衡且考量其規模。例如，沃爾瑪 2020 年的營收為 $5,600 億美元，為了倍增規模，該公司不就得「收購」亞馬遜及 AT&T 這類規模的公司才行。對於大公司來說，明智的策略師應該是尋求特定的新業務線和新事

業的相對成長，而非整個公司的成長。

　　多數公司的成長挑戰源於競爭壓力、組織敏捷性不足和欠缺創業洞察，為尋找某特定情況的關鍵點，必須評估所有這三項因素，並且找到創造價值的成長邏輯與機制。

　　真正創造價值成長是那些家喻戶曉的企業成功祕訣。不過這祕方的各種成分本身無法神奇地激發成長。傑出的獲利性成長是一種創業成就，不是可以機械式仿效的一系列步驟，但這些成分能幫助我們看正確方向，防止犯下嚴重錯誤。

◣成長的含義與機制

　　英語「growth（成長）」這個字根源於「increase（增加）」和「health（健康）」的概念，早年在美國，「Increase」是傑出的清教徒名字，例如清教徒牧師因克瑞斯‧馬瑟（Increase Mather）是 1681 年至 1701 年的哈佛學院校長。在生物學領域，「growth」意指一種有機體的體積增大，或有機體、培養物的細胞數目增加。在商業領域，「growth」意指衡量任何成功的進步指標，尤其是營收與獲利的增加。在總體經濟學領域，「growth」通常指 GDP 或其他經濟活動總體指標的增加。

　　每次檢視眾多公司的成長率時，我總能看到明顯的不規則性。有件事至今我記憶猶新，在顧問生涯早期有位客戶想探討所謂的「成長持續性」，他相信每間公司都有一個特有的擴張率。例如每年 9％，公司差不多以這個速度成長，然後緩慢衰減。他要我準備一些分析和圖表來說明

他的概念。

初次檢視這家公司二、三年間的營收成長率繪圖，以及接下來二、三年間的成長率時，我非常訝異。它看起來如同用一把嚴重卡彈的槍瞄準列印紙靶，描繪出來的圖點散亂、不規則，也沒有連續性。看完這家公司的三年成長率，你幾乎無法據以預測未來三年的期望成長率。

以營收、獲利、資產、其他會計名目來衡量公司規模成長，與用公司股價成長率，更準確地說，總股東報酬的成長（等於股價年成長率加上股利率）來衡量公司規模成長，二者之間存在重要的差別。

儘管公司執行長可能期望公司股價成長，但公司成長和股價成長之間的關連性既不單純，也不直接。我曾經在企管碩士班課堂上拿打成績的方式來類比，向學生介紹這概念。我告訴學生：「我通常根據你們撰寫的報告和測驗表現來打成績」。接著我會提議採用不同的方法來評分：「而這學期，我將根據過往其他課程成績來預測你們在這門課上的表現。然後，根據你們擊敗或低於這些預測的程度給分。」這方案總能引起學生不滿呻吟和抱怨，有學生會說：「這方法武斷、不公平。」我解釋：「噢，這就是股市評價公司執行長的方式，不是看他們表現有多好，而是看他們的表現能否超越外界預期。」

股市是一個加總和折現未來公司預期收支價值的吵雜機制。只要公司的成長率比整體股市報酬率緩慢，該公司的股價將或多或少取決於該公司的獲利或自由現金流量。若公司緩慢成長率超乎預期增加，例如年增 20%、連續增加了兩年，因獲利暴增在意料之外，公司股價將在每次成長率增加時猛升。一旦有情況顯示快速成長將結束，因持續成長的期望破滅了，股價又會急劇下滑。

人們陶醉於快速成長，但也知道快速成長終將減緩。若公司每年成長 20％ 且持續 50 年，公司價值將從 $1 億美元變成 $1 兆美元，再繼續成長 50 年就會變成 $10 千兆美元，遠遠大於全球經濟，因此我們知道快速成長不會永久持續。成長的戲劇性在於，推測將於何時減緩、停止，甚至反轉衰退。而正是這種快速成長期壽命的不確定性，使公司的股價快速攀升。每一段期間，股價在「公司繼續成長的希望」和「成長終結的可能性」二者之間拉鋸，當公司成長繼續時，股價就會上揚，因為我們發現成長還未接近終點。但是，只要抱持快速成長中的公司股票夠久，你就會歷經無可避免、痛苦、因為預期該公司成長減緩而反映於股價的調整。

若你是長期投資人，並把所有報酬再投資於多樣化的投資組合，能期望的年報酬率大約在 7％。若你是一位投機者，可以搭上一波成長浪潮，然後在這浪潮停止前出市，但未必容易，因為希望之泉源源不盡。對成長中的公司來說，市場總是預期榮景進入尾聲，因此這類公司管理階層的任務是，用榮景仍在的證據來驚訝市場。至於成長緩慢的公司，管理階層的工作是提升績效給市場驚喜。

◢ 成分 1：在擴張中的市場上供應出色價值

看到第一個成分「在擴張的市場上供應出色價值」，你可能會說：「這很普通嘛」，但是在絕大多數的企業成功案例中，第一個成分是基本處方。這方法可以避免公司為了滿足那些貪婪於成長的股市投機者而訴諸未必明智之舉。

2016 年春天，「瓦尼可公司」（假名）邀請我協助策略課題，我出席該公司的「策略日」會議，會議中討論了該公司過去和目前的工作。瓦尼可是一家為食品加工業提供服務的全球性公司，公開上市約十二年，執行長「鮑伯・哈勒」（假名）在會議中簡報公司近年績效。2008年到 2009 年金融危機後，公司年成長率以 6％至 7％穩定成長，但哈勒面臨董事會要求「讓公司股價有所起色」的壓力。午餐時他告訴我，他正在尋求透過企業購併、增加產品特色來提高價格促使營收成長。

第二週的一個早上，我和哈勒討論我之後的工作方向。為了回應他的營收成長構想，我準備了一張圖表，顯示 2013 年至 2015 年這三年間營收成長與 S&P 1500 年均總股東報酬之間的關連性。[1] 從 <圖表 7 >可以看出，二者之間沒有明顯關聯，我告訴鮑伯：「若說這張圖表提供了什麼啟示，那就是別讓你的營收成長率下滑到低於 2％。」

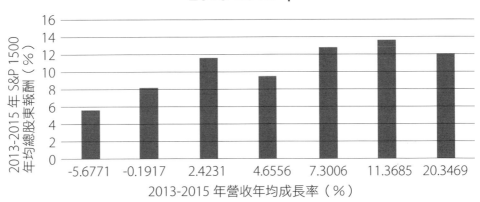

<圖表 7 > S&P 1500 年均總股東報酬 vs. 營收成長率
2013-2015 年

看了這張圖表，哈勒有點驚訝，他跟許多主管一樣，總以為營收成長和公司股價的上漲有強烈關連性。我告訴他：「1960 年代那時我還是工程師，起初用種種的工程概念來看待事業績效，我認為可以從這類資料探索出績效祕訣，但那行不通。在一個競爭的經濟中，實際的績效數據看起來幾乎總是不規則。」

「若市場預期接下來十年你的獲利每年成長 12%，」我告訴他：「股價已經相當高了。」公司市值提高的竅門在於，未透過購併或其他提高財務績效方法卻實現出乎市場意料的成長，我告訴哈勒：「你的股價隨著市場平均而波動，因為華爾街不預期你會做任何新的、創造價值的事，你必須帶給他們驚喜。」

一家既有公司在股市創造價值的兩個要素是策略成效與延伸，先得有成效，因為延伸一個沒成效的東西將製造更大的未來問題。而且，策略成效與延伸都必須做到優於市場預期，公司股價才能上漲。

事業的**策略成效**（**strategic effectiveness**）結合以下二者：其一是此事業能夠創造獨特價值（unique value），這定位能夠堅實地抵抗競爭侵蝕與仿效。創造價值意味著，顧客對產品與服務的評價大於製造與供給的成本，衡量價值的一項好指標是價值差距（value gap）——購買者願意支付的價格和廠商的供給成本之間的差距。而獨特價值就是你的價值差距大於競爭者的差額，當一家公司能夠降低供給成本，或是提高產品或服務帶給購買者的價值時，就提高了自身的獨特價值。

其二為**策略延伸**（**strategic extension**），是將獨特價值系統涵蓋至更多購買者、相似產品或二者。谷歌的成長大多來自策略延伸，該公司獨特強大的搜尋引擎每年持續吸引更多的廣告購買者。策略延伸也可

能意味延伸至新地區，或是把獨特價值的邏輯延伸至鄰接市場，某種程度上是指不同的產品、購買者或二者。還有一種更創業形式的延伸，以新穎的獨特價值主張，加入全新產品市場。

瓦尼可公司的第一步是改善成效。該公司的服務遞送管理得不錯，但鮮少跨地區及跨客戶學習。在一流的公司，銷售與服務經理每個月開會，交流與分享洞察到的顧客問題以及如何解決它們，並且把這些細節納入人員訓練課程裡。

瓦尼可把這種做法包含在該公司採行的一系列新行動方案裡，哈勒指定每個地區每二週一次，指派一人和其他地區的代表開會，交流與分享問題和解決方案。

第二個課題是公司長久遭遇的困境，把二流服務人員提升至一流水準。管理階層研判，頂尖員工沒有協助部屬發展，因此他們要求人力資源部門針對高服務水準人員建立一項考評與獎勵制度，把他們在職訓練與發展的貢獻納入考評。

第三個成效課題是 IT 支援部門，該部門只記錄公司費用，並未協助了解客戶的問題。這部分的矯正花了一年的時間。

這些變革上路後，接下來的挑戰是瓦尼可的客戶性質。其客戶群通常是較小、沒有大批技術人員的食品加工廠，仰賴瓦尼可為他們裝設新材料或新混合物濃度設備，以及例行維修以外的大小事。瓦尼可面臨的策略性問題是，該公司能否滲透至更大的食品加工公司市場。

瓦尼可分析這項挑戰的性質，研判阻礙在於大公司內部的服務人員，這些人覺得瓦尼可提供的服務會對自身的工作構成威脅。瓦尼可的主管團隊和 IT 部門構想了一個方法，這也是種策略延伸：精進公司新

發展出來的顧客導向資料系統，把此當成一項服務出售給較大的公司客戶。如此一來，瓦尼可的產品將幫助客戶公司的內部人員把工作做得更好，而不會威脅他們的飯碗、使其難堪。

這項新產品簽下了幾張新客戶合約後，瓦尼可收購一家小型的「軟體即服務」專業公司，協助改進與維持瓦尼可的顧客導向資料系統。

哈勒花了三年推行這些行動，策略更新的三年期間，該公司股價上漲了 55％。當然，這段期間的股市順風（大盤上漲了約 31％）也提供了部分助力。

瓦尼可是一家服務於一個成熟市場的實體公司，藉由重新聚焦於現有業務活動的成效，並從較小的客戶延伸至較大的客戶，該公司得以提高股東報酬。而這股東報酬的增加很大部分是因為該公司的這些行動出乎市場意料。哈勒接下來的挑戰依舊是再度帶給市場驚喜。

◢成分 2：精簡以追求成長

高中時，我研讀威廉・史壯克（William Strunk）的經典著作《英文寫作風格的要素》（*The Elements of Style*），他提出的諸多原則中，最精闢的是「刪省贅字」。在企業及組織裡有類似原則：「除去不必要的活動」。

當活動或事業的整個區塊不能產生盈餘時，一切就變得不必要了，儘管耗用的資源也許會、也許不會呈現於財務報表上。這些資源可能是金錢、公共爭議或管理階層的注意力。在這類情況下「除草」有其必要，因為這類活動會累積，如同你家車庫裡堆放的東西愈來愈多。有時

候，它們是某個有權有勢的高階主管或一位前執行長鍾愛的活動／事業；有時候，它們是一個更大單位的一部分，只因為該單位有能力補貼，使它們一直存活著。不論哪種情況，當強力的成長方案不需要它們，它們只會占用時間與精力，導致更重要的事情未能獲得足夠的資源。

為了成長且聚焦能成長的事業，公司必要修剪那些沒有生氣的活動和事業單位。專注追求成長或創造價值，可避免因為基底規模太大，致使創造的價值未被注意到。若你幫 $1 億美元規模的公司增加 $1 億美元的價值，你會被譽為管理英才；若你幫埃克森美孚（Exxon Mobil）增加 $1 億美元的價值，沒人會注意到。

專注追求成長也反映了事業在成長和穩定階段所需的管理制度、薪酬制度和敏捷程度很不一樣。若將二者混為一談，可能會稀釋兩類事業的成效。此外，我們能夠同時應付的課題與挑戰數量有限，專注與精簡高層的管理工作才能獲得聚焦的優勢。

標普全球公司（S&P Global）案例

麥格羅希爾出版集團（McGraw-Hill）創立於 1888 年，其定位為一家大型出版商始於 1917 年，在教育出版業領域具有重要地位。麥格羅希爾在 1929 年成功創辦《商業週刊》（*Business Week*）雜誌，也發行一些產業雜誌，例如《美國機械師》（*American Machinist*）、《煤時代》（*Coal Age*）。1966 年又收購標準普爾（Standard & Poor's）信用評級機構。在追求成為一家出版集團的路上，麥格羅希爾在 1986 年收購當時美國最大的教育材料出版經濟公司（The Economy Company），使其成為最大的教育出版商。

在 2008 年至 2009 年金融危機衝擊下，執行長哈洛德‧麥格羅三世（Harold W. McGraw III）要求新上任的財務長傑克‧卡拉漢（Jack Callahan）協助精簡這家公司。接下來幾年，麥格羅希爾成為清除與專注的榜樣，他們為強壯的未來成長建立舞台。

麥格羅希爾集團內部有大量的出版、教育和金融資訊事業委員會，彼此之間有著諸多聯繫，這些不僅增加成本，還創造了複雜性，把經驗大不同的主管混在一起，就算沒能做出什麼貢獻的主管，也不想被委員會拒之門外。此外，該集團旗下的標準普爾公司在混入次貸債權資產的證券（把次級房貸債權資產與正常房貸債權資產混合起來予以證券化而發行的證券）信用評級出現問題，這類證券的實際風險遠高於信用評級聲稱的風險水準，也是 2008 年至 2009 年全球金融危機的導因之一。麥格羅希爾集團內部明顯傾向出脫這項事業，但深思熟慮後，領導高層往反方向走，他們決定把財金資料業務做為公司的核心，取代長久以來紙本出版事業為集團主力業務。

為精簡以追求成長，麥格羅希爾集團首先在 2009 年末把《商業週刊》賣給彭博公司（Bloomberg），然後在 2011 年出售廣播事業。接下來的大行動是出售整個教育出版事業，由於州政府和市政府刪減預算，麥格羅希爾的教育出版事業季營收已經連續兩年下滑，投資人愈把該公司視為集團一部分，愈沒信心其高層能把百年歷史的教科書出版事業轉向數位出版。為使教育出版事業吸引更多潛在買主，該公司首先把財務、IT 和人力資源部門業務外包，再刪減事業的管理成本。2012 年末，麥格羅希爾教育事業（McGraw-Hill Education）以大約 $25 億美元的價格出售給阿波羅全球管理公司（Apollo Global Management）。

2013 年該公司改名為麥格羅希爾金融公司（McGraw-Hill Financial）。2014 年再出售建築出版事業。2016 年該公司改名為標普全球公司（S&P Global），並於同年出售消費者調查事業君迪公司（J. D. Power）。所有行動使麥格羅希爾完全專注於財金資訊服務事業。

一開始出脫各種事業來邁向專注的行動，使麥格羅希爾的年營收從 $62 億美元降低至 2012 年的 $42 億美元。在調整聚焦於財金資訊業務後，該公司開始發展這領域的新產品與技能，業務組合變成評級、道瓊指數、專業財金資料（S&P Capital IQ），利潤不但高還不斷攀升，2015 年時提高至 40％，2019 年時升至 50％。從 2012 年底至 2019 年，營收年均複利成長率 7％，息稅折舊攤銷前盈餘（EBITDA）年均複利成長率 19％。同一時期，股價年均成長 24％。該公司先採取行動，把資源集中專注於財金資料服務事業，爾後營收與獲利才開始成長，並得以提高股東報酬率。就算麥格羅希爾能夠不集中資源就行動，讓財金資料服務事業的營收獲利達成同上述般的成長，這些優秀表現也會被過往那些成長緩慢事業的平庸表現淡化與拖累，無法反映公司股價的上揚，也無法創造顯著增加的股東報酬。

標普全球公司是成分 2（精簡以追求成長）的好例子。在此例中，行動之所以奏效，其中部分原因是「集團企業」很難成長，縱使一項事業有成長前景，績效也可能因為混合了集團其他事業而被忽視。其次，集中專注更易於發展成長要素。當然，如果你把注意力集中在錯的事情上，不會有什麼成效，但若專注聚焦於有成長潛力的事業，有機會取得競爭優勢，那你就逼近獲利性成長的祕方了。

◢成分 3：敏捷

在競爭中反應時間很重要。新機會或挑戰出現時，第一個有效反應者往往勝出。未必是第一個行動者，而是第一個做出適宜反應者。

約翰‧博伊德（John Boyd）是韓戰時的 F-86 軍刀戰鬥機（F-86 Sabre）飛行員。後來他為美國空軍訓練設計了一堂理論課程，根據他研究空戰中獲得的洞察，提出一個名為「博伊德迴路」（Body Loop，一般通稱「OODA Loop」）的理論。在韓國，他目睹美國空軍飛行員打下由蘇聯飛行員為北韓駕駛的米格 15 戰鬥機（Mig-15），儘管米格戰鬥機更快，爬升得更好。

博伊德診斷出這種異常形象有兩個原因。第一，F-86 的座艙罩提供更好的視野，讓飛行員能夠清楚看到對手的位置，保持更好的方位。第二，這點很重要，蘇聯飛行員接受的訓練是執行準確操作，就像奧運滑冰賽中的規定圖形比賽項目；反觀美國飛行員接受的訓練是敏捷、靈活和進取。

用博伊德的話來說，在空戰中勝出的飛行員是那些能夠更快速地「循環迴路」的飛行員。這個迴路是一系列步驟：觀察（observation）→ 定位（orientation）→ 決策（decision）→ 行動（action），博伊德說，若你能比對手更敏捷地循環這個迴路，使對手亂了方向與困惑就能勝出。他後來獲得「四十秒博伊德」（forty-second Boyd）的綽號，因為擔任戰鬥機飛行訓練師時，他會和其他飛行員打賭，自己在空中戰鬥演練中能在四十秒內擊敗他們。傳說他從未失手過。

你可以在網球比賽中看到「博伊德迴路」的實際運作。較佳的一方

球員會先把球打到令對手稍微失去平衡的位置，使其必須從右邊急忙回防，然後再快速準確地回擊至左邊，令對手更加失衡。一旦對手被迫在兩邊疲於奔命，幾乎可以確定會輸掉這一分。

商場上的競爭敏捷力，通常在回應顧客，以及發展與推出新產品上最重要。我的前作《好策略‧壞策略》（*Good Strategy/Bad Strategy*）詳述輝達公司靠著把產品推出週期從一般半導體商的十八個月縮短至六個月，從而在競爭中勝出。為縮短產品推出週期，輝達成立三支研發團隊，每支團隊花十八個月時間提出設計，但三支團隊的提交時程錯開來，於是該公司平均每六個月就能推出新設計，競爭者根本追不上。

新設計問世週期加快的情況下，輝達不僅擊敗顯示卡領域的競爭者，也使得半導體業巨人英特爾的 i740 顯示晶片無法在獨立的顯示卡市場取得一席之地。根據產業分析師強‧裴迪（Jon Peddie）所說，這正是博伊德迴路的作用：「英特爾用開發中央處理器的相同流程與方法來開發 i740，這在極競爭的 3-D 圖形處理器產業行不通。英特爾的產品開發週期 18-24 個月，不是 6-12 個月，並沒有因應快速的產品發展週期來調適，也不打算為了一個副業而重新設計整個產品發展與製造流程。」[2]

在激烈競爭的智慧型手機市場，諾基亞和微軟在博伊德迴路上進展太過遲緩。目前美國與中國在人工智慧技術領域激烈競爭，根據博伊德的理論，當一個競爭者認為自己位居下風時就會亂了方向。大西洋理事會（Atlantic Council）執行長腓特烈‧坎普（Frederick Kempe）出席 2019 年達沃斯論壇（Davos Forum）後，描述這種心理狀態散發出的些許氣味：

在達沃斯論壇上，那些習於位居全球技術領先地的美國商界領袖們最煩心的，就是一再聽到他們如何快速地落居中國同儕之後。雖然多數西方企業主管覺得這場科技競賽目前尚處於第一圈，但他們總是聽到中國習近平主席如何又如何地宣稱中國已經在類似太空競賽或曼哈頓計畫的人工智慧科技競賽中取得了重大成果。[3]

當然，在人工智慧領域投入適足的研發很重要。但是，由於目前無人知道這技術將在未來幾年如何演進，因此在國家政府層級擬出多項舉措也很重要。博伊德的洞察是，讓對手相信你處於領先地位可能比你實際處於領先地位更為重要。當你認為自己落居下風時，可能會亂了陣腳而犯錯，所以面向戰鬥時要敏捷地觀察、決策和行動。

科層體制夠敏捷嗎？多數時候大而複雜的組織無法快速循環博伊德迴路，除非要角之間有策略、團結和互信。奇異集團和福特汽車公司的數位轉型計畫耗費不貲，卻皆以失敗收場，部分原因是他們成立獨立的事業單位來執行數位轉型，意圖由這些獨立事業單位為整個大公司創造新的數位世界，而主力事業單位的領導人對數位計畫不感興趣。在缺乏廣面的行動方案下，數千億美元就這麼白白浪費了。

撰寫這段文章時，我正被新冠疫情困在家裡。不同於南韓，美國政府未對新病毒快速反應，媒體想歸咎於川普總統，但縱使他有千錯萬錯，主要問題其實在體系。美國衛生和公共服務部（US Department of Health & Human Services）是一個龐大的科層體系，下屬機構甚多，包括食品藥物管理局（Food and Drug Administration）和疾病控制與預防

中心（Centers for Disease Control and Prevention）。新冠疫情襲擊美國時，整個體系充斥不信任、內鬥、政治權術、不勝任。儘管可能爆發新冠肺炎之類疫情警告與研究已存在多年，沒人有行動計畫，沒關於如何檢測、隔離，以及如何在州及聯邦層級應付疫情的路線圖。

與異國人士討論到這問題時，我總得向他們解釋，美國是有著四個政府層級的聯邦體制國家，有聯邦、州、郡和市層級的立法者、法院和警察，而四個層級又各自有公共衛生的主管機關。危機爆發後，許多人驚訝地發現，有權封鎖和保持社交距離的主管機關竟然是地方層級，而不是聯邦層級，所以美國總統只能建議，不能下令。同樣地，大多數的應急儲備物資和醫療照護是地方層級的職責。儘管多年來有人提出可能爆發疫情的警告，但這四個層級的政府全都沒有準備關於如何因應、檢測重要性、隔離誰，以及把他們隔離於何處的詳細計畫，也沒有必要的備用醫療物資。

南韓也是科層體制，但他們的官僚有準備計畫，並且快速推出病毒篩檢試劑。差別在於技能水準、信賴度和高層的行政權。

在疫情、戰鬥中，甚至在科技競爭領域，想抓住新興機會，敏捷是關鍵要素。

◢成分 4：使用購併來加快與輔助策略

有關購併如何影響企業績效與價值的研究不計其數，這些研究結果與結論有同有異。若看總金額價值會得出負面結果，因為最大筆的購併案產生的結果最糟。舉例而言，研究人員檢視 1998 年至 2001 年的巨大

購併浪潮（網際網路公司和電信業浪潮）後發現，花在購併的每一塊錢導致股東價值損失 12%，總損失高達 $2,400 億美元。不過他們也發現，這段期間，平均而言，購併案對收購公司的股價帶來小幅度的正報酬。問題在於最大宗的購併造成的巨大損失蓋過了較小宗購併帶來的獲益。

這類研究大多衡量股東價值的損益，而且檢視的是交易宣布時的短期窗口，通常在宣布的前後三天。基本上，這種研究設計假設股市為完全效率市場，問題是企業購併像海浪般一波一波推進，而研究衡量往往在浪潮高漲的交易價值揚升時期，但在浪潮消退後問題就來了，收購公司得大規模改組來消化收購的事業，研究人員的估算中並未以「事件」形式呈現這些負面流程。因此，前文提到的那類研究只看到購併交易價值的上升，沒有看到後面的價值縮減，最終導致企業購併價值這類研究結果有高估的偏誤。

那麼，購併有可能為公司增加價值嗎？當然。透過購併來推升成長的祕訣在於保持聚焦：只使用購併來加速與強化基本競爭策略。別為了提高營收或獲利而去購併，最重要的是，別收購複雜、有多產品、員工很多、需要花上多年去整頓的公司。噢，還有更重要的一點：絕對別做「對等合併」（merger of equals），若你做了，由誰當家的內鬥將持續多年。

獲利性成長的基本成分是在成長中的市場上供應出色價值，能夠強化價值或加快收購者擴張行動的購併非常是值得的（當然，前提是收購價格適當！）。

通常較老且成熟公司的購併交易最大筆。例如，2016 年最大宗購併交易是 AT&T 宣布以 $850 億美元收購時代華納（Time Warner），以及拜耳（Bayer）宣布以 $660 億美元收購孟山都（Monsanto）。收購案宣

布時，AT&T 市值下滑了 $180 億美元，拜耳完成收購案後市值也跌掉了 $180 億美元，還被股東告上法院。

我稱這類購併案為「尼加拉交易」（Niagara deals），因為併購龐大，而且大多由那些在生活中尋求一些刺激的老公司所做的購併交易〔Niagara 和 Viagra（威而鋼）發音相近〕。我和這類公司共事過，所以可以證明，每月、每季看著大量的金錢湧進一間龐大複雜的企業裡，最終可能變得相當乏味。所有的業務與產品創新創業（若有創新創業的話）都發生於往下三個階層，由更接近業務活動的年輕主管執行。除非遭遇危機，否則高層唯一的生活調劑是購併交易。進行大筆購併交易時，大咖律師及銀行家現身，還能搭私人飛機出席特殊的神秘會議，隨意地討論鉅額資金。另外各式各樣的附帶支付，像是付給被收購公司執行長的回報，收購方可以對此規模吹噓一番。

有些執行長出於不良動機而做這種虧錢的購併交易。例如，男裝公司（Men's Wearhouse）執行長道格‧艾華（Doug Ewert）在 2014 年以 $18 億美元收購喬斯班克公司（Jos. A. Bank），男裝公司的股價下挫了 70％，但由於被收購的喬斯班克公司規模更大，所以艾華的薪酬增加超過 150％，達到 $970 萬美元。誠如企業財務專家大衛‧川納（David Trainer）於《富比士》（Forbes）所言：「高階主管尋求與進行對股東價值沒有助益的購併交易，是為了提高營收、每股盈餘或息稅折舊攤銷前盈餘之類的績效數字，這些數字左右他們的分紅。此外，大購併案能把公司推前與較大的競爭者比肩，這也往往能使高階主管的薪酬大增。」[4]

另一個導致支付過高收購價格的觸發因素是收購方內部資源過剩。記得 1997 年時我和查爾斯‧佛格森（Charles Ferguson）談到微軟收購他

的網頁設計公司「維米爾」（Vermeer）一事，起初微軟出價 $2,000 萬美元，這有點高出佛格森認為的價值，但他是個優秀的談判者，只說他會考慮考慮。過了一個週末，微軟的談判者再次聯繫佛格森說：「$1.3 億美元如何？」佛格森接受了。後來我詢問參與此收購案的微軟主管，有何理由支付這麼高的收購價格。他解釋比爾・蓋茲下令公司趕上大爆發的網際網路浪潮，他說：「那是『網際網路錢潮』，價格不重要。」

微軟很有錢，而且主力產品擁有巨大的競爭優勢，所以該公司總是支付過高的收購價。2007 年微軟以 $62 億美元收購線上廣告公司 aQuantive，2012 年時減記這筆 $62 億美元的資產。2012 年微軟以 $75 億美元收購諾基亞，三年後完全減記這個資產。

檢視誰在一年內做最多購併交易，通常是那些當紅的明星公司！2016 年微軟以 19 件收購案奪冠，谷歌的字母公司（Alphabet Inc.）有 17 件，蘋果公司共 9 件。檢視字母公司當年的購併交易，參見＜圖表 8 ＞，這些收購對象全是擁有讓字母公司強化既有事業的智慧產權或小系統的小型公司，而且大多未上市、不具有大型管理結構的複雜組織，沒有購買上市公司的複雜性和費用。這類收購驅動字母公司（谷歌）成長，其中最重要的是 2005 年收購的安卓（Android）、2006 年的 YouTube、2007 年的 DoublClick。字母公司傾向透過收購來填補自家已著手研究的領域。例如，為了驅動提供影片分享與搜尋服務的谷歌影片（Google Video）平台成長，2006 年收購當時僅創立十八個月的 YouTube。

企業購併的動機很多，可能為了吸納一個領域的早期勝出者；可能想達成和利用規模經濟；可能想透過收購來注入新文化以改變自身的

文化；可能認為自家公司能矯治有問題的收購對象；可能想整併一個產業。對於尋求獲利性成長的公司，我的強烈建議侷限於兩個目的：取得能夠對你的現行策略做出補充、你公司內部難以自行發展的那些技能與技術；能夠為收購方公司的產品提供更廣、更強的市場通路。

＜圖表 8 ＞字母公司在 2016 年的收購交易

公司	業務性質	補充對象
BandPage	音樂人平台	YouTube
Pie	企業通訊	Spaces
Synergyse	互動教學平台	Google Docs
Webpass	網際網路服務供應商	Google Fiber
Moodstocks	圖像識別	Google Photos
Anvato	雲端影片服務	Google Cloud Platform
Kifi	連結管理	Spaces
LaunchKit	行動應用程式開發者工具	Firebase
Orbitera	雲端軟體	Google Cloud Platform
Apigee	應用程式介面管理及預測分析	Google Cloud Platform
Urban Engines	位置資料分析	Google Maps
API.AI	自然語言處理	Google Assistant
FameBit	品牌行銷內容	YouTube
Eyefluence	眼球追蹤，虛擬實境	Google VR
LeapDroid	安卓模擬器	Android
Qwiklabs	雲端訓練平台	Google Cloud Platform
Cronologics	智慧型手錶	Android Wear

資料來源：https://en.wikipedia.org/wiki/List_of_mergers_and_acquisitions_by_Alphabet reproduced via Creative Commons license https://creativecommons.org/licenses/by-sa/3.0

◣成分5：別支付過高的收購價

之所以有那麼多的研究顯示企業購併產生了負報酬，原因之一是收購方支付過高的價格。尤其是在收購一家上市公司時，收購價格往往比被收購公司的內在價值溢價約 30％至 40％，若適逢被收購公司股價上揚期，溢價會更高。若有意收購的公司不只一家，情況更糟了，競購戰鐵定造成收購價過高。收購價愈高，投資銀行家和顧問收取的費用愈高。

我清楚記得，1998 年 2 月在亞利桑那州史考茲戴爾市（Scottsdale）舉行了一場由所羅門史密斯美邦公司（Salomon Smith Barney）的電信業分析師傑克·葛魯曼（Jack Grubman）主持的會議，現場聚集了電信業公司領導人，場內有十到十五張桌子，每張桌子坐著各家公司執行長及助手。當時美國電信業管制剛鬆綁不久，又適逢網際網路興起，市場估值猛漲，葛魯曼敦促規模較大的公司儘快擴張以免太遲。我無意中聽到隔壁桌的談話，分析師建議一家相當大的電信公司執行長趕緊搶下贏星通訊公司（Winstar Communications）。贏星是一家寬頻服務業者，承諾可以繞過電話公司的銅線，在全美各地的屋頂上安裝寬頻天線。那位執行長看著書面報告說：「這價格很高。固然，贏星今年的營收成長了，但虧損也增加，淨值是負的。一股 \$45 美元的話，等於買下這公司得花超過 \$10 億美元。」推銷贏星的所羅門美邦公司分析師點點頭說：「是的，但你的帳面價值也很高啊，」他的意思是，贏星的股價明顯過高，但這個潛在收購方的股價也過高，所以有啥好擔心的呢？那位執行長不為所動。他做對了，贏星靠著舉債融資來快速成長，但營收不足以支應開銷，尤其是債務利息，最終在 2001 年申請破產。

為避開這類溢價，盡量收購非上市公司，溢價比較少，也較不會遭遇競購戰。

另一種溢價是以股票來支付，但盡量別這麼做，然後最好以現金支付。用股票來支付相當於發行股票，這會衝擊你的股價。既有上市公司增加發行股票的話，通常會導致股價下跌 2% 至 3%。事實上，這可能是一些研究統計表示大宗收購交易會產生負面結果的原因之一。

一般認為，收購一家與買方事業密切相關的公司，可以產生最大效益和協作。這觀點看似合理，遺憾的是，實證研究顯示情況並非如此。有學者研究了六十七個被收購事業與收購公司事業相關性的綜合分析後得出結論：「相關性對股價表現的整體影響微不足道。也可能的確存在協作，但效果太小，不足以回收高收購溢價。」[5]

大額溢價導因於自負、過於自信。這不是被收購公司隱藏缺陷的問題（像二手車市場那樣），而是過於高估「綜效」；或是對成長前景過度樂觀；或是過度自信有能力矯正收購對象長期存在的經營管理問題。在行為經濟學中，這種過度自信通常被歸因於「忽視參考群」（reference-group neglect）[6]，這發生於當一個人或組織聚焦於自己的歷史和明顯的技能，沒有考慮對手的技能和明顯的詭計。身為研究所教授，有時我會請學生根據他們截至目前的測驗成績，私下估計自己在班上的排名。沒有人會估計自己排在最後的 25%，而有過半數學生估計自己排在前 25%，這就是忽視參考群。

儘管有這些應該避免支付溢價的理由，但是在某些情況下，你必須支付高於被收購公司現行價值的價格。這發生於當被收購公司擁有你絕對不想讓競爭對手或潛在競爭者取得的獨特智慧財產權或特殊的市場地

位時，在這種情況下，你收購的不僅僅是這家公司，你也付錢來防止若不這麼做將會遭遇的競爭打擊。

舉例而言，輝達未收購由一群前視算科技（Silicon Graphics）工程師創辦的 ArtX 公司，他們是最後一批來自視算科技的精英工程師。2000 年競爭對手冶天科技公司（ATI Technologies）收購了 ArtX，並開始仿效輝達的六個月新產品問世週期，推出與輝達匹敵的顯示卡。2006 年中央處理器製造商、英特爾的勁敵超微半導體公司收購冶天科技。未收購 ArtX 是輝達的一個策略性失算，雖然輝達不需要 ArtX 的資源或人才，但買下 ArtX 可以防止別的公司取得這些珍貴資源。

這邏輯也適用於一個快速整併中的產業。舉例而言，二十世紀大部分時期，大型會計師事務所被稱為「八大（Big 8）」，後來歷經合併及安達信會計師事務所（Arthur Andersen）因弊案而結束營業後，現在只剩下「四大（Big 4）」：畢馬威（KPMG）、普華永道（PricewaterhouseCoopers）、德勤（Deloitte）以及安永（Ernst & Young）。每一家原「八大」律師事務所都必須從事某種購併交易，方能在一個整併中的產業裡維持夠顯著的全球地位。

◢成分 6：別讓團塊擴增

「團塊（blob）」是許多老組織核心複雜且相互關聯的結構，相當官僚，有歷經多年演進形成的無數政策與規範。我和這樣的公司共事過，他們想加快成長，而我大多建議組織精簡、除草和專注，如果不願意走上這條路，我的忠告是：「別讓團塊擴增。」

提出此忠告有兩個理由。第一，別讓科層架構試圖去管理一個成長事業，那將猶如美國國土安全部試圖撰寫一款新的電玩遊戲，也許最終能做到，但費時多年、所費不貲，等到完成時遊戲早就過時了。第二，別讓那團塊牽涉的利益衝突和種種的權力爭鬥限制了新成長事業的選擇。

大公司可以在內部或透過購併找到成長機會，我稱這類成長機會為「幼苗」（seedling），需要避開團塊來培養和護育。在內部，「長」字輩的高階主管必須和不超過六到八棵幼苗保持密切和直接的連結。不是所有幼苗都會成功，但生於團塊中的幼苗需要格外保護，竅門在於培育他們直到能在老主幹之外做為一個獨立事業單位而生存。收購來的事業比較容易以維持獨立營運方式來保護，但這會構成另一個複雜問題，無法利用母公司的技能與市場地位。若不讓收購來的事業使用這槓桿，那母公司乾脆當個創投家或私募基金就好。

在當今快速發展的科技世界中，大公司仿效風險投資公司培育適合的幼苗恐怕不是個好主意。大公司根本承擔不起創投公司端出的「使你成為億萬富翁」的誘因。大公司應該尋找那些不僅僅需要一小群工程師或程式設計師的風險事業。大公司應該試圖提高公司的冒險程度，並且適當地槓桿利用母公司的聲譽、技能和市場地位。為此，公司必須放寬或廢除標準的「達成你的績效數字」評量方式，每月召開輔助會議，研商幼苗事業面臨的挑戰和行動方案。若幼苗事業失敗了，別處罰或解僱負責的經理人，這類行動猶如對你的園子噴灑除草劑。

◢成分 7：別捏造

　　華爾街分析師喜歡那些能創造可預測獲利成長的公司。不能只是獲利提升，還得是可預測的提升，問題是經濟、技術和競爭顯然無法正確預測。因此，為了創造可預測的獲利，公司必須平滑粉飾、操弄會計項目，這通常是對應計項目做手腳以彌補獲利的波動。奇異公司在 1985 年至 1999 年間神奇地連續達成獲利目標，但廣為人知的是，這大多出自子公司奇異資本（GE Capital）之手：快速買賣金融資產以產生季末損益來彌補製造業務的損益。誠如《富比士》所言：「就像一個專業棒球員被揭露使用類固醇，奇異公司訴諸一些手法，締造了近十年連續達成或超越分析師預測的紀錄，這些手法包括在看起來很像貸款的交易中把火車頭『賣給』金融機構，在利率避險會計項目上弄虛作假。」[7]

　　一項調查發現，97％的高階主管偏好平穩（smooth）的獲利。[8]另一項針對四百位財務長所做的調查發現，這些財務主管相信，20％的上市公司為了達到可預測性而不實陳述自家獲利。他們估計：「通常每一塊錢的獲利中有 10 美分是不實陳述。」[9]

　　1990 年代，微軟是把獲利數字管理得最好的公司之一，金融記者暨專欄作家賈斯汀・福克斯（Justin Fox）敘述：

　　　約莫從視窗 95 問世的 1995 年 8 月開始，微軟就對出貨的軟體採行一種特別保守的會計作帳方法，把一產品的大筆營收延遲到產品出售很久以後才認列。這麼做的理由是，當某人在 1996 年購買一套軟體時，他們也購買了 1997 年和 1998 年的更新權和

客戶服務。若不使用這種新的會計作帳方法，該公司的獲利將在 1995 年下半年激增，在 1996 年上半年劇降（這種變化可能導致微軟的股價大跌），而不是如同該公司發布的獲利穩定上升。[10]

粉飾平穩獲利有益嗎？許多研究這個主題得出的結論是：沒有。一項研究發現，那些粉飾平穩獲利的公司更有可能在之後發生股價崩跌。[11] 2010 年發表的另一項詳細研究指出：「過去三十年，獲利平穩和平均股票報酬之間沒有關係。」[12]

證據顯示，經理人和分析師喜歡更穩定的獲利，但股市根本不在乎。操弄獲利數字使其變得更平穩，只是搞亂會計結果，浪費時間與精力，把你的智商花在別的事情上吧。

◢完全不賺錢

網路經濟，尤其是「共享」經濟的興盛，創造出一些持續成長、但完全不賺錢的公司。其論點是，他們師法亞馬遜先快速壯大，未來的某個時點就能開始賺錢。我無法誠實地說：「別這麼做」，因為你真的有可能長久靠著糊弄人而變成億萬富翁。我們在 1999 年代看到市場容忍新創網路公司持續虧損，只要營收漂亮成長就行了。但是當公司終於出現僅僅 $10,000 美元的獲利時，市場卻因為營收規模降低而高聲埋怨。

近期這種效應的典型案例是優步（Uber）。優步的載客價格顯然不足以支應變動成本，但他們能夠用投資人的資本來補貼載客和公司的快速擴張。儘管首次公開發行（後文簡稱 IPO）當日股價大跌，創下史上

最大的 IPO 損失，優步仍然繼續擴張。初始投資人的報酬巨大，例如，首輪資本公司（First Round Capital）的 $51 萬美元種子投資到了 2019 年中已經價值 $25 億美元。原創辦人在 2019 年賣掉持股，離開董事會。新任執行長達拉‧霍斯勞夏希（Dara Khosrowshahi）宣稱，到了 2020 年底優步將轉虧為盈，但到了 2021 年初該公司仍然不賺錢。優步想要轉虧為盈，唯一途徑應該是提高載客費率或降低優步司機的酬勞，但公司管理階層不想訴諸任何一項。

投機者看到任何成長跡象就像看到「閃耀的發光體」，WeWork 是一個例證。這公司從事將辦公空間轉租給想在家以外擁有小辦公空間的人。一般來說，不會有人認為這是個賺大錢的事業，畢竟市場早在三十年前就存在一堆出租辦公空間的小公司。但是 WeWork 想利用一款行動應用程式在大城市出租大量辦公空間，類似愛彼迎（Airbnb）經營模式。首先 WeWork 快速簽下新租賃權，在辦公空間出租供給量上呈現快速成長。儘管這個在大學生創業競賽中無法達標的商業計畫，還是取得了日本投資公司軟銀集團（SoftBank）資助。軟銀在 2017 年初始投資 WeWork $44 億美元，使其估值達到 $180 億美元至 $200 億美元。儘管 WeWork 的執行長亞當‧紐曼（Adam Neumann）聲稱該公司賺錢，實則不然，而且虧損巨大。到了 2018 年 WeWork 的現金已經燒光，需要更多錢，於是就計畫公開上市。為了公開上市，紐曼和軟銀執行長孫正義（Masayoshi Son）安排由軟銀再投資 $20 億美元，使 WeWork 的估值一下子推升至 $470 億美元，而這 $20 億美元的新資金中有 $10 億美元用來買回目前投資人（包括董事會成員在內）的股份。當 IPO 公開說明書公布後，爆出該公司的虧損史、紐曼愈來愈古怪的行為，以及空

洞使命概念引發市場負面反應。軟銀退出 IPO，董事會支付 $1.85 億美要紐曼離開，只為了讓他不再涉足 WeWork 的營運。（為了讓紐曼離開董事會，切斷他和 WeWork 的絕大部分聯繫，軟銀付給他 $17 億美元，包括買下他剩餘的持股，幫助他償還銀行貸款。）之後軟銀再度挹注 $50 億美元，這次 WeWork 的估值掉到了 $80 億美元，遠遠低於先前的 $470 億美元。

WeWork 的光環來自其號稱是一家共享經濟領域的「科技」公司，但實際上卻更像一家過剩辦公空間競爭世界裡的出租業者。原本應該審慎的高盛集團（Goldman Sachs）投資銀行家們，竟然聲稱 WeWork 可能有通往 $1 兆美元價值的途徑，若 WeWork 當時成功公開上市，這些投資銀行家們的收費酬勞將高到能夠在紐約長島的漢普頓區（Hamptons）買下許多新宅。

撲克牌界有句老箴言因為華倫‧巴菲特（Warren Buffett）引用而廣為人知：「若你在一場撲克牌賽中玩了一會兒，仍然不知道誰是牌桌上的菜鳥，趕快起身吧，你就是那個菜鳥。」在滿是快速成長、卻完全不賺錢的公司的世界裡，你最好知道誰是菜鳥。

商業媒體全都關注成長中的公司，在這種氛圍下很難記住一個事實：具獲利性、創造價值的快速成長其實不常見，相當罕見，而縱使發生了，也只會維持一陣子。

第 6 章
權力的挑戰

應付問題或挑戰的關鍵點需要行動。這意味著某些活動、人員和部門比其他人事物更重要。為了聚焦，要客觀地使一些事務的重要性高於其他事務，伴隨著專注力連帶改變、轉移這些角色、影響力和資源。無可避免地，策略是一種權力的行使。

權力問題往往使人不安，尤其是在現今這個年代，太多有關管理與策略的思想最終演變成類似宗教的虔誠觀念，認為熱烈的幹勁與信念將獲得回報，只要有強烈的決心、清楚的目的、有遠見的領導，最終必將成事。領導人應該要促使所有人為公司的使命全力以赴，不是嗎？若所有人都充分了解情況，他們就會做正確、有效的事，不需要被指揮，不是嗎？

◢維京人的兒女

2013 年我受邀前往瑞典斯德哥爾摩，為一群企業人士發表一場策略

演講。演講結束後，當天下午我和八位策略領域的學者會面，我不認識他們，但能結識專業領域的新同好總是有趣。

彼此自我介紹與寒暄一番後，這群學者請我簡短解釋我的策略觀。我提出自己對於策略的定義：一個策略是政策與行動的混合，旨在克服一個重要挑戰。我還未進一步闡釋，就有一位年長者先舉手說：「我們的看法有點不同。」

「我們認為企業是一個複雜社會結構的一部分」，他繼續說：「現實是企業、政府、非營利組織形成一個互連的網絡延伸至全球，這是一個關係網絡，每個組織對其他組織發出的訊號做出反應。這個網絡因品味和技術的變化而歷時演進。我們想知道，在這個脈絡下你如何看待策略。」

我以前聽過這種論點，他所說的「現實」並不是現實，而是一種模型，其實應該說是一種隱喻。我回答：「在你的模型中，沒有任何的策略空間。一個策略是組織領導者推行的一種設計與指引，策略始於人們自身的認知，光叫戰士們去『對抗入侵者』是行不通的，領導者必須推出一個架構，一種設計，告訴戰士們如何作戰。在現代企業裡，策略是行使權力好讓體系裡的各部門去做一些若任由他們自主行動他們絕對不會去做的事。」

當我說到「行使權力」時，可以聽到在場有些人驚訝地倒抽一口氣。若當時他們正在做天主教禮拜的話，大概會用手在胸前畫個十字。對於力量這概念，他們在理智上和情緒上都感到不安，維京人和古斯塔夫‧阿道夫（Gustavus Adolphus）的兒女是如何來到這世上的呢？

並非只有這些瑞典學者把這世界視為一個非人力所能控制與左右的

自然體系，這根源於十九世紀後葉以來知識分子對進化論的信仰，若這世界不是上帝創造的，那麼就是自然進化過程的結果。同樣地知識分子認為，企業組織是在自然汰選力量下「演進」，如同哲學家、社會達爾文主義之父赫伯・史賓賽（Herbert Spencer）所言，社會本身其實是一個有機體，不是嗎？根據這思維，城市就像森林般地成長（不是靠建築師？），靠近人口聚集地的河流上出現了跨河橋樑，企業的成敗取決於適應或不適應所處環境。這種自然體系的隱喻使知識分子在抹除了神的地位後，也把人為設計、人的目的、人的選擇從社會和組織中抹除。（迄今還無人提出自然體系理論來解釋學術書籍是如何寫出來的。）

　　1976 年我從波士頓的哈佛商學院轉職至加州大學洛杉磯分校，這轉變不只涉及東岸和西岸的差異而已。在哈佛商學院，我鑽研的是領導人如何創造、修改和調整企業策略與架構；到了加州大學洛杉磯分校，我置身的學術界是將企業課題臣屬於地位至高無上的經濟學與社會學之下，這是我首次發現把組織和策略視為自然系統的社會學傾向。

　　儘管有「事物自然演進」的觀點，事實仍是策略涉及了行使權力。在組織中，若高階主管不特別注意策略性質的事務，多數事情大致上將一如既往地運作，至少好一陣子都是如此，不會有什麼改變。員工將繼續銷售產品，工廠將繼續生產，軟體工程師將繼續改進程式，部門主管將繼續簽新約，會計部門將繼續製作、稽核財務報表和報告，幾乎不會發生非例行性的、新且不同於以往的重要事務。之所以不會發生，是因為重要的改變總是涉及權力與資源的轉移。策略意味著要求或促使人們去做打破例行、常規之事，把集體的心力與資源聚焦於新的、或非例行的目的上。

◢商務軟體供應商 WebCo 案例

不是只有瑞典或學術圈存在「行使權力」的不安感。「願景」論的盛行，以及把策略視為傳達啟示與激勵的訊息，這些其實都是不安感的反映。

2014 年我受邀為一個規模較小的網站商務軟體供應商「WebCo」（假名）提供顧問服務，該公司的執行長「雪倫·湯普森」（假名）向我解釋，她的經營管理團隊已經花了幾星期建構公司的願景、使命和策略說明，她把草擬說明拿給我看，內容如下：

> 我們的願景：持續推進人與商業的連結。
>
> 我們的使命：幫助我們的顧客無縫地透過網路來做生意。
>
> 我們的策略：提供產品與支援，將商務構入個人及網站開發者的網站上。我們的優勢是服務範疇的廣度——我們有 PHP-、HTML5-、JavaScript 程式語言撰寫的網站應用程式，以及為軟體開發者提供快速且明晰的支援。

「你們希望用這份說明來達成什麼？」我問她。

「我希望為所有人提供一套關於我們如何經營事業的理念和目標，把這溝通好、獲得認同後，確保所有人了解我們致力於達成什麼，這樣大家就知道要做什麼了」她回答。

「我擔心的是，」她繼續說道：「這份文件既沒有很強的激勵作用，也不是很具體。我讀了有關策略的文獻，策略應該是喚起行動，實

現夢想與抱負，同時也提供明確且可衡量的財務性及非財務性的目標。你能幫我做到這些嗎？」

雪倫的策略說明體現了大量有關策略流行的建議。上谷歌搜尋關鍵字「strategy statement（策略說明／聲明）」，你可以看到這類主題不計其數的流行建議，如同雪倫所言，流行的教條告訴你，「策略說明」應該有啟發性，定義產品和顧客，定義競爭優勢的源頭，訂定明確的財務目標和其他目標，應該既明確又有彈性，兼顧短期與長期。

雪倫的困難之一是，這種「策略說明」其實不是策略，而是一種流行文化的文體，就像商學院學生被要求虛構「事業計畫」，旨在取得同事和朋友的認同，以及吸引某人前來投資公司。其實，創投資本並不是投資事業計畫，而是投資那些提出事業議案、經營這事業的人。

我問雪倫，她希望如何取代這領域的龍頭 WooCommerce，該公司免費的網頁製作和網站建置系統 WordPress 提供免費的外掛程式。雪倫說，若沒有更多的主題和付費的外掛程式，WordPress 和 WooCommerce 其實無法發揮充分作用。許多公司供應這類軟體，其中有些軟體和 WooCommerce 和 WordPress 搭配很好，一些軟體則是一段時間過後才出現潛藏的問題。還有，當 WordPress 提供重大安全性更新時，可能有些現有的主題和外掛程式會故障，她說：「整個情況有點混亂，不提防的話很容易出錯。」她解釋說，有人可能想建置簡單的電子商務網站來販售商品，但是「隨著他們的業務成長，或隨著軟體拼塊式更新的演進，網站可能出問題。」他們就得去找專業的網站設計者，並「付大筆錢全面重新設計，還要每月維護。」

除了 WooCommerce，還有其他外掛程式供應商；除了

WordPress，還有其他的網頁製作與網站建置系統。但雪倫強調，先使用免費軟體、再花大錢維修的型態無可避免。她說：「這其實是一個提供先誘後轉銷售（bait and switch）體驗的生態系。」

我點點頭說：「我了解這挑戰了，不過妳的策略說明並沒有解釋或正視這挑戰。這份策略說明中說你們為 PHP-、HTML5-、JavaScript 程式語言所撰寫的網站提供外掛程式，你們為軟體開發者提供快速的回應支援，但這些都沒有解決剛才妳向我強調的新手問題。」

雪倫解釋，新手不願為軟體付大錢，而且他們會有很多支援相關的疑問，服務成本高昂。懂得撰寫程式的網頁開發者，反而對公司產品接受度高。所以，實際上她的競爭對象是那些提供完整網站設計與電子商務支援的套裝軟體，而這種產品／服務愈趨於雲端服務形式來供應。

雪倫的解釋涵蓋了他面臨挑戰的一些重要特徵，但他們沒有認知到，僅靠一支小型的工程師團隊為所有困難找出解方的做法很有問題。她的解釋也凸顯了一個事實：WebCo 並未聚焦於解決一個特定的顧客問題，試圖銷售的對象有新手、小型企業、開發者等等。而且該公司的軟體工程師要開發三種不同程式語言的軟體版本，進一步分散了他們的時間與心力。一家大公司或許能做到，但 WebCo 正在燒錢，他們需要更聚焦與專注，必須展示更好的市場成果來吸引另一輪的資金挹注。

最為重要的是，雪倫沒有行使行政權的興趣，她內心不喜歡告訴任何人去做什麼，她想要一個「大家都知道要做什麼」的策略說明。

像雪倫這樣的高階主管，獲得的建議通常是她所面臨問題的整體解決方案說明，再加上對目標市場的定義，以及能提供競爭優勢的產品與服務性能。但是雪倫真正感興趣的不是修改策略。基本上她想要的

是一個更好的「策略說明」。她迴避指導公司業務模式的任何重大改變。我也許不是一位好的推銷員，我們就此分道揚鑣，我無法設計策略讓 WebCo 成為商務網頁設計領域的賽富時。WebCo 從未發展出成長策略，該公司規模迄今仍然很小，改了名稱，向網頁設計師銷售圖形設計元素。

◢金屬事業 MetalCo 公司案例

幾年前，我和「史坦·海斯汀」（假名）共事，他剛受聘接掌一家有三個事業單位的公司執行長，董事會期望他領導公司扭轉頹勢。我從他身上學到一個人、甚至一位執行長如何建立權力基礎。

史坦過去是一家規模更大的公司高階幕僚，MetalCo 董事聘用他當執行長是為了解決電鍍金屬事業的問題，以及想投資新成長的市場。MetalCo 核心的金屬事業單位是現金與獲利的主要來源，而電鍍金屬事業單位的產品則被競爭者重擊。

當史坦首次召集各事業單位領導人前來開會時，金屬事業領導人拒絕，他說：「你來我辦公室。」

史坦告訴我，金屬事業單位需要大變革，但董事會當時不會支持他採取行動。因此史坦決定在自己能發揮之處使力，他開除電鍍金屬事業單位領導人，直接掌管這事業。史坦花了七個月提高事業獲利，然後賣掉這個事業，把錢拿來收購一些新事業，這些新事業仍然和公司基礎金屬業務有關，但前景更光明。現在有了董事會這強力靠山，他開除金屬事業領導人，開始改善其營運。

史坦的行動是個生動的實例，展示一個人如何在新場域中取得行政權。董事會聘用他來扭轉公司的頹勢，但一開始不會支持他和賺錢的事業單位領導人起衝突，在這種情況下，他採取迂迴做法，先在電鍍金屬事業單位展現他的管理能力，繼而發展新成長機會，在這些初始行動中，完全不去碰觸金屬事業單位。透過這些迂迴行動，史坦發展出領導全公司的行政權。

◢聯邦政府機關

有時候職務不會賦予你足夠的權力去應付重要挑戰。2005 年我受邀出席一場學者、律師、法官、政治人物和政府機關經理人群集的會議，與會者約百人，結束策略主題的演講後我接受現場來賓的提問。一位女士說她在相當重要的政府機關擔任領導人，這機關不像國土安全部那種最高層級的單位，大約低兩個層級，她負責機關的優先要務及二千名員工。她的問題是，自己職責是在基本憲章內領導機關的運作，協助訂定優先要務，「我有二千名部屬，」她說：「但我想不出該如何制定策略，至少沒法像你說的那樣。」她說部屬知道自己只是短期派來掌管這機關，幾年後就換別人當家了。「他們很客氣，也幫得上忙，」她解釋：「我看得出來，雖然他們注意到我的構想，但他們永遠不會按照我的構想去做。」她說這機關實際上是由常任的文官骨幹運行，「我的職位根本沒有影響力，事實上，他們憤恨那些優秀的文官永遠無法晉陞至我的職位。」

對於她的提問，我的回應沒幫上什麼忙。當時我只能表達同情，承

認她遭遇一個常見的問題。直到一年後,我才能以簡單且直接的方式闡述這問題:她根本沒有足夠的行政權去設計與執行策略,她受僱管理這機關,就像管理一棟公寓大樓的保全一樣。沒有足夠的行政權,她無法指導這機關的目的,甚至也無法干預運作方式。

◢航海定位製造商 GrandCo 案例

GrandCo(假名)是海上定位產品的生產商,也設計、製造農業和土地測量的勘測儀器。2009 年末我受邀協助該公司海上定位產品研發主管「諾拉·法蘭克」(假名)處理策略課題,我從她身上學到如何在一家大公司裡建立權力基礎的生動啟示。

在電話上和諾拉交談僅僅一小時,我就了解她陷入一個功能失調的組織架構裡。她的直接職責是研發海上定位產品,產品製造部分屬於另一位經理人掌管,銷售與行銷則由美洲市場、澳洲市場、其他全球市場三個單位負責。土地測量產品事業沒分那麼多單位,但組織架構也是採行功能劃分。換言之,在這公司除了執行長,沒有任何人對事業損益負責。

我告訴諾拉,我的專長是企業策略,不是研發管理。但諾拉不罷休地解釋,由於新的競爭玩家,海上定位產品的營收緩慢衰退中,但她覺得可以扭轉頹勢,祕訣是把研發聚焦到從油輪到漁船的整個船隊管理。但是公司想要她繼續研發遊艇市場的產品,不核准其他用途的預算。諾拉說,遊艇市場很脆弱,新型智慧手機向大家展示,有了谷歌地圖,不需要花 \$40,000 美元買定位器材來得知所處位置。

我喜歡諾拉的精神,同意幫她詳細規畫建立船隊定位管理事業的

方法。思考這計畫幾天後，我相信這點子很有價值，但諾拉的真正挑戰在於沒有事業單位可供她提出構想。經過密集討論，諾拉認為她必須在 GrandCo 內部創立一個「虛擬」事業單位——有一群人做研發、製造、銷售和行銷，大家定期開會討論海上定位產品的問題。這個虛擬事業單位將編製虛擬損益表，並開始協調計畫產品政策。諾拉和行銷部某人關係良好，這是個起點，此人和負責美洲市場和其他全球市場的銷售同仁交情也很不錯。

接下來兩年，這個虛擬事業單位提交企畫，並獲得公司勉強准許把海上定位產品線從遊艇市場延伸至較小的商業船隻，如漁船和長途渡輪。第三年開始諾拉獲得開發船隊管理產品的預算；第四年新上任的執行長被她的創業熱忱打動，把這個虛擬事業單位變成實體事業單位，由諾拉掌管。

諾拉從研發部門主管變成一個事業單位領導人的過程，就是漸增行政權的旅程。起初她有一個事業策略的遠見，但無法執行它。她必須設法取得足夠的行政權，才能實際推行她擬想的事業策略。

◢科學設備供應商 SciCo 案例

2015 年秋天「弗萊徹・布萊克」（假名）打電話給我。他掌管的事業「SciCo」（假名）是一家大型公司旗下的一個事業單位，他說需要我幫他思考競爭策略。經過一些討論，我同意初步造訪，與他和這個事業的另兩位高階領導人見面。

抵達弗萊徹的辦公室後我們開始談論更多細節。這公司銷售各種科學設備給大學和私人研究實驗室，他們的產品有分析天平、離心機、新

的基因編輯工具等等，公司以製造和銷售分析天平起家，過去二十年間透過內部研發及收購增加了產品線。

那天早上弗萊徹稍加詳細地說明他面臨的挑戰（我把筆記內容轉換成完整句子）：

- 這個事業有改善獲利的好潛力，為此我們必須提升銷售效率，解決品質疑慮。我們預期今年度的營收約 $10 億美元，成長 2%，但獲利沒什麼成長。

- 一個重要問題是 SciCo 品牌的離心機。多年來離心機一直是公司的銷售和獲利支柱，特別是因為離心機使用的管子必須經常汰換。但最近我們遭遇一家新設的法國公司以較低的價格強力競爭。而且坦白說，那產品跟我們的一樣好。更麻煩的是，他們開始供應無線測量儀器這個產品線，無線測量儀器可把結果直接呈現在研究人員的電腦螢幕上，通常能在同一網頁上顯示多個測量結果。

- 我擔心的一點是，公司銷售團隊是收購各種產品線後拼湊組成的，整個銷售團隊對於 SciCo 是怎樣的一家公司、以及為何存在完全沒有共識。尤其是銷售團隊不善於推動消耗品的再利用，他們是一群想當研究員和工程師的人。

- 成本持續上升，我們經常得承受把自家產品價格調高以保持穩健利潤的壓力，但不幸的是，我們的各種產品線有很多次召回行動了，這損害了我們的聲譽。

我對 SciCo 的新競爭者，那家法國公司和新推出的無線產品感興趣，我問弗萊徹，他的公司在低成本的設計和無線測量儀器方面有何計畫，他說：「噢，未來三年沒有新產品路線圖。」

我花了幾分鐘才搞清楚，SciCo 在產品研發或製造方面根本沒有任何的控管權，產品研發是由位於義大利的一個「全球」單位負責，製造則是在多地執行，美國境內沒有製造廠。SciCo 其實算不上一家公司，只是喬裝北美事業單位的行銷與銷售團隊。

我問弗萊徹為何公司容許這種結構持續存在，使得北美行銷與銷售團隊根本無力創造競爭策略。他說公司領導階層認為北美市場飽和，只想增加不發達國家的業務。

姑且不論對或錯，SciCo 所屬的公司把 SciCo 當成「搖錢樹」。在沒有能力去影響產品設計或製造成本之下，弗萊徹最多只能搞個行銷或銷售計畫。我向他講述諾拉的故事，以及她如何創造一個虛擬事業單位，歷經時日重塑整個公司。弗萊徹很感佩，但不認為他能在 SciCo 的母公司中以這樣的行動來取勝。

弗萊徹的問題在大企業裡太常見了，事業被區分成多部分由公司委員會來整合，各個部分不但行動受限，也限制了競爭能力。跟弗萊徹一樣，所有這些受損受限事業的領導人欠缺設計和執行有效策略的行政權。他們盡力而為令人印象深刻，但他們無法成功應付一個有權力召集所有力量與行動做為支柱的優秀競爭者。

第 7 章

創造協調一致的行動

　　年輕時我是一名攀岩者，有過幾座山的攀爬初體驗。當懸在上空只有一條繩索防止身體往下掉時，你會非常注意自己身上的裝備。那個年代高品質攀岩裝備的品牌是愛德瑞（Edelrid，繩索）、修伊納（Chouinard，岩釘）、卡辛（Cassin，扣環）。今天，不管你懸掛在繩索上做任何事，聽到的品牌名稱都是攀索（Petzl），這是一家法國未上市公司，專門設計和製造高性能的攀登、洞穴探索、滑雪和工業安全裝備。

　　費南德・佩佐（Fernand Petzl，1913-2003 年）原是一名洞穴探索者，多次締造首位探索地下迷宮的紀錄。大約 1968 年起他開始用自己的工坊製造可協助洞穴探索者的滑輪和制動器，他的產品因為高品質和安全而聞名，高品質源於他對洞穴探索活動的深度知識，以及在洞穴探索社群的良好關係。他在 1975 年創立攀索公司開始為登山和攀岩市場生產產品，他兒子保羅把公司經營得蒸蒸日上，後來在美國成立一間分公司。

　　攀索美國分公司的總裁馬克・羅賓森（Mark Robinson）解釋：「攀索並非專業於攀岩、高處工作或洞穴探索活動的專門用品，而是為任何試

圖在地心引力限制中上下移動的人創造工具。」[1] 攀登裝備製造公司面臨的挑戰是品質和信賴，若要把性命信託於一件小裝備，你得非常信賴這小裝備的製造商。生產戶外衣著、帳篷和背包的廠商不計其數，但你會信賴哪家公司生產不會在極冷氣候下故障或有隱藏缺陷的自動制動確保裝備（self-breaking belay devices）？你會信賴哪名獨立打造裝備的工匠？你會信賴一家也擁有銷售學生外套及休閒靴事業的公司嗎？只有少數廠商能通過品質與信賴的考驗，攀索公司大概是這其中的佼佼者，居次的是黑鑽（Black Diamond），其領導人同樣也是攀登活動的熱愛者。

紐約市消防局在 2005 年找上攀索公司，由於傳統的繩索垂降裝置無法用於消防員隨身攜帶的細繩，因此想委託他們在短時間內設計和生產幫助消防員快速逃離失火建物的裝備。攀索工程師僅僅花了幾星期就得出一種設計。接下來是訓練消防員，他們必須學習如何固定掛鉤，並用新裝備控制垂降從出口或窗戶逃出。其中一名身材較其他人壯碩的消防員在訓練中垂降繩索裂開。兩天後，攀索技師提出了一個解方，而這系統也成為紐約消防局的標準裝備。攀索的 Exo 個人逃生裝備的品質，以及該公司敏捷且牢靠的反應，在消防界和廣人的高處工作者社群已成為傳奇。

攀索的產品線包括攀登、山區救援、風力渦輪發電機維修、樹藝師、搜救、橋樑和高壓輸電線維修等等專門用途產品，2008 年該公司在法國克羅萊鎮（Crolles）設立 V.axess 中心，投入垂直環境下的產品性能與承壓研發，支援研究、測試和快速的產品改善。

攀索高度聚焦產品，對委託人的深度知識、產品品質、細心培養出危險境況下的安全性產品形象，這些全都展現該公司的指引政策與行動

的協調一致性。像攀索這樣的公司，協調一致性是深度狹窄聚焦、堅持避免產品繁增和為成長而成長的結果。

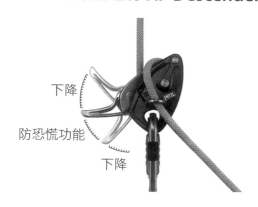

<圖表 9 > **Petzl Exo AP Descender**

下降

防恐慌功能

下降

資料來源：©Petzl Distribution

◢協調一致的行動

協調一致的行動能相互支撐。就最簡單的層次來說，協調一致是各項行動與政策彼此之間不相互抵觸。最好的情形是，各項行動相輔相成地運作，創造更多的力量。

● 在亞馬遜網站上購物的美國人已比搜尋引擎上的查詢者還多，亞馬遜的高成長率令華爾街吃驚，也讓許多競爭者望塵莫及。該公司的策略近乎完全以顧客為中心，一貫地聚焦於敏捷。其價格具

有競爭力，因此人們沒什麼誘因去搜尋別處是否有更好的價格。其網站操作平順，不必每次在購物車結帳環節再次驗證你的身分。貨品可能翌日、甚至今天就送達。產品評價從來不會完美，就目前來說，亞馬遜是做購買決策的最佳平台。其退貨程序容易，供應的品項種類繁多，就像傳統的百貨公司，讓購物者省下去別的商店購買的時間。綜觀亞馬遜的所有活動，很少在核心理念——為顧客提供最快速、最好、最輕鬆容易、品項種類最廣泛的線上購物體驗—上做出妥協。

● 西南航空的原始策略至今仍是協調一致的經典例子。藉由使用非工會、每週高工作時數政策，加上縮短飛機回程整備時間（從 60 分鐘縮短為 15 分鐘），大大降低營運成本。其經營點對點次要城市、機場較小的航線，不提供線上訂位服務，不提供保留座位服務，機上餐點服務減至最少。所有這些政策再加上熱誠文化，使西南非常專注又難以被他人仿效。現在，該公司試圖擴展國際目的地時，面臨的挑戰也是如何維持這種協調一致。

● 雷德芬（Redfin）從事線上房地產經紀服務，旨在試圖改造房地產市場。雷德芬會先收取一小筆刊登售屋資訊的上架費（售價的 1%），然後提供招牌、傳單、拍照等等售屋協助。而且他們使用受薪制（賣方）經紀人而非佣金制。成交的話，將向賣方收取 3% 支付買方經紀人佣金。該公司把上架、鑑價、所有權證、檢驗、貸款債務和經紀人全部整併起來，概念是利用技術、作業整合和優秀人力協助，產生更高的每一顧客毛利，然後再將資金回報給每位客戶，提供更多價值。打造整合、協調一致的房地產交易體

驗可創造出巨大的優勢，尤其是在規模和議價能力提高時。該公司堅持誠實的顧客評價，違反顧客至上信條的經紀人將被開除。截至目前為止，在 iBuying 狂熱下雷德芬放慢腳步，傾向維護嚴肅的品牌聲譽。（iBuyers 是線上房地產中間商，使用演算法估計房子的價值，不必現場看房就可出價快速購買房產，再轉售出去，避免經紀人費用與成交成本。）

雷富禮（A. G. Lafley）和羅傑・馬丁（Roger Martin）合著的《玩成大贏家》（*Playing to Win*）是一本撰寫寶僑公司（Procter & Gamble）策略的傑出著作，他們敘述的歐蕾（Olay）品牌故事是協調一致行動的另一個好例子。[2] 歐蕾前名為「Oil of Olay」，這名稱後來被視為「Oil of Old Lady（老太太的油）」，不再迎合現今消費者。寶僑公司面臨的挑戰是設法為這品牌注入新生命，或是把另一個品牌延伸至歐蕾占據的護膚市場區隔。與之競爭的產品相當高價，透過百貨公司、甚至更高端的通路來銷售。

雷富禮和馬丁說，寶僑研發出更好的護膚產品（我們把這視為一個必要的聲明），歐蕾的協調一致行動是：

1. 維持「歐蕾」這個名稱，把新產品取名為「歐蕾全效」（Olay Total Effects），後來延伸至幾款密切相關的歐蕾產品。
2. 做訂價有關的消費者研究。研究發現，訂價 $18.99 美元獲得的消費者反應比訂價 $15.99 美元更多。
3. 建立一個與品牌已內建的「抗七種衰老跡象」承諾相符的行銷

活動。

4. 和大眾零售業者合作，設置特別展示區，創造一個所謂的「大眾精品」（masstige）通路，就是購買者願意在大眾通路購買的較高級產品。

5. 對這個「大眾精品（在大眾通路銷售的精品）」新概念重新設計包裝。

　　這些行動並無任何神奇之處，事後回顧只不過是優秀、具洞察力的管理罷了。但想想原本可能發生的情形：他們可能聚焦於寶僑公司沒什麼經驗的精品通路；他們可能只是改掉品牌名稱、重新訂價，沒有下工夫設置與較高品質產品定位相符的特別展示區；他們可能把新產品價格訂得太低，發出這只是「又一款大眾通路護膚產品」的訊號。做得好的話，協調一致與條理一貫的行動看起來順理成章，不是什麼神來之筆。

◢太空梭

　　太空梭是一項結合工程與人類勇氣的偉大成就，美國總共製造了五架完整的太空梭，總計執行 135 次任務，133 次成功完成任務，把許多重要的酬載送入軌道裡。不過，太空梭計畫原本的意圖是要做到每年既便宜又容易地把許多酬載送入軌道裡，但這境界從未達成。五架太空梭中的兩架在兩次任務失敗中損毀，十四名太空人喪命。2003 年「哥倫比亞號」（Columbia）太空梭在重返大氣層時解體。此後，太空梭計畫發展減緩，於 2011 年最後一次執行任務。

太空梭的兩個基本問題是，製造成本的估計與設計由委員會執行，結果就是條理不一貫的設計。

　　美國太空總署在 1972 年時聲稱能夠建造可重複使用的太空梭：「能夠把一磅酬載送入軌道裡的成本降低至不到 $100 美元。」[3] 但實際上，太空梭的設計與運行平均成本為每磅酬載約 $28,000 美元。

　　為何會這樣？跟本書第十章談到的「T 計畫」（假名）一樣，這些複雜的成本預測是捏造的，太空總署的人員和承包商們急切於合理化新計畫[4]，成本與風險的評估被調整到國會能夠核准資金的門檻。過程中他們丟棄成功的土星系列火箭，嚴重削弱美國的太空計畫數十年。美國國會明顯忽視經濟分析是捏造出來的風險，因為太空梭資本預算分析提案令人分心，把他們的注意力從「可回收再用」這個關鍵課題轉移至別處。

　　設計上條理不一貫源於委員會的思維：為獲得核准，計畫必須迎合所有人和所有需求。太空總署想要登月建置太空站，探索小行星和火星，核動力火箭將探索太陽系。另一方面，德裔美籍火箭科學家華納‧馮布朗（Wernher von Braun）的夢想是一架能夠容易、便宜且安全地進入軌道的太空飛機。

　　大學主修工程時，我的公務員母親為空軍的「動力翱翔」（Dyna-Soar）計畫服務，空軍其實很討厭太空艙，他們覺得飛行員要能執行飛往世界任何地方的任務，而飛行器應該有機翼。太空梭機身上頗大的機翼設計其實是為了滿足空軍的這種心態，而國會想要的是用低成本把每顆衛星送進軌道。

　　在這些互競的利益與抱負下，妥協的關鍵是告訴國會，太空梭能執行所有功能，應付所有未來發射至地球軌道的期望。

我和一位空軍上校討論戰鬥機性能時詢問「完美的」戰鬥機是什麼模樣，他說：「完美的設計是在每一州都有承包商，每一個選區製造一個部件。」提出的太空梭並不完美，但以這位上校的標準來看，已經很好，在國會裡幾乎不會有異議，這複雜的計畫讓近乎每個利益團體都能分杯羹。

伴隨計畫的推進，成本膨脹，營運成本比預測高了許多倍。為了讓太空梭通過重返大氣層時的火爐，大機翼有 3,5000 片絕熱瓦，每一片絕熱瓦必須完美發揮作用，每趟飛行任務結束後必須仔細檢查每一片絕熱瓦，再將其裝回特屬位置。美國管理與預算局（Office of Management and Budget）否決太空總署的引擎設計，堅持「低成本」的固態燃料火箭，原本是要回收再使用火箭，但實際上復原與重建的成本很高。在各種利益的權衡考量下，火箭推進器的建造交給了猶他州的摩頓泰爾克公司（Morton-Thiokol），該公司曾為各種軍用飛彈建造固態燃料火箭推進器。135 次任務中的兩次致命失敗，部分導因於選擇了固態燃料火箭。[5]（值得一提的是，1.5％的太空梭失敗率明顯低於無人駕駛火箭發射至軌道的 6％失敗率紀錄。發射火箭至太空本來就不是很安全的事。）

太空梭策略條理不一，該計畫原本是想藉由壟斷地球低軌道任務市場取得規模經濟來降低成本。但是太空梭上得有太空人，就算你不是火箭科學家，也能看出載人的太空梭比無人駕駛火箭昂貴很多。太空梭得在發射升空時、在軌道上、重返大氣層和著陸時讓人員存活且不受傷，但對於把通訊衛星放置於軌道裡之類的經常性任務價格太昂貴了。再加上乘載太空人的任務一旦失敗，代價更是慘重。每一次的太空梭任務都關係到國家顏面。

◢聯合國永續發展目標

訂定一群不協調的目的或目標的這種情形太常見了。聯合國於
2015 年訂定的 17 項永續發展目標（Sustainable Development Goals，
SDG）就是一個例子。這 17 項目標如＜圖表 10 ＞所示，這是令人感佩
的抱負，但並不協調。

＜圖表 10 ＞聯合國 2015 年制定永續發展目標

1	終結世界各地所有形式的貧窮。
2	終結飢餓，實現糧食安全，改善營養，推動永續農業。
3	確保健康生活，促進所有年齡層的福祉。
4	確保包容且公平的優質教育，促進所有人的終身學習機會。
5	實現性別平等，及所有女性賦權。
6	確保所有人的用水與衛生取得及永續管理。
7	確保所有人能取得負擔得起、可靠、永續且現代的能源。
8	促進持久、包容且永續的經濟成長；達到具有生產力的充分就業；讓人人都有份好工作。
9	建設具有韌性的基礎設施，促進包容且永續的工業化，推動創新。
10	減少國內與國際的不平等。
11	建構包容、安全有韌性且永續的城市和人類居住地
12	確保永續的消費與生產模式。
13	採取緊急行動，對抗氣候變遷及其影響。
14	保育及永續使用海洋與海洋資源，促進永續發展。
15	保護、復原及推動永續地使用陸地生態系；永續地管理森林；防治沙漠化；遏止與扭轉土地退化；遏止生物多樣性的喪失。

| 16 | 為永續發展而促進和平且包容的社會，為所有人提供司法管道，在所有層級建立有效、當責且包容的機構與制度。 |
| 17 | 強化執行方法，活化永續發展的全球夥伴關係。 |

- 第 14 項目標要求保育和永續使用海洋資源，保護海洋和海岸生態，但全球許多貧困地區的生計仰賴捕漁業，因此第 14 項目標抵觸第 8 項（就業）、第 2 項（終結飢餓）和第 1 項（終結貧窮）的目標。

- 第 2 項目標「終結飢餓及推動永續農業」本身就存在矛盾，因為為了永續農業而不使用自石油與天然氣合成的肥料，將大大降低農作物收成。

- 在目前技術性限制下，第 7 項目標「所有人都能取得負擔得起、可靠且永續的能源」和第 13 項目標「對抗氣候變遷」相互抵觸。而且，缺乏能源就幾乎無望實現第 1 項目標「終結貧窮」。

- 為提高糧食產量（第 2 項目標），需要更多的糧作土地，這似乎造成第 15 項目標（生態保育）的問題。過去三十年，中國為了終結貧窮（第 1 項目標）、終結飢餓（第 2 項目標）、改善健康（第 2 項目標）採取很多行動，但這使其成為二氧化碳排放量最高的國家，主要來自燒煤。

世上許多人憎恨牧場經營者在亞馬遜雨林區焚林養牛，認為此舉違反第 15 項目標「永續生態系」。但是那裡的肉品生產為巴西境內許多人提供更高的所得（第 1 項目標），而且主要出口至中國（38％）、埃及

（10％）和俄羅斯（10％），改善了這些國家的飲食。無論如何，下令所有人停止吃肉恐將引發暴動，有違第 16 項目標「和平」。

　　為了追求這些議程，務實的策略是安排這些目標和實現時程的優先順序，也必須在評估中納入「可應付性」這個重要考量因素。我們或多或少知道如何減輕貧窮，但我們不知道如何在不使用石油與天然氣（不重啟核能發電）之下做到。應該先改善貧窮，把氣候變遷課題擱置一邊嗎？抑或應該在本世紀其餘時間裡嚴格控管化石燃料，忍受大批人繼續貧窮？最後，我們必須承認，相比現今全球人口 79 億，在人口 25 億之下（當我出生時）來達成所有這些目標將更加容易，當全球人口達到 150 億甚至更多時，這些目標將變得近乎不可能實現。

　　政治人物才能放縱有 17 個相互矛盾的目標，策略師在面對這麼多不協調的抱負時，必須選擇一個協調、一致的子集，把其他抱負擱置一旁，至少得擱置一陣子。

◢圍捕行動 BOLERO 案例

　　早在美國加入二次大戰前，羅斯福政府就選擇了 Dog 方案（參見本書第四章）。他們認為，打敗納粹德國比和日本作戰更重要。而且，同時在歐洲和亞洲兩個戰場開戰是贏不了的。美國加入二戰後，陸軍參謀長馬歇爾將軍拔擢艾森豪少將（Major General Dwight D. Eisenhower）擔任戰爭計畫部主任，艾森豪於 1942 年 3 月 25 日提出戰略，代號「BOLERO」。

　　BOLERO 主要是橫越英吉利海峽、登陸法國海岸的行動，名為「圍

捕行動」（Operation Roundup）。為昭示這困難挑戰是關鍵點，艾森豪必須拒絕對東邊蘇聯戰線增派美軍的提議，聚焦於地中海，軍隊經西班牙北上，或是行經部分北歐地區南下。在 BOLERO 戰略中，艾森豪堅持聚焦於保全英國，讓蘇聯那邊繼續作戰。他的優先要務就是集中專注，這點明確表現在他的文字中：「除非採納『BOLERO 計畫』做為我們所有行動的中心目標，否則我們必須離開東大西洋戰線，盡快全力轉向對抗日本。」[6] 馬歇爾將軍和羅斯福總統同意了，接著在倫敦簡報完後，邱吉爾（Winston Churchill）也同意。

令人意外的是，一個月後羅斯福總統屈服於來自海軍和澳洲的壓力，宣布派遣十萬士兵和一千架飛機至澳洲。若真這麼做，就會失去凝聚力。馬歇爾將軍立刻趕往白宮面質羅斯福。他告訴羅斯福總統，若他想捍衛澳洲，就應該完全放棄 BOLERO。歷史學家吉恩・愛德華・史密斯（Jean Edward Smith）寫道：「小羅斯福有時太急躁而過快做出反應，這回他知道自己做過頭了。一如他犯錯時常採取的做法，這次他同樣掩飾，他寫信給馬歇爾：『我並未下達在澳洲增派我們軍力的任何命令。』羅斯福說他只是：『想知道是否有可能這麼做。我不想讓 BOLERO 慢下來。』」[7]

由此可見，凝聚力多麼容易丟失。凝聚成本是必須對許多有合理的價值觀和論點為支撐的興趣或利益說「不」，策略師不能當個政治人物，不能玩妥協退讓的藝術，不能建一座各方都能庇護到的大帳篷，必須凝聚、協調一致才能瞄準問題的關鍵。策略師成功後，政治人物現身，和那些獲勝者及袖手旁觀者分享收穫。

圍捕行動計畫在 1943 年春橫渡英吉利海峽，登陸法國北部，這行動

在 BOLERO 計畫中很重要。只是史達林一直催促邱吉爾和羅斯福儘快在西線開闢一個與德軍作戰的戰場,以減輕蘇聯在東線的作戰壓力,戰爭導致很多蘇聯士兵和平民喪生(二戰結束時,總計有二千萬名蘇聯人死於戰爭)。這壓力促使邱吉爾和羅斯福把焦點轉移至 1942 年早秋登陸北非的「火炬行動」(Operation Torch)。這是一個政治決策,旨在以一次非戰略性戰役,轉移為 BOLERO 所累積的部隊與物資,也減輕史達林那邊的戰事承受的壓力。馬歇爾反對這決策,認為與其在西線打半調子的仗,還不如把美國的全部力量集中於太平洋戰區。當時已升為中將的艾森豪被下令採取「火炬行動」。

1943 年春天,原本該是展開 BOLERO 計畫之時,盟軍決定在 1944 年登陸法國,這是現今所謂的「大君主行動」(Operation Overlord),艾森豪被任命為盟軍遠征部隊最高司令部(Supreme Headquarters Allied Expeditionary Force)最高盟軍指揮官。1944 年 6 月 6 日大約 16 萬名士兵橫渡英吉利海峽,登陸諾曼第(Normandy)。兩個月後,已有近二百的名盟軍士兵抵達法國。還要再經過一年的辛苦奮戰,德國才會在 1945 年 5 月 7 日無條件投降。

◢阿富汗的和平與民主

現在可能很難想起,但直到紐約世貿中心的雙塔大樓於 2001 年倒下時,政策決策者才開始相信,若蓋達組織(al-Qaeda)發動攻擊者手上有核武的話,他們絕對會用上。伴隨這認知而來的是決心「清理」阿富汗和巴基斯坦邊界局勢,消滅蓋達組織的領導人、情報分子和訓練中心。

歷經時日，目標擴大，加入了新的價值觀與雄心，美國領導人總愛認為美國以外的人想過上自由民主的生活。小布希總統（George W. Bush）在 2008 年說：「我們有戰略上的利益，我相信，一個繁榮和平民主的阿富汗是一種道德利益，不論要花多久時間，我們將成功幫助阿富汗人民。」[8]

塔利班（Taliban）源於 1990 年代早期的一場學生運動，填補了蘇聯離開後留下的權力真空，塔利班謀取並掌控阿富汗的行動背後，有巴基斯坦三軍情報局（Inter-Services Intelligence，ISI）撐腰。美國於 2001 年侵襲時，塔利班是實質上的阿富汗政府，但美國快速擊敗他們和其盟友，扶植成立了一個由哈米德‧卡爾札伊（Hamid Karzai）領導的親美政府。接下來，塔利班蟄伏於巴基斯坦西北接壤阿富汗聯邦直轄部落區的堡壘，對抗美軍及新阿富汗政府軍。二十年後的今天我們知道，小布希政府想在阿富汗建立的「和平與民主」並非我們力所能及。

2019 年 12 月《華盛頓郵報》（*Washington Post*）使用《資訊自由法》（*Freedom of Information Act*），取得和刊載阿富汗重建特別監察長的訪談內容，該報從這些訪談文件得出的結論近乎是，沒人告知美國民眾發生在阿富汗的困難與挫折。我自己的解讀有點不同，我並不驚訝、甚至也不關心有關軍事行動的公開透明度，我看到的是政策的不連貫性，最具影響的不連貫性是歐巴馬總統上任後，從反恐怖主義策略轉變為反叛亂策略，或者更確切地說，從對抗蓋達組織轉變為對抗塔利班。此外，歐巴馬決定要訂定終結此戰的短期截止日，這向塔利班發出了訊號：他們必須保持低調，直到美國撤軍。

下面引述克雷格‧惠洛克（Craig Whitlock）在《華盛頓郵報》撰寫

的報導，他的原文沒有加上引號，而本文特將阿富汗重建特別監察長的訪談加上引號：

已退休的海軍海豹隊隊員、小布希及歐巴馬政府的白宮官員傑弗瑞・艾格斯（Jeffrey Eggers）說，少有人暫停下來，思考和疑問美國繼續駐軍阿富汗的前提。

「攻擊我們的是蓋達，為何我們要與塔利班為敵？為何我們要擊敗塔利班？」，艾格斯在一場經驗傳承（Lessons Learned）研討會上說：「整個體系未能退後一步質疑基本假設。」

職業外交官、小布希政府時期的國務院首席發言人包潤石（Richard Boucher）說，美國官員不知道自己在做什麼。

「起先，我們前往阿富汗抓蓋達，把蓋達趕出阿富汗，就算沒殺死賓拉登（bin Laden），我們也這麼做了」，包潤石告訴政府的訪談員：「塔利班攻擊我們，所以我們開始反擊，塔利班變成我們的敵人了。最終，我們不斷擴大我們的任務。」[9]

儘管塔利班在美國干預之前是阿富汗實質政府，但他們被視為「叛亂分子」，然後美國施以自越戰繼承的各種反叛亂方法。除了這基本策略的不連貫，還同時有許多不同的代理人和目的：

根本的歧見沒有化解，一些美國想用戰爭將阿富汗轉變成民主政體，有人想改變阿富汗的文化、提升女權，還有人想重塑巴基斯坦、印度、伊朗、俄羅斯之間的區域力量平衡。

「在阿富汗－巴基斯坦策略下，耶誕樹下人人都有一份禮物」，一位不具名的美國官員在 2015 年告訴政府的訪談員：「到最後，有那麼多優先要務及抱負，彷彿根本沒有策略。」

鴉片問題過去是、現在仍然是阿富汗的政治與經濟核心，阿富汗與蘇聯的戰爭長年蹂躪阿富汗，消滅了阿富汗的農業多樣性，只剩下鴉片這項主要產品。為了尋求國際認同，塔利班政府在 2000 年禁止生產鴉片，成功地把鴉片產量降至低點，他們以宗教名義來勒令，強調伊斯蘭教教規禁用毒品。但在此同時，農村收入銳減，許多戰士和農民疏離塔利班，當時這是西方國家可以提高合法農作援助的好時機。

美國在 2001 年至 2002 年快速成功入侵獲得了反塔利班陣營的大力支持與協助，這些人是一群普什圖族的毒梟，過去掌控鴉片生意。取得掌控後，美國又試圖展開根除鴉片貿易的政策，這種不一貫性損害了那些先前支持推翻塔利班的阿富汗人民利益。

阿富汗從事鴉片生產的受僱者約 40 萬人，生產的毒品經由土耳其和俄羅斯輸出歐洲，歐洲使用的海洛因和麻醉藥大部分來自阿富汗，全球非法鴉片類藥物有大約 90％來自阿富汗。但是美國對阿富汗的鴉片貿易沒有連貫的指引政策，美國強力要求阿富汗政府立法禁止生產鴉片，下令軍隊執行各種根除罌粟種植的行動，像是轟炸赫爾曼德省（Helmand）的鴉片加工廠、焚毀罌粟田。但另一方面，大毒梟是美國的盟友，美國未損毀他們的罌粟田，以回報他們提供塔利班的相關情報。2000 年時塔利班能夠快速地停止種植罌粟，反觀美國與英國雖致力於此，阿富汗的鴉片生產仍然旺盛。《華盛頓郵報》披露「阿富汗文件」的文章寫道：「主要問題是，在這個亞洲最貧窮的國家、同時也是舉世最貧窮的國家之一，種植鴉片是大部分人的生計，你把人們的生計非法化怎麼還能指望他們支持你。」

整個戰爭期間，沒有單一一個機構或國家負責阿富汗毒品策略。因

此美國國務院、美國緝毒局、美國軍方、北約盟友和阿富汗政府經常起爭執,「一團混亂,根本不可能有成效」,一位不具名的前英國高級官員告訴政府的訪談員。

美國在阿富汗計畫花了約二兆美元,對一個問題投入龐大金額時不僅容易發生貪腐情事,軍方和文官政府機關裡都看得到每一個單位試圖為喜愛的計畫找尋資金,這當然導致實際行動無法協調一致。阿富汗發生的結果是各條戰線上的策略前後不連貫。美國的診斷不正確:阿富汗的確是個多災多難的國家,但不是因為缺乏民主。當多數民族想殺死少數民族時,或當武裝的少數民族有能力殺死多數民族時,民主政治其實行不通。企圖在一個軍閥割據的社會建立一個民主的中央政府,這行動政策是個無法應付的挑戰,所採取的行動也不協調一致。

◢起碼的一致性

西南航空的原始策略、攀索公司、瑞安航空、網飛的原始 DVD 郵寄出租業務、企業租車公司(Enterprise Rent-a-Car)、宜家家居(IKEA)、前進保險公司(Progressive Insurance),這些全都是非常緊密凝聚策略的例子,有很多可供我們學習的東西。他們能夠如此凝聚設計策略,有很大原因是擁有很狹窄的產品專注力。

那麼在較複雜的組織中呢?較大、較複雜的組織無法有這種程度的凝聚,而必須把更多的資源深度帶到戰場上來彌補。就如同全美國海軍無法都成為海豹部隊,較複雜的事業或許不該試圖仿效那些根據高度互補政策而擁有超強利基專業的公司。

較複雜的事業在採取行動時，起碼至少要通過一致性檢驗。簡而言之，就是採取的行動不應彼此直接相互抵觸。例如：

- 若你的競爭優勢是持續研發，就不該為了達成預算或績效數字而刪減研發支出。
- 對於一項理應穩定且可靠的產品，別使用新且時髦的行銷呈現。
- 若你的策略是以你的資料庫魔法為基礎，那就不該把你的軟體開發工作外包。
- 為了降低成本而關閉了兩座倉庫當中的其中一座，卻又要求行銷與銷售部門靠著快速出貨與遞送來提高銷售量，這二者相抵觸。
- 別聲稱你的網路平台擁護言論自由，卻又根據網站的政治立場來封鎖發言者。

2

診斷

策略是一種解決問題的形式，你無法解決一個你不了
解的問題。深入了解面臨的挑戰，這過程稱為「診
斷」。診斷時，策略師尋求了解何以特定挑戰變得如
此突出，這挑戰中有什麼力量發揮作用，為何這挑戰
顯得困難。在診斷時，我們使用類比、重新框架、比
較和分析等工具來了解發生的情況，以及什麼是關鍵
重要的部分。

第 8 章

問題是什麼？
透過重新框架與類比來診斷問題

為了找出挑戰的關鍵點，你必須細看其中元素的縱橫紋理。為得出一個清醒的診斷，重新框架（reframing）和類比（analogy）兩種工具很有用，亦即從你面臨的挑戰、他人在不同時間面臨的相似情況，這二者之間建立一個對比的映像。

選擇一個適當的類比能開啟新的洞察之門。但在此同時，對所遭遇情況做出清醒診斷的最大障礙是，人們容易被一張看不見的潛意識類比與偏見之網困住，不論在政治或企業領域，我們生活在意見與觀點被自我強化的迴聲室裡。清醒的診斷並非指完全正確地了解現實，事實上也不可能做到，真實世界太複雜而無法充分理解。在試圖組織與了解情況時我們會簡化，通常傾向把某些事實與概念看得比其他事物更密切相關。所以理解情況可以採用另一種類比方法。把我們面臨的情況拿來類比一個已知的境況或我們熟悉的框架、理論和模型。而頭腦清醒則是要了解用於簡化和組織某一情況的概念、類比、框架、模型和其他假設。

◢改變觀點

　　像我這樣的局外人比較容易覺察組織常用的框架與假設。為組織提供顧問服務時，我具有局外人優勢可以提出愚笨的疑問而也不會顯得太蠢。基本上，診斷是一種聚焦於挑戰和一再詢問「什麼」和「為什麼」的過程，在訪談經理人時，若我承諾保密受訪者的身分和訪談內容，能聽到更精確、更有針對性的問題識別和分析。身為局外人也有助於覺察局內人用來了解自身處境的故事框架及類比。使用不同的類比和框架來凸顯不同的問題、不同的因果關係型態，有助於加快診斷。

　　最有用的診斷工具是重新框架所面臨的情況。在最簡單層級上，「框架」是指檢視情況的方式，這個主題的相關學術文獻不計其數，但簡單地說，框架就是一個人對某件事情的觀點。通常，人隨著時間推移逐漸發展出個人和組織使用的框架，高階領導人使用框架使自身注意力聚焦於特定問題與指標而非其他。而診斷的一個重要步驟就是檢驗、調整和改變框架（或觀點）。

QuestKo 案例

　　2016 年我和「QuestKo」（假名）公司的執行長會面討論策略。談了一些概略後，執行長向我說明該公司的策略（或者說策略計畫），一如時下的普遍做法，簡報說明充滿彩色圖表的 PowerPoint。

　　這份策略計畫中包含財務成果、競爭、市場區隔、購買者、估計市場規模和成長率等數字，接近簡報尾聲有關策略那小節的標題是「成長策略」。整個計畫很樂觀，像極了在推銷這家公司，該公司在五頁的彩

色報告中許諾：「透過改善體驗，為購買者提供更多價值」「繼續投資成長中的市場區隔」「實現可觀的營收成長和提高獲利力」。

無法對情況做出清醒診斷的常見障礙是，有些經理人認為領導必須強調積極正向的一面，並隱瞞消極負面。從越戰到奇異公司在傑夫・伊梅特（Jeff Immelt）掌管下的節節挫敗，很多失敗與不幸都源於這種觀念導致的明顯偏誤。奇異內部人士說，伊梅特不喜歡聽到問題或負面消息，2018 年曾經是超級績優股的奇異股價崩跌，被踢出道瓊工業指數籃。《華爾街日報》以一篇報導標題總結了伊梅特的這種行為：「傑夫・伊梅特的『成功劇院』如何粉飾奇異公司的腐朽」。[1]

QuestKo 昔日領導人用五次企業購併來壯大公司，在那個年代被高舉為最偉大的成就之一，當時的領導人畫像至今仍被懸掛於會議室的牆上。在公司的策略計畫中，全是正面樂觀的消息和預測，試圖取悅顧客和繼續投資成長中的市場區隔。這些沒什麼錯，但為何執行長要花時間在這些顯然標準又無害的課題呢？這計畫沒策略性可言，就如同人人在新年元旦下決心要多運動，每家公司都說：「投資成長中的市場區隔」這話稀鬆平常。我的下一個疑問可說是照單操演了：「這些有何困難呢？」

我詢問「這有何困難？」是為了把他們的注意力從未經證實的目標轉向辨識障礙與困難，因為這才是策略的起點。QuestKo 對這個疑問的解答姍姍來遲，其實每位主管都覺察到幾個問題，但他們沒有過多談論問題的習慣，公司仍然賺錢，只是不如以往。公司有式微的傾向。

執行長認為各事業單位之間需要好好整合，他制定了讓某些幕僚輪職五個事業單位的方案，但不受歡迎。財務長則認為公司人員過

多，刪減冗員可提高公司獲利。人力資源副總關切組織中的封閉塔問題，想實行「開放式辦公室」來促進協調。近期的一項問卷調查結果顯示，QuestKo 的「顧客體驗」評分很糟糕。事實上，相較於競爭者，QuestKo 的顧客體驗評分墊底。

後來兩家競爭者合併了，這也令人擔心，QuestKo 的產品具有競爭力，只是價格稍高。市場持續成長，所以 QuestKo 的營收繼續緩慢成長，但漸漸流失一些市場占有率。

另外，QuestKo 正在安裝一套新的電腦系統，旨在整合歷年累積的不同系統。此舉造成員工得用新系統輸入顧客訂單，但用舊系統查看顧客購買歷史記錄，令員工心生不滿。五個收購來的事業單位其作業方法和系統各有不同，還有年輕顧客反映想用智慧型手機便利地和 QuestKo 互動。

一開始檢視這些困難令 QuestKo 主管們非常不安，他們知道這些問題，但有實際經驗的他們也知道，深挖這些困難可能陷入一個無止盡的沼澤。

QuestKo 高階管理團隊有一個共同的觀念：「策略」是長期目標，例如「成為⋯⋯的領先者」。輔導他們的時候，轉捩點是在向他們闡釋「關鍵可贏的挑戰」（critical winnable challenge）這個概念，我讓他們別把困難視為一個沼澤，開始把注意力集中於能夠克服的困難上，不是那些較遙遠的困難，而是近期的未來。例如，18 個月至 36 個月內可以矯正或應付的困難。在重新定義挑戰之下，團隊開始聚焦於顧客滿意度。

當執行長意識到，解決顧客滿意度也許是更好整合五個事業單位的一條途徑時，我們發現了一個關鍵點。通常，比起處理組織架構與劃分

功能部門的課題，處理一個事業問題對人員構成的威脅小得多，因為處理組織架構會直接威脅到人員的權力與職位。有稱職的領導，當員工致力於處理共同的挑戰時，組織架構的變革往往會發生的更自然，面臨的抗拒較小。

QuestKo 的顧客滿意度問題導因似乎不只一個。顧客抱怨該公司的錯誤率、回應速度慢、數位應用程式糟糕、員工對顧客問題互踢皮球。

在一場策略研討會上，QuestKo 策略團隊對於挑戰的關鍵點得出更銳利、更深入的觀點。他們洞察到以顧客滿意度做為新電腦系統的定位，他們稱此為「二鳥」——「一石二鳥」的意思。

按照以往的做法，QuestKo 會訂定顧客滿意度的相關目標來要求員工達成，但沒有指示他們有效執行的重要做法。這回策略團隊制定了一個行動計畫：

1. 六位面對顧客的經理人從顧問手中接下定義新 IT 軟體架構的職權。

2. 推行新概念：新軟體的大目標不是取悅 IT 人員，而是增進顧客體驗。

3. 每一個事業的前線經理人每二週集會一次，討論顧客滿意度的問題與解決方案。

4. 良好地建立顧客抱怨和互動的紀錄。

5. 每一次的隔週會議將包含顧客問題的相關書面診斷，以及矯正這些問題的行動。

6. 所有人員將接受訓練，學習在各自的工作上更以顧客為中心。

接下來兩年這方向的改善不僅促成軟體建置更完善，也改變了前線經理人的行為。QuestKo 的顧客體驗評分上升至業界最佳水準，市場占有率和獲利也隨之提高。

QuestKo 一個重要的觀點改變是：從樂觀鼓舞的觀點，轉變為解決問題的觀點。以往管理高層訂定財務和相關的事業目標，並敦促目標達成，他們知道其中存在許多問題和課題，卻不願意聚焦於此。現在轉而聚焦一個關鍵、但能贏的問題（顧客滿意度），就已經使該公司在績效、聲譽和協調能力上顯著進步。雖然這沒能解決他們的所有問題，但已經發展出能夠讓他們繼續應付另一個挑戰的心智習慣和組織肌肉。

制定策略不同於激勵鼓舞人心或向外推銷來吸引投資，當公司對這些混淆不清時，就難以清醒地診斷處境，診斷必須面對困難的真相，策略談的是行動。

◢賈伯斯的 iPhone 案例

診斷挑戰時，這挑戰未必是指公司本身的問題，有時候是購買者或供應商面臨的問題，或是應該存在市面上的某個東西卻不存在，我稱這種落差為「價值否定」（value denial）。例如，準時的航空服務、合理訂價和可靠施工時程的居家裝修、一支不會收到來自「社會安全局」詐騙電話的手機。

賈伯斯的 iPhone 是基於他相信人們看重一支體積如口袋大小、結合了網路瀏覽器與電話機的行動電話，但 2005 年時市面上沒有這樣的產品。他也判斷支持這種產品的技術正在普及，並認為自己可以克服製造

這種產品的挑戰。

　　我曾描述賈伯斯在 1997 年時如何重返蘋果公司拯救其免於破產。當時的危機出現於 1995 年，微軟的 Windows 95 作業系統讓相對便宜的仿製 IBM 個人電腦能夠複製蘋果麥金塔電腦的許多功能。1998 年夏天我問賈伯斯：「我們所知個人電腦業務的一切都表明，蘋果真的無法跳出小利基市場地位了，網路效應太強大，蘋果推翻不了 Wintel 標準。因此更長期來說你打算怎麼做？策略是什麼？」賈伯斯只是面露微笑說：「我在等待下一個盛事。」

　　經營皮克斯動畫工作室時賈伯斯在好萊塢建立了人脈，以此為基礎，接下來的盛事是 2001 年推出的 iTunes 和 iPod。有了 iPod，蘋果公司之後的研發計畫之一是把 iPod 和手機結合起來，另一項則是研發賈伯斯長久以來想要的便攜「書籍式」電腦。賈伯斯更感興趣的是墊子（pad）般的平板裝置而非手機。從設計觀點來看，他認為當時市面上的手機很無趣，因為性能主要由配銷的無線電信商嚴格定義與控管。

　　當時多數行動產品接收輸入內容的方式，由使用者在實體鍵盤或使用觸控筆去打／點出字母，蘋果能否開發出對指觸有反應的新型螢幕平板產品？同樣重要地，螢幕能否大到足以呈現實際網頁，而非只是展示部分網頁內容的縮減影像？為了實現這些需求，賈伯斯請蘋果工程師巴斯・奧爾丁（Bas Ording）開發一個能夠順暢地滾動一張名單的使用者介面，奧爾丁成功設計出我們如今習以為常的、如橡皮筋般慣性地滾動回彈的觸控螢幕，並且申請專利（蘋果公司申請的這項專利名稱為「橡皮筋效果（rubber band effect）」）。用手指觸及螢幕上呈現的一張清單，快速向上滑，清單會往下滿屏地滾動好幾次。若手指滑動得較慢，

則只會往下滾動幾列，當滾動到清單的末尾時，頁面會回彈。賈伯斯如此回憶他在 2005 年首次看到這效果：「我看到那橡皮筋慣性滾動和其他幾項東西時，我心想：『天哪，我們可以用這打造一支手機。』」[2] 有了這發明，蘋果把研發工作焦點從平板轉向手機。

當時全球資訊網（World Wide Web）問世約十年了，在無數使用視窗作業系統的桌上型電腦和筆記型電腦上，人們瀏覽全球資訊網、收發電子郵件、查看雅虎、用谷歌搜尋種種事物、閱讀線上新聞，但在行動裝置上瀏覽網路受到較大的限制。此時 YouTube 才剛創立，再過一年臉書才會公開問世。2005 年時最好的手機使用無線應用通訊協定（WAP）瀏覽器，只顯示桌上型電腦網路瀏覽器的網頁簡短摘要。賈伯斯對情況做出的診斷是：當前技術近乎可以打造一支能夠瀏覽網路的便攜式行動手機（同時也是一個 iPod）。儘管沒有做市場調查，他就是「知道」該產品將是人們想要且願意付錢購買的東西。這項挑戰的關鍵點是，儘管現在仍困難，但在技術進步使其成為可能之前，搶先打造出產品。

2007 年首次公開 iPhone 時，賈伯斯先展示何以新產品是更好版本的 iPod。策略上來說，這顛覆了蘋果自家當時賣得最好的產品。賈伯斯先慣性滾動歌曲清單和高解析度的唱片封面。接著，他展示如何在這款手機上看電視節目，然後再觀看一部電影長片《神鬼奇航》（*Pirates of the Caribbean*），他把這手機轉成橫向，正在播放的影片立刻變成全螢幕模式。隨後，賈伯斯使用電子郵件和電話號碼整合成聯絡人清單，然後轉向全球資訊網，展示如何用手指縮放整個網頁的新功能。接下來，他打開谷歌地圖搜尋附近的星巴克咖啡店，再呈現前往華盛頓紀念碑（Washington Monument）的一張地圖，然後點觸螢幕上的一個圖標，

轉換成衛星影像。

新 iPhone 的火箭第一節推進器是把全球資訊網放進你的口袋裡，不像筆記型電腦或平板電腦，而是一個能塞進牛仔褲後袋裡的小裝置。火箭的第二節推進器是輕量級、快速啟動、執行專門性工作的行動應用程式。最早 iPhone 內含一些行動應用程式，像是可視語音信箱（Visual Voicemail）、Safari 瀏覽器、iPod 應用、影片播放器和谷歌支援的地圖。賈伯斯原本不想設立行動應用程式商店，他想要 iPhone 上只有蘋果公司開發的應用程式，蘋果團隊讓他相信這樣做大錯特錯。[3]

蘋果應用程式商店於 2008 年開張時有五百種行動應用程式，一年後增加到了五萬種，到了 2015 年已經有二百萬種。便宜、種類繁多、容易購買的行動應用程式，使 iPhone 不同於個人電腦世界。

谷歌在 2008 年宣布免費提供安卓作業系統，使手機製造商能夠模仿 iPhone 的許多特色，包括一個由谷歌控管的行動應用程式商店 Google Play。

在 1969 年至 1974 年間播出的喜劇電視影集《蒙提派森的飛行馬戲團》（*Monty Python's Flying Circus*）中，每到了某個時點旁白總會說：「現在來點完全不同的！」在智慧型手機領域，火箭的第三節推進器是行動社群媒體，一個過去無人見過的東西。2008 年臉書已有一億個用戶，到了 2012 年增加到十億個用戶，Instagram、Snapchat、微信、WhatsApp、推特（Twitter）等等平台快速成長，有很大部分受益於智慧型手機。全球數十億人沉醉於行動社群媒體，東京邊走邊用手機看臉書的行人被稱為「殭屍」，就連我的企管碩士班學生也在桌面下滑手機，遠離網路一個小時都做不到。進入科羅拉多州亞斯本（Aspen）的傑洛米

飯店（Hotel Jerome）大廳，我看到十一名青少年圍攏成一圈，就像圍在營火旁取暖，但那「火光」是 iPhone 螢幕，其中一人正在向其他人展示她的社群媒體貼文。

當然，賈伯斯並未預見這種發展，他只是用自己特有、易於使用與學會的介面，想把一個 iPod、手機和網路放進你的口袋裡。這一切的發展出於賈伯斯看到尚未被看到的行動裝置需求，並且擁抱滿足這種需求的挑戰。

◢錯的因果模型

最常見的診斷工具之一是類比，用來與類似的情況建立關連性。確切使用類比的訣竅是：尋找不只一、二個類似的情況，了解這些情況的邏輯，檢視這邏輯如何映照你目前的處境。

蘋果公司的 iPhone 能成功，類比扮演重要角色，因為糟糕的類比導致主要競爭者往錯的方向前進。蘋果公司於 2007 年推出 iPhone 時，一些產業專家預測不會成功，他們認為 iPhone 將是利基型產品，就如同蘋果的麥金塔電腦，而且由於價格競爭激烈，產品將無利可圖。這種看法是基於把智慧型手機事業類比於個人電腦事業。

微軟公司執行長史蒂夫・鮑默說：

> iPhone 不可能取得顯著的市場占有率，沒機會。這是一個 $500 美元的產品，他們也許能賺很多錢，但你看看賣出的 13 億支手機，我寧願其中 60％、70％、80％ 的手機安裝我們的軟體，

而非像蘋果那樣，可能只取得 2% 或 3% 的市場占有率。[4]

備受關注的科技專欄作家約翰·德沃萊克（John Dvorak），2007
年時就懷疑蘋果公司能否在手機事業上成功：

> 這不是一個新興的市場，事實上，……這市場正處於
> 整併階段，大概會有兩家公司主導一切，諾基亞和摩托羅拉
> （Motorola）……。其利潤非常微薄，以致於小家廠商無法競
> 爭……，在如此競爭的事業領域，蘋果沒有成功的可能性。即使
> 蘋果是個人電腦事業領域的先驅，仍必須和微軟競爭，維持 5%
> 的市場占有率。蘋果能在電腦市場中存活靠的是不錯的利潤。在
> 行動手機市場，那樣的利潤不會存在超過 15 分鐘。[5]

當時，芬蘭商諾基亞是手機市場的龍頭，市場占有率 40%，諾基亞
的首席策略師安西·范約基（Anssi Vanjoki）不認為 iPhone 能構成多大
威脅。在諾基亞仍是全球手機市場龍頭的 2009 年時他說：「手機市場的
發展將類似於個人電腦市場，儘管蘋果的麥金塔一開始引人注目，卻仍
然是個利基型製造商，手機市場也將如此。」[6]

微軟執行長、知名的科技分析師、最大的手機公司首席策略師，以
及許多人怎麼會如此離譜地誤解這情況呢？一言以蔽之，他們全都使用
了相同的類比：拿智慧型手機市場類比個人電腦市場。

我們可以部分理解鮑默的觀點，他想要手機產業大量使用微軟行動
視窗（Windows Mobile），他認為行動視窗很合用，能管理聯絡人、

打電話、收發電子郵件，還能迅速讓商務人士在手機上查閱微軟 Excel 試算表、PowerPoint 投影片、編輯 Word 文件。摩托羅拉、宏達電（HTC）、諾基亞，以及多數手機品牌必定將全數採用行動視窗作業系統，隨著數十億支手機的銷售量，一支手機收取 $15 美元至 $30 美元的行動視窗授權費，微軟的前景近乎穩當無疑。

鮑默也抱持當時科技業普遍的智慧之見：開放系統贏過封閉系統。這經驗法則源自個人電腦商業史，IBM 大致形塑這產業的早年歷史，IBM 桌上型電腦不如使用滑鼠和視窗的蘋果麥金塔那般雅緻，但相對便宜且文書處理性能佳。不計其數的辦公室丟棄打字機改用個人電腦處理文書，IBM 個人電腦銷售量一飛沖天。

照理說 IBM 應該因此賺翻天，但實際不然。驕傲使 IBM 犯下兩個根本上的重大錯誤。其一，向比爾．蓋茲購買 IBM-DOS 作業系統時，准許他向其他公司銷售微軟品牌的相同作業系統 MS-DOS。在 IBM 看來，這似乎沒什麼產權價值，因為又沒有其他公司製造相似的硬體。其二，在建造個人電腦時，IBM 開發且有版權保護的基本輸入輸出系統（BIOS，核心韌體）以過於寬鬆的程式撰寫，其他人很容易在不侵犯 IBM 版權的情況下仿效。這兩個錯誤導致市場上出現大量使用 MS-DOS 作業系統的仿製 IBM 個人電腦，而競爭加劇導致利潤降低。IBM 董事會主席約翰．艾克斯（John Akers）在 1986 年抱怨個人電腦事業，他堅持：「IBM 做的是高利潤生意。」[7] 2014 年 IBM 把這個虧錢事業賣給聯想集團（Lenovo）。值得一提的是，市面上未出現蘋果麥金塔仿製品。

為蘋果麥金塔開發 Excel 試算表後，微軟以其對滑鼠和視窗介面的新了解，開發出了視窗作業系統。接著，微軟採取第二個聰明的行動，

把文書處理、試算表、簡報管理、資料庫軟體綁在一起成為 Windows Office，碾壓 WordPerfect、蓮花（Lotus）、dBase 之類的獨立程式。從此以後，仿製個人電腦領域近乎所有的獲利都被微軟和英特爾囊括（這些電腦使用英特爾的 x86 晶片），這個事業架構成為人盡皆知的「Wintel」標準。

Wintel 標準對全世界有益，對個人電腦製造商不利。他們的電腦必須有一片英特爾標準 x86 晶片，否則無法跑視窗作業系統，還要有視窗作業系統能讀取的磁碟、鍵盤、滑鼠、顯示器等等。所有的個人電腦內含來自相同供應商的相同基本內部元件，品牌行銷能協助打開市場，但即使建立了品牌名氣，利潤仍然很低。在 Wintel 這個晶片與軟體的囚籠裡，差異化程度很低。

當 iPhone 出現時，鮑默、德沃萊克、范約基和許多人認為，手機產業的演進將相似於個人電腦產業，但是這種類比並不適用。因為 IBM 在設計和保護智慧財產這兩大方面犯了錯，才會有人仿製個人電腦，而個人電腦市場開始爆炸性成長是因為文書處理的商務需求。反觀手機市場，黑莓機（BlackBerry）滿足了商務需求，但爆炸性成長是出於消費者對能上網的智慧型手機的需求。此外，蘋果公司沒有在設計或保護智慧財產方面犯錯。

因為錯誤的類比，諾基亞和摩托羅拉之類的大公司幾乎被掃入歷史的垃圾箱裡，微軟在行動市場上揮棒落空。蘋果公司非但不是生產一個無利可圖的利基型產品，還在 2015 年成為世上第一家市值超過一兆美元的公司。

◢陸空整體作戰

陸空整體作戰（AirLand Battle）證明了改變框架這項診斷工具的功效。最初的診斷認為陸空整體作戰是一個近乎無解的挑戰，至少在一段合理期間內無解，但重新框架挑戰後，得出了一個有創意的因應之道。

1973 年 10 月爆發的以阿戰爭（Arab-Israeli War，第四次以阿戰爭，一般稱為贖罪日戰爭）起於埃及和敘利亞同時突襲以色列，合計出動約 3,000 輛坦克和 350,000 名士兵。阿拉伯國家的武器由蘇聯供應，指揮官也接受蘇聯戰術訓練。在十九天的戰爭期間，阿拉伯國家和以色列交戰的激烈程度是二次大戰後首見，這場戰爭也展示了新型攜帶式飛彈和火箭的驚人威力。使用蘇聯武器和戰術的阿拉伯國家重創了頑強的以色列，新型武器善於摧毀重裝坦克和低空飛行的戰機，兩邊戰損的坦克與戰機數量之多，美國分析家特別指出，雙方摧毀的坦克數量比美國庫存的坦克還要多。

僅僅六個月前美國停止在越南的所有作戰行動，美國參議院通過的《凱斯－邱吉修正案》（Case-Church Amendment）禁止美國再以軍事行動干預越南、寮國和柬埔寨。（兩年後，北越軍隊攻占西貢並統一越南。）此前十多年間，美國軍方一直聚焦在叢林和稻田間的低衝擊戰鬥，輸了越戰使美國軍方士氣低落，組織紊亂無章。現在突然爆發的中東戰事迫使一些美國軍事思想家認知到，美國沒有為這種現代高強度的戰爭做好準備。畢竟美國與北約組織（NATO）有條約義務捍衛歐洲免受蘇聯領導的華沙條約組織（Warsaw Pact）的高影響力攻擊。[8] 1960 年代末期，間諜終於取得蘇聯打算入侵西歐的作戰計畫，這敲響另一記警鐘。

原先防禦歐洲的計畫是對付華沙公約組織在軍力規模上的巨大優勢：華沙公約組織有 19,000 輛主戰力坦克，北約組織只有 6,100 輛；華沙公約組織有 39,000 架大砲，北約組織有 14,000 架；華沙公約組織有 2,460 架攔截機，北約組織只有 1,700 架；華沙公約組布署的軍隊是北約組織的三倍等等。[9] 北約組織原先的防禦計畫是退防萊因河，西德自然拒絕如此犧牲其領土。

間諜取得的華沙公約組織文件經翻譯後顯示，該組織的作戰計畫是以「雙梯隊」概念入侵中歐，擬想取道中歐發動攻擊，推進至法國抵達英吉利海峽。第一波（第一梯隊）將攻破北約組織的防線，找出其弱點，如＜圖表 11 ＞所示，第二波（第二梯隊）將從弱點攻入。用美國中情局的話來說：「預期戰略性第一梯隊大軍——那些通常在前方地區的軍隊——將在萊因河附近耗損得差不多了，第二梯隊接力，快速揮進，完成西德和荷比盧三國的戰役，推進至法國邊界。」[10]

中情局對這個擊敗北約的計畫驚訝不已。長久以來他們認為蘇聯跟美國一樣，主要志在嚇阻攻擊而非進攻。

經過幾次嚴肅的戰爭模擬後，一些美國計畫者認為，第四次以阿戰爭中展露的新武器和華沙公約組織的「雙梯隊」作戰計畫將會擊潰北約組織的退防。他們得出不安的結論：北約組織防衛歐洲的戰略注定失敗。

若沒有第四次以阿戰爭，沒有看到華沙公約組織的作戰計畫，他們會不會覺察這挑戰已不得而知。畢竟美國在歐洲有部隊和裝備，還有核武威懾。但是若華沙公約組織能在不動用核武之下，把北約趕出歐洲大陸呢？

<圖表11> 1968年6月美國中情局對華沙公約組織作戰計畫的譯解備忘錄

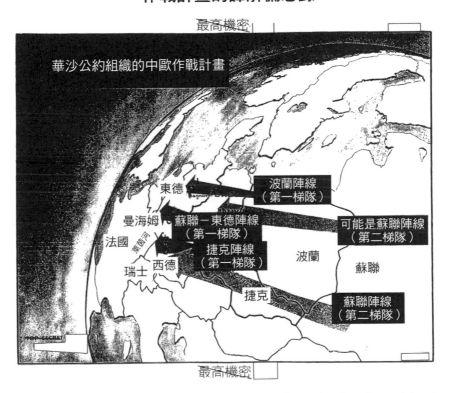

資料來源：" Intelligence Memorandum: Warsaw Pact Plan for Central Region of Europe," CIA, June 1968, top secret (declassified in 2012). 此最高機密文件已於2012年解密。

國家級的規畫特別困難，因為每間機關都會端出理由說他們需要更多資源，而軍事規畫尤其困難，誠如一位陸軍上校在2000年時告訴我的：

新世紀的軍事規畫很困難，我們有合理的把握發展武器系統，但在政治、甚至戰術上則否，我們不知道總統何時會要求我

們去哪裡、或要求我們做什麼,也許要我們登入格陵蘭島、或防衛日本,或去南極洲拯救企鵝,在不知道你必須做什麼之下,如何做規畫呢?

我強調這上校並未提到侵襲阿富汗。

因此並非所有人都注意這種競爭力落差,或將其視為重中之重,許多人認為這基本上無解,除非花巨額整頓新型裝備。當時華府聚焦於水門事件,領導高層忽視這問題。

如同發生在某些組織的情形,最高層之下的經理人開始獨立研究挑戰的解決方案,他們有不同的框架或不同的觀點。在此例中,當時新成立不久的美國陸軍訓練與準則司令部(US Army Training and Doctrine Command,TRADOC)總司令威廉‧德皮尤上將(General William DePuy)相信,可以藉由修改戰術和大幅改善訓練來終結競爭力落差。相較於華沙公約組織,他認為美國在歐洲實質上總處於劣勢,但以色列在 1973 年的勝利鼓舞了他,兵力寡不敵眾的以色列擊敗了阿拉伯國家。由此他診斷挑戰的關鍵點是戰術性質,軍方稱為作戰「準則」。他應付歐洲防禦的戰略是改變、使美國的實際作戰概念現代化,設法利用現有資源達到最佳成效。

德皮尤曾在二戰時擔任第九十步兵師作戰參謀(S-3),參與過諾曼第、法國、突破齊格菲防線(Siegfried Line)等戰役。他回憶自己從德國步兵團的戰術中受益良多:

我們只有一條陣線,德軍卻有一個防守小區域,因此擁有彈

性與韌性，無法輕易突破防守。他們不以線性行事，而是結合地勢形成能往所有方向攻擊的陣地，並藉由地形來掩護及藏匿，他們使用了想像力。在諾曼第，我們的士兵總是迅速如樹籬般排成一排，然後再向前推進，排成一排就是一條陣線。你現在〔1979年〕去美國陸軍部隊觀察，會發現我們仍然這麼做。[11]

後來他在越南指揮美國陸軍第一步兵師，在那裡花時間改進班、排、連的直接作戰和藏匿戰術。

在TRADOC，德皮尤發展名為「積極防禦」（Active Defense）的概念，靠著持續的戰術性移動、利用坦克的機動性、步兵機動化和密接空中支援的地區內防禦。他強調，綜觀歷史，美國在第一次戰役中毫無準備，承擔不起慢慢地學習如何應付歐洲突然爆發的高強度攻擊。實行這些新概念的最重要行動是在加州沙漠地區建立歐文堡國家訓練中心（Fort Irwin National Training Center），其後歐文堡成為步兵和裝甲兵的犀利流暢戰術領導力實戰模擬訓練的頂尖中心。

把積極防禦概念納入訓練手冊裡，引發軍方內部從戰術延伸至戰略的熱烈辯論。許多人覺得這概念不夠進取，亞歷山大·海格上將（General Alexander Haig）寫給德皮尤的信中說：「我個人期望看到……更明顯的提醒，通常防禦的終極目的是藉由攻擊來重獲主動權。」[12]

在德皮尤的同事唐·史塔瑞中將（Lieutenant General Donn Starry）的領導下，設計了全新的作戰準則，最初名為「縱深作戰」（deep battle），後來在1986年版的實戰手冊（FM 100-5）中得到充分的表現。其後改名為「陸空整體作戰」，新作戰準則已從德皮尤提出

以裝甲兵為中心的觀點，擴展至包含陸軍與空軍之間的密切協調。

陸空整體作戰旨在利用北約組織在通訊、感知、指揮控制、作戰彈性等方面的優越性，尤其是領導空軍的戰鬥機飛行將官。主要作戰概念是對攻擊積極反應、深入敵營。舊概念是使用空軍戰力和遠程砲來阻斷敵人，新概念是使用遠程攻擊來困惑敵人，使其迷失方向，繼而實際形塑其行動，把敵人引入我方預期的方向或陷阱。在新作戰概念下，目標變成戰勝而非只是防禦。戰爭模擬顯示，新的作戰準則可行，北約軍方輸的機率約 30%。所幸這些情境從未付諸檢驗。

發展「陸空整體作戰」概念的故事例示，清楚診斷挑戰可成為一個堅實的槓桿，用於創造一個新且更好的競爭策略。它也例示了，領導人之間開放坦誠的辯論對於形塑解決方案有很大的助益。最後，它也例示心態與實務上的創新力量，若一個組織的人員不具備實際執行必要行動所需要的技能與心態，該組織就無法執行一個全新的策略。德皮尤在美國軍中推行的作戰準則革命，在企業界也有類似的故事，例如，勞·葛斯納推動 IBM 從以機器為中心的準則轉變為以顧客為中心的準則；傑克·威爾許（Jack Welch）堅持「速度、簡明、與自信」，佐以奇異公司在克羅頓維爾（Crotonville）的堅實領導力培訓課程。另外沒那麼令人開心的例示是，在一個複雜的組織中這種變革的實現得花相當多的時間。

第 9 章

透過比較與框架來診斷

衡量總是涉及比較。測量地球到月球的距離時，我們可用標準公尺或希臘標準呎來比較。衡量獲利時，我們會比較去年的獲利或營收（淨利）等等。多數企業內部充滿各種會計報表可供比較，因此這是多數診斷的起點。營收成長比去年快或慢？利潤持穩或降低，抑或提高？然後更複雜精細的疑問產生了，為何利潤會降低？為何費用會增加？為何我們的市場占有率縮減？

更有趣的比較是，把活動或結果拿來和競爭者、甚至整個產業或其他社會活動或結果相較。更加偏離的比較也許過於牽強而歪曲類比，但有時可能獲得意料之外的洞察。

◢輕軌運輸系統

《紐約時報》記者布萊恩·羅森泰爾（Brian Rosenthal）在 2017年發表一篇轟動的報導，標題為〈地球上最貴的地鐵軌道〉（*The Most*

Expensive Mile of Subway Track on Earth）。他調查的這項工程是紐約市的東城通道（East Side Access）隧道，連結位於東 42 街和麥迪遜大道的大中央車站（Grand Central Terminal）及位於西 33 街和第 7 大道上的賓州車站（Penn Station），目的是在紐約的兩大通勤路線——大都會北方鐵路（Metro North）和長島鐵路（Long Island Railroad）——之間建立無縫通道。問題是這項工程成本為何會膨脹到 $120 億美元，平均每哩軌道成本為 $35 億美元，造價為全世界地鐵隧道軌道的七倍！羅森泰爾在這篇報導中寫道：

　　《紐約時報》發現，多年來政府官員一直袖手旁觀一小群有政治人脈的工會、建設公司和顧問公司刮取龐大利益。

　　與紐約州州長安德魯・古莫（Andrew M. Cuomo）和其他政治人物有密切關連的工會取得了地下工程所需的作業計畫，雇用工程人數比世界其他類似工程高出四倍。……儘管，紐約大都會運輸署（Metropolitan Transportation Authority）用納稅人的錢支付這些工程費用，但政府竟然沒被邀請參與決定勞工條件的會議。……工程公司每三年和每個工會開會一次，敲定勞工協約，這些協約適用所有公司，防止承包商藉由提出較不優渥的工資或工作規範來降低競標價格。

　　在大西洋另一邊，巴黎正在進行的一項工程明顯不同於紐約市的這種效率不彰……，紐約地鐵第二大道線（Second Avenue Subway）一哩成本 $25 億美元，巴黎地鐵 14 號線（Paris Metro Line 14）延伸工程一哩成本為 $4.5 億美元。[1]

我們都聽過有關城市、州、國家層級支出多麼浮濫的暗示議論，但一條地鐵的成本是其他國家相似工程的七倍成本，這也太誇張了吧？國際性比較真是尖銳諷刺啊。若紐約市有更正常的工程成本，就能支出更少或是做更多事，而非投資於某特定工會的政治忠誠度。

運輸專家艾隆·李維（Aron Levy）的研究也顯示，相較於其他工業國家，美國多數的鐵路工程成本高出許多。＜圖表 12 ＞是他在 2011 年發表的調查報告中提供的具體比較。

＜圖表 12 ＞美國輕軌工程成本與其他國家的比較

工程	每公里成本 （百萬美元）	長度 （公里）
紐約市東城通道（New York City East Side Access）	4,000	2
紐約市地鐵第二大道線（New York City Second Avenue Subway），第一階段	1,700	3
倫敦縱貫鐵路（London Crossrail）	1,000	22
倫敦地鐵銀禧線延伸（London Jubilee Line Extension）	450	16
阿姆斯特丹北南線（Amsterdam North-South Line）	410	9.5
柏林地鐵 55 號線（Berlin U55）	250	1.8
巴黎地鐵 14 號線（Paris Metro Line 14）	230	9
那不勒斯地鐵 6 號線（Naples Metro Line 6）	130	5

資料來源：Aron Levy, "U.S. Rail Construction Costs," Pedestrian Observations (blog), pedestrianobservations.com, May 16, 2011.

跟紐約一樣，巴黎也有工會，差別在於規定以及由誰訂定需要多

少勞工執行任務。巴黎有強而有力的設計審核委員會，而美國的工程合約大多由價低者得，得標後再重新協商「契約變更通知」。想了解這些實務與成本的差異起源，得深入挖掘難以收集的資料，而現下的事實是我們無法得知全貌，但國際比較浮現了我們單看本地成本或成本相對於預算的話，無法看出問題在哪。想矯正此問題你得知道問題的輪廓。當然，也必須有足夠的行政權來對此問題採取行動。

同理，我們的確不了解為何美國的全國保健成本比法國高二倍，但獲致的平均結果卻較差。或者，為何我們的中學測驗成績比其他許多已開發國家差。對於這些問題，標準的「什麼都不知道」政治反應是：花更多錢。下回你聽到某個政治人物要求龐大的「基礎建設支出」預算時，請想起＜圖表 12 ＞，對一個效率不彰的系統泡注更多錢，只是在餵食那些已經吃撐的胃。先矯治，再餵養。

◢重新分析

以新方式來檢視現有資料可能揭露問題或計畫。舉例而言，多數廠商有按產品分類的成本會計帳，並以某種方式分攤直接勞動成本、原物料成本和工廠間接成本給每一種產品類別，而改變分類邏輯可能會獲得新洞察。巴西的窗戶製造商「戴爾皮洛」（假名）提供了這樣的示例，該公司生產高級住宅和獨立產權公寓用的平開窗、外層金屬百葉窗，不同於美國公司生產的平開窗，戴爾皮洛生產的平開窗向內開。因此就算外層的百葉窗關著，只要打開平開窗空氣仍然可以流通。尺寸較小的平開窗及百葉窗由公司先生產後存貨，至於較大規格的尺寸則接單才生

產、不存貨。戴爾皮洛的表面問題是利潤下滑，更深層的問題是管理階層未能清楚看出各種產品線的獲利力差異。

戴爾皮洛的會計帳制度分別記錄平開窗和百葉窗這兩種產品線的勞工時數和直接材料成本，我們重新分析這些製造活動，首先依照尺寸大小把產品區分為六組。然後仔細檢視內部資料，觀察員工組裝平開窗及百葉窗的情形，記錄一個月後得出各種尺寸產品群的勞工時數和材料成本。成本是個蠻複雜棘手的東西。實際上沒有所謂的製造一個平開窗的成本，只有多製造一個窗戶的成本、製造一批窗戶的成本、處理一筆窗戶訂單的成本、建立製造一批窗戶的工作區成本等等。在此例中，戴爾皮洛公司的會計制度把所有東西分攤給每一工時得出每單位成本，為了更了解實際情況，我們聚焦於了解製造一批窗戶的成本。我們分析生產設備的整備時間，以及實際組裝和完工的作業，並檢視處理一筆訂單的成本。

重新分析的結果令人大開眼界！最大尺寸窗戶的生產整備成本很高，但利潤仍然比管理階層以為的還要高。既然生產整備成本很高，該公司開始對最大尺寸窗戶的大量訂單提供折扣，鼓勵客戶提高每筆訂單數量來分攤整備成本。此外，中等尺寸百葉窗利潤相當不錯，基於這個新洞察，戴爾皮洛開始加強行銷這類百葉窗，並且推出新的鑲嵌設計，可以用來搭配競爭者製造的窗戶，這波新行銷很成功。嚴格來說，我們在戴爾皮洛做的就是辨識「成本因子」，但重點在於分析時加上了尺寸大小的區隔。

策略往往被視為產品市場定位與新領域擴展。但如果組織的基本制度與工作實務有缺失，這類決策將起不了作用。在前述陸空整體作戰的

例子中，戰術的翻新其實是戰略性質；在戴爾皮洛公司的例子中，重新分析成本結構是第一步，根據重新分析獲得的新洞察，該公司才能推出折扣來鼓勵數量較大的訂單，並且推出可搭配類似產品的新設計。

零售連鎖店 SoPretty 案例

在某些情況下，重新分析資料可能完全改變既有的診斷。「蔻妮」（假名）是零售連鎖店「SoPretty」（假名）的總經理，這是一家擁有38 間分店的服飾、美妝品、配件公司旗下的一個事業單位。該公司於八年前設立 SoPretty 零售店，爾後透過購併另一家類似的連鎖店來擴張。蔻妮有時尚產業背景，並成功為 SoPretty 零售店和販售的商品創造一種特殊氛圍和光環，但連鎖店進行擴張規畫時她面臨店面大小的重大抉擇問題。

SoPretty 分店大小因地區而異，小的只有五百平方呎，最大的則有七千平方呎，平均面積為四千平方呎。蔻妮聚焦於各分店的獲利，並以稅前盈餘來做為衡量標準，平均而言一家分店的稅前盈餘為 $150 萬美元，但各分店獲利差異甚大，有的稅前盈餘高達 $500 萬美元，也有虧損 $100 萬美元的。

蔻妮幕僚建立的稅前盈餘衡量方法包含店舖租金，占地面積較大的分店租金費用自然高，但幕僚所做的分析顯示，面積較大的分店依然有賺頭。據此幕僚提出三個建議：

1. 兩家面積較小的分店應該把隔壁可以承租的空間租下來，擴展店舖面積。

2. 接下來新開張的分店面積應該以六千平方呎為基準。

3. 進行「技能傳授」，開始把那些賺錢的分店訣竅傳授給不賺錢的分店。

為了幫助蔻妮，我們檢視這些資料，把分析擴大到包含都會區人口、每區的年齡層與所得中位數、分店幾哩內的競爭商店數量。擴大分析後發現，半徑一公里內的女性服飾競爭商店數量才是影響分店稅前盈餘的最重要因子。令人驚訝的是，績效最差的 SoPretty 分店附近沒有、或只有一家競爭商店，那些附近有較多競爭商店的 SoPretty 分店績效反而較佳。進一步分析和思考得出箇中原因：更多的競爭者代表該區域屬於人流較多的購物區，感興趣的購物者喜歡多逛幾家商店後才做出購買決策。

我們把分店區分為低人流、中人流、高人流這三組地點，蔻妮的分析師原本以為占地面積較大的分店更賺錢，但原先「分店大小是左右獲利的重要因子」的診斷並不正確，重新分析資料後發現人流量才是重要因子。固然，人流較多的地區往往有面積較人的分店，但在高人流地區擴大分店面積，在店鋪租金的侵蝕下反而不利於分店盈餘。這只是一個初始洞察而不是完整的診斷，但這洞察幫助他們避免從錯誤的起始點出發。

消費性食品生產商 MultiPlant 案例

我輔助「MultiPlant」（假名）公司研擬策略，該公司在全球各地共有 63 座廠房，每座廠房生產各種消費性食品。之所以設立這麼多廠房設備，是因為最終產品（瓶裝）的重量使得運費昂貴（在銷售區就近生產

可以降低運費）。該公司的組織架構區分為行銷與生產部門，每一個部門底下有地區性分部。

雖然 MultiPlant 面臨多項複雜挑戰，但管理高層卻一致認為某些廠房的成本太高了。該公司投資了昂貴的思愛普（SAP）套裝軟體，追蹤與記錄每一座廠房的費用和生產力，成本最低的那座廠房生產一紙板箱產品的成本為 $6.57 美元，成本最高的那座廠房生產相似的一紙板箱產品的成本為 $11.60 美元。詳細的資料顯示設備年齡、每一條產品線的生產力、工資和員工流動率、原物料成本、能源成本、稅負、包裝成本。成本最高的廠房於澳洲，成本最低的廠房位於東歐，該公司已經分析過左右成本的主要因子，例如澳洲的工資較高，還有全球各地廠房的能源和原物料成本不一。

為應付成本問題，MultiPlant 聘用一名顧問把低成本廠房的最佳實務流程轉移至較高成本的廠房，並要求每個地區的流程工程師聚集一堂討論可以採取的做法。生產部門的資深幕僚仔細檢視資料，研究各廠房的生產力差異性，但規模分析顯示，廠房的產出和單位成本之間並無明顯關連性。

MultiPlant 的策略主管心想，計算那些高成本廠房生產作業導致的毛利損失或許有所幫助。該公司的產品價格資料由行銷部門保存於 Excel 表單上，和思愛普軟體上的成本和生產作業資訊區分開管理。因此該公司並非以廠房為單位來計算利潤，而只計算地區為單位的利潤。

把價格和成本資料匯集起來重新分析後得出驚人發現：廠房的每單位生產成本和產品的每單位毛利之間並無關連性，高成本廠房之間的利潤率差異類似低成本廠房之間的利潤率差異。之前該公司普遍相信，高

成本廠房拖累了全公司的績效，但這個新發現與前述看法相悖。

MultiPlant 的高階主管起初不相信新的分析結果，他們先前以為能設法使高成本廠房降低成本，也已大舉付諸行動。如今重新分析的結果觸發了對成本、獲利、策略的特別研究。

漸漸地一種解釋浮現了：低成本廠房通常位於零售價較低的地區，高獲利廠房位於市場上相似競爭性產品較少的地區。實際上，銷售佣金、薪酬、地方經理與顧客之間的私下交易，全都是造成各廠房毛利的差異因子。

MultiPlant 先前發展出錯誤的廠房成本見解，該公司分為生產與行銷部門的組織架構、思愛普會計系統只聚焦於成本不看價格，這些全都為這種錯誤見解提供支撐。這個錯誤導致他們迎向錯的挑戰，往錯的地方尋找關鍵點。一個近乎偶然、附帶的要求，該公司的策略主管要求檢視高成本廠房的生產作業究竟對毛利造成了多少影響，進而觸發了重新分析。

摒棄長期以來對挑戰性質的看法並不容易。但 MultiPlant 的管理階層做到了，他們改變了診斷的聚焦點，朝向完全不同的一組問題，使得該公司接下來三年獲致更好的績效。

◢馬士基航運公司案例

2000 年代初期馬士基航運公司〔Maersk Line，因湯姆・漢克斯（Tom Hanls）主演的電影《怒海劫》（*Captain Phillips*）而聲名大噪〕是舉世最大的貨櫃航運商，進取地增加新產能並在市場上推出愈來愈大的貨櫃輪。馬士基率先在業界推出 E 級貨櫃輪，可載運 14,700 個 20 呎

標準貨櫃（TEU），幾年後再訂製 20 艘更大的、可載運 18,270 個 TEU 的 E 級貨櫃輪。到了 2015 年，這家丹麥馬士基集團（Maersk Group）旗下的航運公司運營約七百艘貨輪，服務上百個國家。

　　儘管規模與市場占有率傲人，相比於在貨輪及辦公室方面的龐大資本投資，馬士基的獲利相當低。競爭者大多處境相同，儘管從中國輸出裝載貨物的貨櫃快速成長，整個航運業似乎不賺錢。為尋求以更大的貨輪達到規模經濟化，每家航運公司都在購買新船，導致整體產業產能過剩的情況更加嚴重。產能過剩終將引發惡性的降價競爭。從許多方面來看，貨櫃航運業是經濟學家所謂「完全競爭」的範例。價格往往下滑低於一艘船的現金營運成本，而歐盟反托拉斯主管當局又時常揚言要查核與起訴價格操縱行為，馬士基陷入沒有簡單解方的困難處境。

　　國際航空業也面臨無利可圖的境況，而朝向解方的第一步是美國與歐盟同意建立共掛班號（code-sharing）的聯盟，例如美國航空和英國航空屬於寰宇一家聯盟（Oneworld Alliance），這使得美國航空可以銷售從波特蘭到芝加哥、加上從芝加哥到倫敦的一張機票，前段由美國航空的飛機執行，後段由英國航空的飛機執行，但這後段機票掛的仍是美國航空（AA）的班號。這有助於降低各家航空公司擴張進入別家航空公司地盤的誘因。

　　馬士基以航空業為類比，於 2015 年領導航運業建立航運聯盟，取得歐盟的反托拉斯法豁免（2020 年時更新，再取得四年豁免）。建立航運聯盟的主要目的之一是，當聯盟夥伴沒有足夠的現有產能可應付某條航線的需求時，由別的聯盟夥伴填補，藉此降低增加新產能的誘因。到了 2017 年全球已有三大航運聯盟，馬士基航運公司和地中海航運公司

（MSC，成立於義大利，現在總部設於瑞士日內瓦）屬於最大的 2M 聯盟（2M Alliance）。

儘管採取這種操作，到了 2019 年底的情況顯示，這些協調、一些大購併，以及包括馬士基在內的八大航運公司集中度提高等等，都未能改善航運業的獲利。貨櫃輪航運業者仍然未能轉虧為盈，產能繼續成長速度高過需求，預測航運業在 2020 年時將虧損 $100 億美元。

把貨櫃航運業類比於航空業並不適當，想了解箇中原因得看航空交通的演進。在舊的軸輻模式（hub-and-spoke model）下，巨型噴氣式客機連結大城市，較小的飛機處理地區航空交通。但是伴隨乘客考慮他們的中轉成本、應付大型機場的安檢麻煩、從一家航空公司走很長的路至另一家航空公司的奔波，航空業轉向使用中型單走道窄體客機發行點對點航線。較大型的飛機若不滿座，航空公司就無法獲得規模經濟效益，這也是空中巴士（Airbus）後來宣布停產 A380 巨型客機的原因之一。

反觀貨櫃航運業，愈大的船愈具有成本效益，誘使航運公司不斷地打造更大的船，導致整個產業的產能持續增加與過剩，進而引發激烈的價格競爭。

2019 年馬士基集團執行長施索仁（Soren Skou）宣布，馬士基接下來將使用全球規模及數位科技，整合航運與陸地營運（例如地面的貨運代理服務）。新聞報導引述他的話：「所有相關的運輸業者可以〔用數位技術〕追蹤貨櫃，這是十至十五年前無法做到的。」[2] 換言之，馬士基使用的新類比是聯邦快遞（FedEx）。

我個人的看法是，航運成本問題的關鍵點在陸上運輸部分。人類文明圍繞著河流、湖泊、內海而發展是因為水路運輸成本遠遠低於其他運

輸。最高的運輸成本發生在把貨物從大港口運送至人們生活與工作的地點，亞馬遜之類的公司在優化這類運輸系統上已經取得進展，馬士基能否藉由整合海上運輸與陸上運輸來開拓一個新定位？也許吧。我個人的判斷是，這樣的突破有賴於一種打破大港口瓶頸、讓貨物能在較小港口登陸的技術。

◢產業分析

馬士基案例適用非常流行的商業分析工具之一：麥克・波特的「五力」產業分析架構。這分析架構以「產業組織」（industrial organization）經濟理論為基礎，嘗試解釋何以一些產業產生的獲利高於其他產業。

五力包含：競爭激烈程度、新進者進入產業的容易度、賣方的議價能力、買方的議價能力、替代品的威脅程度。每一種力量都對產業的獲利力構成威脅。

使用此架構時必須詳細地檢視一產業中這五力的每一種，光是檢視與分析這些事實就能獲得洞察。但切記，這模型分析的是「產業」績效，不是「個別公司」績效。若產業內的廠商利潤率分布甚廣，某些廠商利潤率高，其他廠商的利潤率低，那就不適合使用五力分析架構。這並非五力模型有誤，而是五力分析主要用於分析產業內廠商境況大致相似的模型。若你公司所屬產業的所有競爭者境況相似，大家都在低利潤中掙扎，尤其是削價競爭，那麼五力架構就是很合適的分析工具。

五力架構的一個問題是，現實中多數產業裡的廠商利潤率顯著差

異，因此「產業獲利力」這概念可能沒什麼意義。我仔細分析美國聯邦貿易委員會（Federal Trade Commission）的獲利力資料，並以統計方法估計產業、公司、個別事業單位對獲利力的分別影響程度。在事業單位獲利力的總變異性中，只有4%可歸因於穩定的產業效果，44%歸因於穩定的個別事業績效差異性。也就是說，大部分的獲利力差異性存在於事業單位層級，而非公司或產業層級。[3]

第 10 章

小心使用銳利的
分析工具

有廣泛的工具可幫助企業分析境況，每一種工具都是透過假設來聚焦某境況中的一個、甚至幾個因素，藉此產生此分析工具的功效。但是在特定例子中，工具的基本假設未必成立。當你試圖診斷一種複雜境況時，銳利的工具幫得上忙，但也可能導致你診斷出錯誤的關鍵點。這些工具是雙面刃，務必小心使用。

頂尖顧問公司精心製作的工具主要聚焦於診斷競爭情勢，使用一個架構，收集資料，然後再使用一個分析或比較的框架來揭露問題或錯失的機會。在本章，我介紹幾個分析或診斷時常用的架構或工具，在每一個案例中，我將提醒可能出錯的地方。

◢資本預算

藉由權衡效益與成本來評估一項計畫或行動提案，乍看之下似乎很有道理。在評估與決定一項大投資是否值得時，資本預算（capital budgeting）是常被推薦使用的財務工具，概念很簡單：推測未來（預估）現金流量的型態，計算其現值——那些未來的現金流量相當於現在的多少錢。若提案計畫的未來現金流量的現值為正值，代表可以接受此計畫。（進階的方法是考慮未來現金流量的風險性，還有更進階的方法會考慮到更多細部枝節。）

令人費解的是，這個可愛的理論很少公司使用。多數公司讓經理人研擬計畫和未來預期，再與更高層經理人討論，而討論的主要問題並不是現值，而是競爭、成長展望，以及時機和內部能力的判斷。

理論與實務之間存在巨大落差的一大原因是，理論中考慮的風險是經濟情勢、競爭情勢，以及計畫相關風險而導致未來現金流量的不確定性。但在現實世界裡，長期投資的最大風險是提議做出此投資的人不勝任或撒謊。「T計畫」（Project T）就是一個明顯的例子，這是美國前一百大公司中的某公司提案計畫，該公司的主力事業處於成熟且逐漸衰退的狀態，T計畫旨在使事業回春，恢復該公司的獲利與聲望。T計畫是項大型計畫，由該公司新產品資深副總「布萊德利」（假名）直接掌管，四十歲的他升遷快速，聰明且雄心勃勃。就我所知，他有近乎無限的預算可花在T計畫上。

原本我共事於該公司一項較小的計畫，但我想更積極參與T計畫，而且隨著T計畫提案進入最後決定階段，我成為布萊德利的簡報諮詢對象。

T計畫的基石是一項複雜的公開測試，徵求數百家計單位試用一種新技術。了解愈多細節後，我開始心生懷疑。市場測試結果有異，資料似乎顯示人們並不喜歡新產品。簡報的摘要中說消費者對新產品感興趣，但在測試市場上，參與者付錢購買此服務的意願為負值，亦即這些

人會付錢來取消此服務，把這產品逐出他們家。

　　對此，布萊德利的爭辯是，等到輔助性服務推出後人們的購買意願就會提高，而且分析顯示消費者對此產品欠缺價格敏感性，這意味著此產品的未來利潤高。其次是競爭面的問題，Ｔ計畫中使用的東西沒有一樣是該公司專有的，大多來自別家公司，但此計畫的財務預測是基於囊括大部分市場，而且價格壓力僅來自替代性產品，不會來自直接競爭者。試問這合理嗎？

　　距離向特別委員會簡報只剩一星期了，布萊德利、他最親近的助理和我加班到很晚，不停檢視投影片和分發的小冊子。這些列印資料用灰色螺旋線圈裝訂，加上深綠色的封面，裡頭沒有技術分析，內含使用技術的照片、市場規模潛力估計，還有預估現金流量與計算出來的淨現值──使用 15 年期間 10％的折現率，得出淨現值 $60 億美元。顧問群也計算了 T 計畫風險調整後的價值，甚至考慮了實質選擇權分析（real-options analysis）。但布拉德利盯著他自認會得到委員會最多關注的那一頁。

　　他認為委員會將聚焦於累計現金流量的預測。如＜圖表 13 ＞所示，從投資起現金流量會下滑到約負 $25 億美元，之後隨著未來的獲利增加，現金流量上升，在第七年左右越過零軸，一路向上攀升。布萊德利說，委員會只會看回報，也就是公司能多快回收投資。看著這條要七年多才開始回收的曲線，布萊德利擔心起來。

　　晚上十點了，我們還坐在那，突然布萊德利拿起剪刀把回收曲線從頁面上裁下來，用透明膠帶黏貼上一條修改後的回收曲線，使這張圖表顯示會在投資五年後開始回收。

<圖表 13> T 計畫預測的累計現金流量

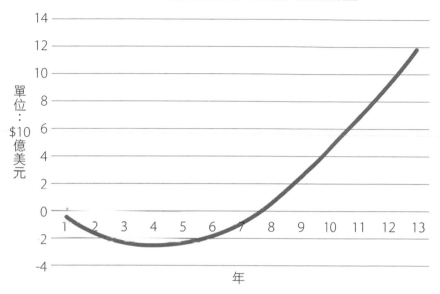

「像我這樣重製圖表,把修改後的版本送印」,他告訴他的助理,然後穿上他的外套。

「布萊德利,」我說:「你剛剛丟棄花了 $4,000 萬美元做的顧問分析和市場測試研究,既然要丟棄,當初幹麼要做呢?」

「魯梅特教授,」布萊德利說:「你不了解策略規畫,策略規畫是爭取公司資源大戰,我想打贏這場戰役。」

儘管布萊德利有此決心,T 計畫並未獲批准,委員會認為計畫風險太高,一如布萊德利所擔心的,高層想要盡快回收投資。翌年該公司賣掉兩個事業單位做了一筆大購併,而布萊德利轉往另一家全球性公司任職高階職務。

每當知識、資源和決策權不在同一人身上時，就會上演布萊德利的問題。當你必須詢問別人如何分派你的資源時，就有潛在問題；當你必須諮詢別人你該如何分派第三者的資源時，問題變得更棘手了。因此，策略工作的品質受限於體系內的誠信程度。不同於 T 計畫，最佳的策略研擬鮮少委派他人，而是由最高層主管、或高階主管群和受高度信賴的顧問討論後擬訂出來。在這個例子中，該公司太大了，以至於高層主管們無法充分了解競相爭取青睞與資金的各種策略與計畫。

缺乏誠信的體制無法充分發揮體制中的知識與能力，行事只會短視近利。布萊德利有撒謊的誘因，又不是拿他的錢來冒險。若計畫不成功，他將第一個得知，也是第一個退出的人，然後歸咎那些留下的人把事情搞砸了。若這計畫成功，他的收穫可多了，贏得如此多的公司資源使他冠上加羽，幾乎可以確定他將在公司內或別處獲得更多的權力與報酬。[1]

雖然委員會成員並不了解 T 計畫涉及的技術問題，但他們也不笨，知道會有布萊德利這種行為的存在。他們知道，較遠的未來最可能被失真預測與陳述，因此委員會不看較遠未來的獲利預測，而迫使公司短視近利。有像布萊德利這種人向遠離實務前線、知識與資訊不靈通的委員會提案的體制來說，堅持必須在四年後開始回收投資或許是一個很合理的反應。

這委員會知道，不實預測與陳述最有可能掩藏在更複雜的分析中。布萊德利預測的現金流量是複雜的經濟模型產物，這經濟模型內含關於消費者行為、競爭情勢、未來價格、成本等等的數百個假設。於是，委員會通常會漠視這類複雜分析結果，過度倚重自身直覺。他們的判斷基

於較少的資訊，但也可能較不受誤導。於是，產生了第二種形式的近視症──不願意使用外面的資料與推理。

這種情形被稱為「代理問題」（agency problem），大量心力投入於思考如何在這種麻煩境況下產生好決策，但這些心力大多徒勞無功。在布萊德利的例子中，沒有好的解方，除非有某種秋後算帳制度。例如，六年或十年後讓布萊德利為決策的結果當責。但是，這種制度無法相容於有活力的組織和快速晉陞的主管歷程。幾年後布萊德利早已晉陞或轉職到其他公司了，這計畫也可能改組了，其他經理人所做的後續決策，難以界定其結果與原始決策之間的關連性。

因此，企業大致上不在乎如何評估長期計畫的財務報酬理論，不是漠視「資本成本」，而是尋求快速回收成本，或對短程期間使用很高的折現率。這並不是公司高階主管太無知而不懂得使用財務經濟學家發展出來的好理論，而是理論忽視了高階主管對經理人的不勝任、撒謊和欺騙行為的擔憂。當然，理論也忽視了高階主管本身的分紅和公司短期績效之間的關連性。

◢超越分析

布萊德利的根本問題是，最終審核 T 計畫的那些人不信任他的判斷，也不信任他分析使用的材料與工具。應付這類高階主管的方法是，藉由改變語言和遊戲規則來超越技術分析。波士頓顧問集團（BCG）的成長－市場占有率矩陣（growth-share matrix，俗稱 BCG 矩陣）就是一個例子，1970 年代到 1980 年代初期，這個以瘦狗（Dogs）、金牛

（Cash Cows）、明日之星（Stars）、問號（Question Marks）為四象
限生動命名的工具，對企業的策略思考產生極大影響，時至今日仍不時
地躍上策略舞台。

　　BCG 矩陣是波士頓顧問集團的顧問艾倫・札康（Alan Zakon）在為
梅德公司（Mead Corporation）提供顧問服務時所構思，這矩陣根據成長
率及現金流量趨向，把每個事業歸類到四個象限中的一個。後來為另一個
客戶提供顧問服務時，才把兩軸分別標示為市場成長率和占有率。

　　1980 年代中期，我有機會和當年任職梅德公司、且聘用波士頓顧問
集團的威廉・馮麥克（William Wommack）談話。此時，他剛卸下梅德
公司董事會職務不久。我詢問馮麥克是什麼挑戰促使梅德公司走向這思
考方式。他解釋，梅德公司當時已稍稍多角化跨入新事業領域，但基本
上仍然是個以林木產品為主業的公司。他說，這公司使用很複雜精細的
資本預算制度，「木材廠的人員會提出隨機的化學計量分析，解釋何以
我們需要擴大工廠或興建新廠房」。紙漿和造紙廠人員會製作同樣複雜
的分析來解釋為何他們也需要擴充廠房。「可是，」他抱怨：「這些事
業從來就不賺錢！我們只是不停地倒入資本。」馮麥克指出，他想要一
個方法把投資轉移至較新、不那麼渴求資本、成長中的事業。於是他們
改變語言：「林木事業變成現金源頭，其角色是生錢，僅此而已。」現
金將投資於別處。[2]

　　BCG 矩陣改變了梅德及其他公司的思考框架。原本的框架是資本預
算，財務審核委員會核准那些通過門檻率或許諾淨現值為正值的計畫。
修改後的框架藉著「資產組合平衡」──一些事業的角色是生錢，其他
事業的角色是接收現金──的形象來超越財務分析。每一個框架會吸引

人們注意所處境況的某些層面，而不理會其他層面；每一個框架將改變組織內部的權力平衡。技術性資本預算分析這個框架使那些擅長財務與估計的人握有權力，資產組合平衡這個框架把權力轉回高層，他們有能力把你貼上「瘦狗」的標籤。

傑克‧威爾許在 1980 年接掌奇異公司執行長時也使用相同的方法，看著該公司旗下四百多個事業單位，他宣布每個事業應該：「成為所屬產業的第一或第二名，」否則就：「矯治它、賣掉它或關閉它。」威爾許承繼了一個複雜、多層級的「策略規畫」制度，他超越這制度錯綜複雜的邏輯，開始汰除那些未能在所屬市場取得領先地位的事業。

不論是 BCG 矩陣或威爾許的「第一或第二名」制度，都是一把雙面刃，使用這些工具的公司並不知道其基本原理是為了超越資本預算制度。清醒的診斷意味著，了解你使用的類比或框架。

◢破壞

「破壞」（disruption）理論是近年被普遍使用的一種策略概念，跟 BCG 矩陣一樣，若不審慎地使用，可能導致問題迷霧多過釐清。在過度使用之下，「破壞」一詞意指顛覆一個既有事業或局勢狀態的任何東西，但是當哈佛大學教授克雷頓‧克里斯汀生（Clayton Christensen）和約瑟夫‧鮑爾（Joseph Bower）率先提出這個策略概念時，破壞有更精確的含義。他們聚焦於當競爭者採用新技術時，許多原本位居領先地位的公司未能有所警惕。他們在 1995 年發表的文獻中寫道：「固特異（Goodyear）和泛世通（Firestone）相當晚才進入輻射輪胎市場，全

錄（Xerox）讓佳能（Canon）創造了小型影印機市場，比塞魯斯伊利（Bucyrus-Erie）讓開拓重工（Caterpillar）和強鹿（Deere）席捲機械式挖土機市場，西爾斯（Sears）讓位給沃爾瑪。」[3]

為何過去成功的公司未能有效地對這些威脅做出反應？克里斯汀生和鮑爾的解釋是，領先的公司太聚焦於現有顧客，尤其是那些最大和要求最高的顧客，在一心一意關注與迎合這些顧客想要更大、更強或更快的產品版本需求之下，這些公司忽視了性能較差、但較便宜的技術。一個典型的破壞例子中，一家桌上型個人電腦硬碟製造商的顧客想要速度不斷加快、容量不斷增加的硬碟機，於是這公司往往忽視新型、較小的 2.5 英吋硬碟機，因為既有顧客對這種硬碟機不感興趣。但是當較小的硬碟機性能變得更好，並被筆記型電腦採用後，實際上小硬碟機會變得比傳統桌上型電腦硬碟機更具成本效益。在這個例子中，這家公司被「由下而上地破壞」了。

克里斯汀生教授生動地敘述發生於硬碟產業、挖土機市場、迷你型鋼鐵廠由下而上破壞的情形，這些敘述嚇壞了一整個世代的企業主管，擔心自家公司太過聚焦於成功產品和最佳顧客，他們是否該對市場上那些性能不如自家產品的每個競爭品做出反應？這個「破壞性創新」框架對於了解競爭動態有多大的幫助？

克里斯汀生闡述的是低價格、性能較差的產品所帶來的破壞，但市場上也有明顯相反的例子，iPhone 是高價產品，但顯然對行動研究公司（Research in Motion，RIM）的黑莓機和諾基亞的手機構成破壞。

黑莓機是專門針對企業商務人士與政府機關而開發的行動設備，在 2003 年獲得政府部門顧客高安全性網路的認證，其電子郵件網路能夠

擠開壅塞的公共資料網路，為顧客節省當時還相當昂貴的資料傳輸電信費。公司的 IT 部門可以控管黑莓機，若黑莓機遺失或被偷，IT 部門可以遙控清除黑莓機裡的內容。

企業與公家機關愛控管黑莓機生態系，黑莓機企業客戶的伺服器電子郵件推送系統，每五百名使用者成本約 $37,000 美元，而類似的微軟系統得花 $107,000 美元。黑莓機的私人電子郵件伺服器提供兩種堅實的加密標準。2008 年 iPhone 問世的一年後，摩根史坦利（Morgan Stanley）認為：「行動研究公司擁有最佳的電信設備長期成長歷程」，顧問們敦促黑莓機繼續專注已牢牢掌控的企業客戶市場，而非競爭超激烈的消費者手機市場。

使用者喜歡由公司支付一切──公司免費提供手機給員工，投資銀行摩根基根公司（Morgan Keegan & Co.）的分析師在 2010 年初，評價黑莓機在價格敏感性及訊息為主的商務客戶方面做得比較佳，後續也將持續優於其他手機。

直接摧毀黑莓機的，是企業從 2010 年開始快速且出乎意外地採行「帶自己的手機」來上班。電子郵件傳輸變便宜了，員工紛紛帶著自己的手機上班。iPhone 和安卓手機快速攻占市場，安全性喪失。企業客戶市場的快速消失毀滅了黑莓機，更確切地說，是企業控管員工手機的模式瓦解，黑莓機也隨之式微。

黑莓機的例子顯示，破壞式攻擊方法很多，不是只有從下而上地破壞，更好、更貴的產品也能發動攻擊。有些人研究大量的破壞是否都是「由下而上」：

- 歷史學家暨新聞工作者吉兒・萊波爾（Jill Lepore）在《紐約客》（*New Yorker*）上刊登的一篇文章中指出，她再次檢視硬碟機產業後發現，在二十年間：「硬碟產業中的勝出者是那些善於做出漸進式改進的製造商，不論是不是率先在市場上推出破壞性新格式硬碟的公司。」[4]
- 學者阿希許・蘇德（Ashish Sood）和傑拉德・泰利斯（Gerard Tellis）檢視 1879 年至 2000 年間問世的 36 種新技術，詳細的經濟分析中並未發現有明顯低價、低性能產品帶來破壞的型態。
- 經濟學家伊神滿（Mitsuru Igami）重新檢視克里斯汀生當初使用的硬碟產業資料集，他發現在位者具有成本優勢，但遲遲不對新進者做出反應是因為：「他們不願摧毀以往的獲利來源。」[5]
- 經濟學家喬許・勒納（Josh Lerner）也重新分析硬碟產業，他發現，長期而言推出最多創新的是那些後進者。[6]

　　總結來說，後續研究並不支持克里斯汀生「公司太聚焦於主力顧客，忽視低價、低性能破壞者出現」的解釋。但我們確實看到，偶爾有成功、強大的在位公司被較小的競爭者、新顧客、新技術顛覆，這到底是怎麼一回事呢？檢視一些顯著的實例可從中獲得洞察。

　　柯達公司（Kodak）的衰敗常被用來警惕忽視破壞性創新的後果，若你是柯達的業主，你會怎麼做呢？柯達有 70％的毛利來自一個大且慢慢衰退的軟片事業，其實近五十年前的 1975 年，該公司明智地出售化學方面的智慧財產，並建造了數位相機事業。該公司的主管們知道數位時代來臨，但他們想像的未來世界是數位相機所拍攝的照片還會被沖洗出

來，並珍藏地放進相簿或驕傲地張貼於牆上。因此他們投資數位相片儲存及美術印刷。2000 年時你或他們能夠預見人們會在自己的小螢幕手機上分享低解析度自拍照嗎？當年若要投資數千萬或數十億美元於數位技術，你會投資於什麼器材、系統或產品？相機？列印機？CDs？個人電腦？螢幕？相片處理軟體？手機？柯達公司並不是被某個競爭者顛覆破壞，而是被一整個生態系破壞了。

電腦和全球資訊網造成《大英百科全書》（*Encyclopedia Britannica*）衰落，與柯達隕落非常類似。長達幾個世代的父母會購買《大英百科全書》來投資兒童教育，當年常見銷售員挨家挨戶地上門推銷，一套 32 卷，總價值數千美元，通常還包含一個精美的書架。《大英百科全書》付梓出版超過二百年，由超過 4,000 名專家撰寫、約 100 人編輯而成。

後來《大英百科全書》改推出 CD-ROM 版本，但仍無法彌補紙本書冊式微的損失。它也嘗試推出線上訂閱版本，但價格令消費者卻步。「破壞」《大英百科全書》的不是維基百科（Wikipedia）、微軟百科全書（Encarta）、學術百科（Scholarpedia）、數位宇宙（Digital Universe），甚至不是平版或手機，而是個人電腦、手機、全球資訊網、谷歌、部落格、谷歌圖書（Google Books）等等構成的整個生態系。跟柯達當年的處境一樣，《大英百科全書》並非面臨一個必須擊敗的競爭產品，而是沒有明確要抵禦的競爭者，也沒有可供其扭轉頹勢的收購對象。

如何應付破壞？

「破壞」造成的真正挑戰並不是你沒有看到它的來臨，而是以下三種情形：

A. 對「破壞」做出反應的話，獲利上的損失似乎不值得；
B. 組織欠缺對「破壞」做出反應所需的技術能力、財力、組織技能；
C. 你面臨的是身處整個生態系帶來的破壞。

若你的組織沒有面臨上述任何一種困難挑戰，就沒有「破壞」的問題，而是面臨相當普通的策略性問題。舉例而言，1980 年時油價上漲重創孟山都的石油化學這項重資產事業，但該公司仍有技能與資源重新部署，轉進入農業基因學領域，建立一個賺錢、成長的新事業，幫助減輕全球飢餓問題。當然，這是一種長期策略，無法提供「激進投資者」（activist investors）感興趣的股價暴漲。

在 A 情況下，一種新技術可能對你的現有大型獲利池造成極大損害，致使無法立即做出反應，此時你應該評估等待的成本與利益。也許，最好是讓這個既有事業慢慢地衰敗。明智的做法是多角化經營，公司有多事業資產組合，這個既有事業只是其中之一。若你的公司是上市公司，只經營這一個逐漸衰退的事業，華爾街、各方激進者和資金方將令你吃足苦頭。若你的公司不多角化，或許最好的做法是把這個事業出售給一個多角化經營的公司。

面臨 A 挑戰時的另一個選擇是，讓這個事業衰退一陣子，爾後再採取行動。當網際網路對既有電信公司的 T-1 數據傳輸業務構成威脅

時，多數電信公司就是採取這種做法。當時電信公司以每月 $1,500 美元的費率出租 T-1 數據傳輸線路給企業客戶，這事業利潤很高，所以面對網際網路的威脅，多數電信公司選擇等待，讓數位用戶線路（DSL）業務成熟，再等待一段時間，讓光纖到處安裝，然後在世界通訊公司（WorldCom）於 2002 年申請破產保護後，才開始提供便宜高速的數據傳輸服務。

在 B 情況下，若組織缺乏做出反應所需要的技能，通常訴諸的途徑是收購一家具有此技能的公司，這是面對技術分裂型破壞時最常見的因應方法。許多被破壞而垮台的典型例子，其發生是因為沒有可供收購的對象。例如，沒有合適的智慧型手機公司可供黑莓機公司收購；沒有便捷容易的途徑可供柯達公司拯救軟片事業或進入競爭超激烈的相機與智慧型手機產業。在這種情況下，最好找一個具有相關技能的合資企業夥伴，或是把事業出售給能勝任應付此挑戰的公司，或是拖延獲利衰減的時間。

更常見的情形是，公司組織缺乏做出反應的彈性，組織架構長期專注於其他方面。或者，公司的核心有大且僵硬的「團塊」，專長於設立審查委員會和 PowerPoint 簡報，而非解決問題。在這種情況下，購併可能是解方，但通常最好是讓收購而來的公司遠離團塊。畢竟，正因團塊欠缺彈性才促使走上收購之路。第十三章中「慣性與規模」那一節將對此有更多的探討。

至於 C 情況是整個生態系都崩解了，除非你有一顆水晶球，告訴你如何在大洪水湧至之前逃離，否則真的無計可施。不可否認，技術、喜好、法規的重大變化可能破壞和毀滅一個事業，沒有任何的管理訣竅可

以使事業永垂不朽。

　　資本預算、BCG 矩陣、破壞理論這類工具可能對分析境況有所幫助。當然，還有很多分析工具，包括價值鏈分析、購買意願模型、競爭的多項式邏輯模型、麥肯錫的 7S 架構、藍海策略草圖、情境建構、標竿、產品生命週期、根本原因分析等等。每一種工具只聚焦幾個、甚至一個因素或問題，每一種工具都建立在某些假設上，忽視這些假設，後果自負。

克服關鍵點

本書第一部介紹挑戰導向的策略和關鍵點概念,第二
部探討診斷挑戰的方法,尤其是競爭帶來的那些挑
戰。第三部探討辨識出挑戰的關鍵點後如何克服。我
們將檢視優勢的來源,探討嘗試創新時將出現的問
題,以及當挑戰的關鍵點在於組織本身功能失調時,
克服此關鍵點將遭遇的複雜性。

第 11 章

尋找優勢

　　兩個勢均力敵的拳擊手在場上對戰，誰將勝出？在競賽中，我們尋找優勢，而優勢來自不對稱性，也許是其中一位拳擊手的手臂較長或耐力較佳。在建立企業策略或軍事戰略時，我們也是在不對稱性中尋找優勢，優秀的策略師擁有更銳利的雙眼，可以看出哪些不對稱性能夠轉化為優勢。

◤優勢的基礎

　　愛德華・馬克（Edward Mark）是我一位朋友的朋友，四十歲的他剛結束精品店照明設計的事業，正在找下一份工作，我受邀幫他檢視事業構想。一起喝咖啡時，他給了我一份簡短文件：設立一間有氧運動健身房的事業計畫。愛德華注意到有氧運動健身房很夯，他面帶微笑地告訴我，他一直想在加州猛瑪象湖鎮（Mammoth Lakes）生活，那裡是滑雪勝地，小鎮座落在內華達山脈的入口通道上。他想向家人借錢，在猛

瑪象湖鎮設立一間有氧運動健身房。他猜想，如此活躍的運動小鎮應該有不錯的健身需求。他也認為，住在當地的許多運動愛好者總在尋求工作機會，因此他能以不錯的價格聘請到教練。愛德華的事業計畫預測了未來五年的營收、成本和獲利，不過他沒有有氧運動或服務業方面的工作經驗。

愛德華的事業提案是個假說：推測什麼行得通。一個檢驗假說的方法是試試看，就如同自然界裡的競爭消滅了適應差的物種，市場測試也會顯露糟糕的事業點子，並選擇「行得通」的點子。但是把每一個新點子都拿去市場做測試，成本極高且浪費，誠如哲學家卡爾‧波普爾（Karl Popper）所言，還不如：「讓我們的理論代替我們去死！」[1]

在商業競爭中，你不能期望在沒有某種優勢源頭下賺錢。我們在五個基本源頭尋找優勢：資訊（information）──知道別人不知道的東西；訣竅（know-how）──具有別人沒有的技能或專利；地位（position）──擁有別人無法輕易模仿或顛覆的聲譽、品牌或既有市場制度（例如通路、供應鏈）；效率（efficiency）──基於別人無法輕易獲得的規模、技術、經驗或其他因素而達成的效率；制度管理（management of systems）──做到別人無法疏通的複雜性，或快速且準確地行動。不論哪一個源頭，我們尋找你和你的競爭者之間一個重要的不對稱性，然後將其轉化為你的優勢。

在愛德華提出的有氧運動健身房事業計畫中，沒有明顯的優勢源頭。很遺憾，身為中立的顧問，我應該建議他別做這事。愛德華沒有任何特別的資訊，這個事業機會的觀點來自公開資訊和新聞報導。他沒有稀有資源，他的技能跟有氧運動或服務零售事業不相關。在欠缺特別的

知識或資源下，他的財務預測只是自己美好的想像罷了。

這結論令有些人不高興，他們會說：「但這也可能行得通啊！」是的，可能。愛德華可能有服務零售業方面的潛在技能；也許他的健身房開張一個月後，猛瑪象湖鎮的鎮議會決議將不再准許鎮上開設有氧運動健身房，使得愛德華的健身房事業獲得保護。

請注意，尋找優勢是「期望」能夠賺錢，賭徒可能在拉斯維加斯贏錢，但你不能期望在賭場開設的賭局中贏錢。期望事業能在競爭中生存與賺錢，你必須具備知識或資源、甚至二者兼備的優勢。

應該給愛德華怎樣的建議呢？更確切地說，他願意聽到怎樣的建議？我溫和地稱讚他的創業熱忱，但沒有讚美其事業計畫。我說竅門在於：「你必須知道這個事業的某個特別的東西，必須有一個基於對情況的特別了解或特別資訊而建立的方法。為發展出這個特別的了解，你必須決定何者是更重要的焦點，有氧運動還是或猛瑪象湖鎮？然後埋首於研究這個主題，了解有關於人、課題、各種方法、地點、政治等層面，魔鬼藏在細節中，機會也藏在細節中。」

當你尋找一個力量或槓桿的源頭來克服並通過一個挑戰的關鍵點時，切記優勢的基本元素。不同於愛德華·馬克，多數營運中的事業具有特別的資訊與資源，有歷史的公司（不論歷史長短），其經理人比任何人了解自家公司的產品及公司的創造與生產制度，他們也應該比任何人了解自家公司的顧客及顧客如何使用公司產品與服務。在尋找優勢時，首先在這些不對稱性——歷經時日獲得的特別訣竅和知識——中尋找效能概念。

◢別進入柏氏競爭的世界裡

有成功史和大資產池的公司很容易走入激烈、流血的價格競爭，這從來沒有好結果。

激烈商業競爭的邏輯是法國數學家約瑟夫·柏特蘭（Joseph L. F. Bertrand）於 1883 年發展出來的，他想像地方上賣礦泉水的兩家公司，都是汲取法國中部奧弗涅地區（Auvergne）火山岩的礦泉水〔富維克（Volvic）礦泉水就是產自這裡〕，顧客知道這兩家公司生產與販售的礦泉水相同，因此偏好購買價格最低的那個。柏特蘭認為，每個競爭者都知道可以藉由削價來提高銷售量。他的推論是，每家礦泉水公司將試圖把價格降到低於另一家的價格來搶走所有顧客。這種行動與反應的過程必定把價格砍至現金成本。在礦泉水例子中，現金成本只稍稍高於零。在柏特蘭的競爭世界裡，重點在於競爭者的砍價意願，而這意願取決於購買者對較低價格的反應。

柏氏競爭（Bertrand competition）發生於當市場迅速果決地做出降價反應時，競爭者有充足的產能、價格很容易傳達給購買者、產品標準化，因此各家公司的產品品質差異性極小。在柏氏競爭中，價格一路被降低至現金成本。

想在柏氏競爭中獲勝的唯一途徑是驅逐競爭者，獨占礦泉水的供給，或是做生意的實際成本明顯低於所有其他競爭者，但這情況很少見。舉例而言，線上股票經紀業務看起來愈來愈像柏氏競爭世界，而無法建議投資基礎設備來支撐他們。

真實世界中多數成功的策略是基於供應比競爭者更好的品質或性

能；產品／服務被購買者認為優於其他競爭者；專攻技能迎合購買者需求與喜好的一個市場區隔；仰賴顧客缺乏充分注意及怠惰。舉例而言，放貸行業受到房主缺乏即時關注未償還貸款和新利率而保護。誠如高盛集團一名分析師告訴我：「我們嘗試用經濟概念來建立消費者行為模型，但不管用，一般的房屋貸款人彷彿睡著了，每四年才醒來一次瞧看利率。若他們時時保持清醒的話，房貸生意就不會那麼賺錢了。」

◢知道你的優勢

我在 1982 年初受邀前往英國蘭尼米德（Runnymede），和殼牌國際公司的規畫師們共度一週。那週間，團隊規畫會議生動、有見識地綜述國際石油業未來的幾種可能發展，涵蓋政治、社會和經濟等層面。第四天下午，多位主管被要求總結截至目前所聽到的資訊，一名主管說：「我們在上游業務獲得很好的報酬率，但下游業務虧錢，尤其是歐洲的業務。顯然比起下游業務，我們更善於上游業務。」（他所謂的上游業務是石油探勘與開採，下游業務則是提煉石油產出汽油、柴油和其他最終產品。）

這名主管的快速總結是錯的。當然，殼牌的上游業務確實比下游業務賺錢，但這差異跟公司善於上游或下游業務沒什麼關係。在上游業務方面，石油輸出國家組織（OPEC）於五年間調漲價格超過一倍，因此凡是之前已取得油田探勘開採權的公司都能賺大錢。另一方面，高價格導致歐洲的石油需求減少 19％，而歐洲的煉油產能遠遠超過減少的需求，煉油產能過剩使得煉油業者之間因競爭把利潤降至歷史新低，煉油業者開始快

速虧損，屬於暫時性的柏式競爭例子。這導致煉油業爆發關閉潮，殼牌打算關閉荷蘭和德國各一座大型煉油廠，以及德士古（Texaco）、海灣石油（Gulf Oil）和英國石油（BP）也宣布關閉與停工。

其實，如果有與競爭對手直接價格競爭的投資或營運理由，我們就不該對柏氏競爭的結果感到意外了。但這並不意味你不擅長於這個事業，或是在這個事業中不具有優勢。

檢視克服關鍵點的解決方案時，切記可行的解決方案從來不是更多的價格競爭或大量投資柏氏市場。

緊密耦合

最微妙難察的優勢來源之一是事業活動的緊密耦合（close coupling），尤其是創新的耦合。面對一個強勁的競爭者時，關鍵點往往是在主要市場上以新的、更好的產品／服務去迎合有些不同的顧客群。通常是把你的現有技術拿來和別的東西耦合，創造出強勁競爭者無法立即、輕易地模仿的東西來吸引新客群，創造出一個新市場。

多數時候，現有產品與服務已經是耦合構成的。起初，新的耦合通常被視為一種創新，後來則被視為一種自然的耦合產物。奇異公司出產的渦輪扇噴射引擎是工程、材料和建造的傑出緊密結合；賈伯斯的iPhone 是前所未見、更深層的硬體與軟體緊密耦合；亞馬遜的獨特能力是不凡地緊密耦合線上購物體驗和極高效率的倉儲與物流，迄今似乎還沒有一家公司能做到如此緊密結合不同的技能。這些大家熟悉的傑出耦合迄今仍然難以完全複製，因此成為這些公司的持續優勢基礎。

為創造這種優勢，必須把尚未結合的技能與創意匯集予以耦合，這通常意味著要結合具有不同的知識或經驗基礎的活動。例如，能否把古老的蜜蜂養殖業和現代的農耕地、農業基因學、天氣等等資料結合起來呢？

　　1970 年代末期，西摩・克雷（Seymour Cray）超越高速計算機運算的極限，贏得了「超級電腦之父」的封號。他以卓越的技能整合了三種通常不相關的知識基礎，他了解基礎的電腦設計、解答微分差分方程式的問題，以及解釋電磁訊號傳播的麥斯威爾方程組（Maxwell's equations）。他設計的機器結合了高速的運算和向量處理能力，得出比標準的 IBM 硬體進步 40 倍至 400 倍的運算力。

　　對萊特兄弟而言，問題的關鍵點是從滑翔機轉變為動力飛行。其他人也打造了滑翔機，還有人使用汽油引擎，但現有的汽油引擎全都不夠輕，無法做為萊特滑翔機的動力來源。萊特兄弟研究現有引擎後設計出一款簡單、重量很輕的四行程、四缸汽油動力引擎，並在他們的腳踏車店裡打造出來。沒有這部引擎就不可能有 1903 年的首次動力飛行。若非萊特兄弟傑出地結合他們在空氣動力面的直覺、輕量機身製造技術、汽油引擎設計與建造，不可能這麼快就實現動力飛行。

　　今天，一個最富雄心的策略性耦合行動是位於加州聖塔克拉拉的輝達公司試圖收購英國安謀控股公司。（安謀在 2016 年成為軟銀集團旗下的全資子公司，輝達從 2020 年開始洽談這筆收購案，但 2022 年 2 月收購案正式宣告失敗。）自我在《好策略・壞策略》一書中撰寫輝達的案例後，該公司已在成長中的人工智慧市場發展成最強的領先地位之一，能夠達此地位是因為該公司的圖形處理器雖然複雜度不亞於絕大多數的

英特爾 x86 微處理器，但運行原理卻不同。

標準的英特爾處理器是一種通用型機器，能執行程式要求的任何運算。一部中央處理器（CPU）或處理器（processor）被稱為「核心」，現在一個英特爾核心有 2 億至 5 億個電晶體，整部處理器有 4 到 12 個核心。在最先進的應用中，軟體可以要求所有核心同時運作，但若所有核心同時滿載工作，機器會過熱而熔化，因此需要留心電力平衡。至於大多數的桌上型和筆記型電腦程式，只需一個核心就能運算得很好了。

反觀輝達的圖形處理器（GPU）核心就簡單很多，每個核心只需執行一些簡單的乘法、除法和其他算術運算，而且一個 GPU 只有 1,000 萬個電晶體，最近推出的消費者用 GPU 有 2,176 個核心。就是這種同時執行簡單運算的能力，使輝達的 GPU 晶片在人工智慧型態辨識的訓練領域非常實用，該公司最近推出的高階人工智慧晶片 A100 晶片有 43,000 個核心，總計有 540 億個電晶體。

安謀公司是處理器架構設計 ARM 的所有權人，絕大多數行動器材使用 ARM 架構，這架構也開始入侵英特爾的雲端運算處理器領域。ARM 架構比英特爾的架構稍稍簡單，耗電量較少。安謀並不設計處理器本身，而是以智慧財產權授權方式供應一套彈性的設計與標準，讓設計師在系統中增加觸控板介面或相機時能夠做出大量的混搭。

吸引輝達的是 ARM 的整個生態系。在執行長黃仁勳的領導下，輝達發展出深厚的工程技能，包括處理器的高速平行運算、高速記憶存取架構、驅動處理器核心的 CUDA 程式語言（免費提供）。這收購策略的關鍵點，將在輝達的處理器核心中使用 ARM 架構支援的設計，服務雲端型運算領域如加密、圖像分析、一些機器學習類型。若這種處理器與

記憶體緊密整合而增強的能力使輝達超越英特爾架構呢？跟任何事業策略一樣，這是一個賭注。在此例中，若賭贏了，利益將非常巨大。

法國最好的餐廳大多座落於鄉間以仰賴新鮮的當地食材，但在美國這種耦合很少見。位於加州柏克萊的 Chez Panisse 餐廳廚師愛麗絲‧華特斯（Alice Waters），把來自當地園圃的新鮮食材做為新美國料理的核心元素，她對於「從農場到餐盤」新鮮飲食的熱情，開啟了好食物思維的革命。這貢獻使她在 2009 年獲頒法國榮譽軍團勳章（French Legion of Honor）。

許多消費性產品面臨的挑戰是，針對不同客群以不同的耦合來創造樣式或品牌。這類挑戰的關鍵點在於務實地了解實際的顧客行為、希望、與需求。

第一家認真看待顧客研究的消費性產品公司是寶僑公司，該公司在 1920 年代末期實驗「品牌管理」概念。例如，基於這概念區分佳美（Camay）香皂與象牙（Ivory）兩大品牌，各有各的品牌經理。在這背景下，受聘於寶僑公司的經濟學家保羅‧史梅爾瑟博士（Paul Smelser）開始認真地研究市場，使寶僑成為了解顧客的翹楚。史梅爾瑟向該公司主管提出各種探詢疑問，例如：「拿象牙皂來洗臉和洗手的比例是多少，拿來洗碗筷的比例又是多少？」[2] 當沒人知道疑問的答案時，他確信公司必須找出這類疑問的答案。

史梅爾瑟研究部門最著名的創新是團隊成員從事實地研究。這些研究人員大多是年輕女性，接受訓練後實地造訪消費者家，了解他們如何使用清潔用品。研究人員訪談消費者時不能當場做筆記，而是在離開後好好地回想並寫下觀察和學到的資訊。寶僑公司利用實地研究和其他市

場調查資料成為全球最傑出的消費性產品公司之一。

計算機軟體公司財捷（Intuit）推出的產品 Quicken、QuickBooks、TurboTax 在各自所屬的類別市場上成為佼佼者，跟早年的寶僑公司一樣，財捷也採取「跟我回家」（follow me home）方法。該公司的經理人前往使用者家中實地觀察，他們發現最早的 Quicken 支票簿平衡程式實際上被小型企業使用者拿來當成會計工具。因為大多數使用者並不熟悉制式的會計名詞，於是財捷公司開發出 QuickBooks 來盡量減少複式簿記的出現。2008 年至 2018 年擔任該公司執行長的布萊德·史密斯（Brad Smith）說：「你無法從資料流中獲得那些從『跟我回家』中獲得的洞察，你必須親眼觀察、感受使用者的情緒。」[3]

「印德格材料公司」（假名）面臨威脅時，該公司應付威脅的做法是強烈聚焦與主要客戶耦合之處。

金屬粉末被廣泛用於製造從玩具至噴射引擎葉片等產品，印德格材料公司是金屬粉末的重要製造商，專長生產鎢、碳化鎢、鈦、鉭粉末。這些耐火金屬硬度高，難以用傳統切割或金屬切削來形塑，廠商偏好把金屬粉末放進模具裡，用高壓或高熱（燒結法）來形塑最終形狀。碳化鎢尤其堅硬，所以通常被用來切割其他金屬。

由於印德格材料公司發展出專有的添加劑，自 2010 年起在鎢和鉭這兩個市場上享有競爭優勢，使用此添加劑能夠可靠地打造最終形狀中更小、更細膩的部分。沒有這添加劑，廠商在燒結最終產品時必須限制能夠融入其中的精細部分。印德格材料公司在全球大約有二十個金屬粉末大客戶。

但後來該公司面臨威脅，其執行長「隆恩·赫維斯」（假名）在

2016 年解釋：「我們面臨來自韓國的新競爭，他們的產品性能媲美我們，產品利潤正在下滑。我們有一個大問題是，不知道客戶在模鑄和燒結之前究竟做了什麼處理，我們不完全清楚他們的最終性能要求是什麼，客戶總是詢問報價和產品規格而已。」

印德格的主管團隊決定嘗試和一家主力客戶合作，該客戶在去年曾請求印德格協助解決幾個問題。隨後四個月合作期間，印德格發現這客戶喜歡自家鎢粉末的硬度及其他小特性，但也對多孔性——能夠自潤承軸的材料細微孔徑——感興趣。印德格的工程師研究這問題後發現，加入微量的鉭粉末和另一種添加劑可以解決此客戶的問題。

根據這經驗，印德格建立一座小型的試驗工廠，試驗該公司客戶使用的一些製造方法。接著，該公司成立一支訓練有素的銷售工程師團隊，讓這團隊協助主力客戶改善及差異化產品。印德格把客戶的問題帶回公司的試驗工廠裡研究與試驗，幫助客戶更有成效地使用自家生產的金屬粉末，使得原本被視為商品的金屬粉末產品變成一種特殊材料，利潤因而提高。

解耦

緊密偶合是個別廠商的創新行動，而解耦（uncoupling）通常是一種產業現象，發生於當以往結合或整合的活動受到來自專業化廠商的挑戰。在此現象中，優勢來自及早取得新的專業化地位，使那些試圖保留舊整合制度的公司處於落後地位。

舉例而言，早年 IBM 和一些更小的競爭者向企業及政府客戶供應完

全整合的電腦系統，以系統工程打造記憶體、處理器、讀卡與讀帶機、列印機、終端機等等。微處理器問世解構了這系統，伴隨每一種器材變得更精巧、各自內建微處理器，於是出現磁碟機、鍵盤、主處理機、螢幕、記憶體、軟體等等的專業廠商。在這龐大的解構現象中，儘管以往整合系統的報酬消失了，但也出現了線上銷售（例如戴爾電腦）的巨大獲利池；英特爾處理器和微軟視窗與辦公室軟體交叉耦合（cross-coupling）的巨大獲利；解耦後的硬碟產業也有不錯的獲利。

◢整合與去整合

整合涉及到「上游」階段向「下游」階段供應投入要素的活動，例如樹木變成木材，木材變成木料、筆記本、衛生紙等等。有很多的挑戰關鍵點指向了整合或去整合（deintegration）的行動。

1909 年至 1916 年期間，福特汽車公司把 Model T 車款的售價從 $950 美元降低至 $360 美元，大大拓展了潛力顧客群，這成功並非如許多人以為的，歸功於流水組裝線。1909 年出產一輛福特車的勞動成本不超過 $100 美元，較大的成本節省來自材料成本，每輛車的材料成本從 $550 美元降低至 $220 美元。[4] 材料成本之所以下降，源於福特採用一種獨特的工業工程法，向後整合至汽車組件的製造。當時福特汽車的座椅、車窗、車輪等部件供應商，大多是簡陋的家庭式經營小店，福特的工業工程師想出如何準時、低成本、高品質地量產這些部件，使福特 Model T 的成本顯著降低。

雖然整合的邏輯仍然適用，但現在比較難找到這種機會了，反而

是去整合更可能帶來好處，因為部件、維修、元件的供應商在各自專業上比整合型公司更佳，這是福特 Model T 故事的相反情況。去整合是外包供應鏈這股巨大潮流的背後推力，把製造與知識型技能（例如編程）活動轉移至成本較低的海外。重要例子像是多數的半導體生產去整合化，外包給專業的晶片製造商，早年快捷半導體（Fairchild Semiconductor）、德州儀器（Texas Instrument）、IBM、摩托羅拉等公司設計與生產自己的記憶體與處理器晶片，現在只有英特爾和三星仍然留有堅實的自家晶片製造廠。

在一公司內，整合與去整合的決策不同，取決於生產線。對於巴塔巴基斯坦鞋業公司（Bata Pakistan）來說，不再自行製造涼鞋而把製造活動外包給當地強健的涼鞋製造業，這是合理的做法。至於較複雜的運動鞋則繼續由自家生產，因為製造運動鞋需有將橡膠硫化成織品的專業訣竅。

瑞士的金融服務公司「嘉瑪吉」（假名）是創建專門種類保險產品的專家，他們只設計金融工具，實際的保險業務交由這領域的專業者，行銷工作外包，通路則是透過理財顧問。在現代金融業，整合通常侷限於分享難以取得的顧客與市場資訊。

◢規模與經驗

為了讓效率更高或掌控市場，最容易聯想到的機制是規模，事業愈大，平均成本愈低，對吧？

未必。2019 年三星製造了 2.95 億支智慧型手機，亞軍蘋果公司製造

了 1.97 億支，由於三星更垂直整合，像是自製晶片與螢幕，所以你會以為三星的產量大與整合度帶來堅實的規模與整合優勢。但是三星銷售 150 種款式的手機，蘋果只銷售 3 種款式，三星的「規模」大多用於製造低成本、低利潤、盛行於開發中國家的手機款。結果是，三星只攫取全球手機利潤的 17％，蘋果囊括了 66％。在這個例子中愈大並非愈好。

許多活動都有明顯的規模經濟，策略課題在於達到好效率所需要的規模。若公司囊括整個市場 10％占有率的規模可以達到好效率，那麼這個市場就有容納 10 家有效率公司的空間，意味著規模將不是優勢的源頭。

運送成本和顧客對差異化的渴望會抵消規模效益。舉例而言，縱使經營一家餐廳的平均成本隨著座位數量和供餐量的增加而降低，仍然沒有理由去開一家有一千個座位的餐廳，因為顧客上餐廳吃飯並非只想填飽肚子而已。大型客機也存在規模經濟，空中巴士 A380 可提供每哩每座位最低成本，目的是取代波音 747 在大型客機領域的龍頭地位。但是只有在航空公司讓 A380 班機滿座的情況下，A380 才能以低成本營運。所以空中巴士在 2019 年停產 A380。

同樣地，全球汽車業在製造汽車上存在明顯的純成本規模經濟。但是在 2019 年全球 7,500 萬輛車市中，最大的製造商豐田汽車取得 10％占有率，福斯汽車（Volkswagen）以 7.5％居次，第三名是福特的 5.6％。因此顯然還有別的因素作祟，若規模真那麼重要，最大的汽車製造商會完全制霸市場。

汽車製造業的生產規模經濟不是優勢的決定因子，因為不是人人都想要相同的車子，購買者想要不同的特色，或是純粹想要有所不同，這些欲望抵消了純粹的生產規模經濟效益。每一家汽車製造商面對的課題不僅僅

是平均單位成本，還有種種的購買者社會規範、需求、品味和所得。

生產規模經濟和純粹組織規模較大這二者之間存在很大的邏輯差異。事實上，較大的組織通常需要更多層級的經理人和委員會來協調，基於這個原因，許多透過購併以期達到規模經濟的希望最終落空。購併後，希望獲得的好處往往變成虛幻，因為收購的公司和被收購事業裡的職務角色、技能、薪酬等級和工作等都太不相似，難以有效整併。戴姆勒（Daimler）與克萊斯勒（Chrysler）、阿爾卡特（Alcatel）與朗訊（Lucent）、美國線上（AOL）與時代華納（Time Warner），全都是這種購併後整合失敗的明顯例子。

規模在廣告與研發領域也扮演重要角色，因為這類活動對競爭者的支出更為敏感。這是很複雜的事必須審慎分析。通常一家公司在攻擊較大的競爭者時，會先聚焦在那些競爭者可能撤退的部分事業。

過程經驗

大家都知道熟能生巧的道理，一件事多做幾次後會變得更擅長。關於在做中學習（learning by doing），經典的研究是戰爭時期在波音二廠生產 B-17 轟炸機的情形。[5] 1941 年組裝的第一批 B-17 轟炸機，每架得花約 140,000 工時，一年後生產相同的轟炸機，每架僅花 45,000 工時。到了 B-17 停產的 1945 年，每架的生產只需 15,000 工時。

生產每架 B-17 所需工時得以不斷降低，原因至今仍甚具啟發。仔細研究後排除規模經濟為導因，也不是生產人員更擅長這工作，一開始 B-17 的生產人員的確是技能熟練的技工沒錯，只是隨著工廠擴張，較乏經驗的工作者也加入生產行列。真正明顯的改變是工作的組織方式，在

進入組裝階段前先剔除不良部件來大大減少「重做」作業。此外，生產模式改為及時生產，廢除中央倉庫改為局部倉庫，並把產線重組成多個局部組裝線，然後再把各部位組裝成完整的飛機。

由布魯斯・亨德森（Bruce Henderson）領導的波士頓顧問集團把「在做中學習」改名為「經驗曲線」（experience curve），並用它把自家公司推升至策略顧問業中的領先地位。1976 年我在亨德森的辦公室裡首次看到經驗曲線。波士頓顧問集團的分析師們研究了德州儀器這客戶的半導體事業成本資料，雙對數座標圖顯示平均單位成本隨著累計產量增加而下降；累計產出每增加一倍，每單位成本下滑約 20％。亨德森的論點是，經驗效應意味一家廠商一旦達到領先地位，就能一直保持在這地位。這似乎解釋了在競爭下的持續成功。

以現在的後見之明來看，半導體經濟現象應驗了經驗曲線，在既有的生產設備下，單位成本隨著良率（良品的比率）的提高而降低，良率則隨著辨識與矯正瑕疵源頭而提高。更為重要的是，歷經時日廠商能夠在每平方毫米的矽晶上裝入愈來愈多的電晶體，這過程就是現今所謂的「摩爾定律」。但亨德森的說明中遺漏了很重要的一點，那就是摩爾定律適用於整個產業，而非個別競爭者。德州儀器公司後來發現了這個事實，循著手持型計算機的「經驗曲線」努力追求受保護的地位，但最後找到的不是一罐金子，而是一大堆成本與其相同的台灣競爭者。亨德森的經驗曲線顯示的成本降低，大多不是某公司專有的效益，因此無法成為可持久的績效差異性源頭，亦即無法成為可持久的優勢源頭。

話雖如此，經驗確實重要，活動愈穩定，流程愈複雜，持續的營運經驗愈能提升效率。一般在飛機製造業，仍然預測生產第二十架飛機的勞動

成本將遠低於生產第一架飛機的勞動成本。當然，經驗帶來的效益不僅限於製造業。隨著經驗累積，大眾認為谷歌愈來愈善於改進搜尋結果。

經驗的策略課題在於，經驗做為競爭優勢源頭的程度有多大或多久。跟簡單的規模經濟一樣，過了一定點，累積的經驗就不再是優勢源頭，而是別的因素。

◢網路效應

「網路效應」（network effects）使微軟、谷歌、臉書、推特之類的科技業巨人享有準獨占地位的巨大優勢，某種程度上來說蘋果公司也是如此。只要能產生網路效應，產品或事業可以飛速成長。或者，如同一對年輕夫婦宣布舉辦一場宴會卻沒人到場，你可能未趕上網路效應而被留在競爭的塵埃裡。

規模經濟促使單位成本降低，網路效應則是推升產品／服務的價值。要發生網路效應，產品或服務的價值必須隨著使用者的增加而提高。

1974 年時，年輕的比爾·蓋茲在哈佛大學修讀經濟學，課程中談到電信系統的網路效應。對新問世的微型電腦感興趣的蓋茲從哈佛輟學，撰寫了一套官方銷售名稱為「Microsoft Altair BASIC」的直譯器程式，程式的實際磁碟檔案名稱是「mbasic.com」，這產品被業餘愛好者廣為拷貝用來撰寫遊戲，例如史考特·亞當斯（Scott Adams）開發的純文本冒險遊戲。比爾·蓋茲因產品被盜憤怒不已，但後來他認知到，這套被廣為使用的程式抑制了競爭者開發出較佳軟體版本 BASIC（例如 TDL BASIC）的銷售量。固然，那些盜用者未付錢給他，但這套程式變成當

時 CP/M 系統的實質標準。後來，微軟視窗與 Office 產品的網路效應幫助比爾・蓋茲躋身舉世最富者之列。

若你能創造出具有網路效應潛力的新產品，可能在短時間內急劇成功，例如 Zoom。不過當基本系統出現改變時，優勢可能被削弱或吸收。例如，最早的試算表軟體 VisiCalc 在早年的蘋果電腦上完全制霸。後來被個人電腦 Lotus 1-2-3 取代成為新的制霸者，再後來視窗問世了，微軟的 Excel 成為勝出者。

網際網路結合網路效應促使許多公司免費提供服務，基本上這算是一種柏氏競爭陷阱，這類事業的疑問是：「你如何賺錢呢？」於是出現專門術語「事業模式」（business model）來回答這個疑問。基本上，事業模式是在解釋當事業免費提供服務時，該事業如何創造收入。基本的網際網路事業模式是頁面廣告、基於使用者資訊的廣告、付費使用某些服務、純付費訂閱。

谷歌、臉書、推特和其他網路平台的強大地位是截至目前我們所見最強大的網路效應，這槓桿的驅動力能夠為用戶提供更量身打造的內容，為廣告客戶提供目標受眾，並提供有關用戶反應的即時回饋。臉書的社群網絡現在有 25 億個活躍用戶，若未出現技術或法律上的重大變化，很難破壞其優勢與地位。

◢平台

近期爆增的新型公司是平台型事業，屬於具有雙邊網路效應的事業。網路平台同時服務買方和賣方形成一個市集。臉書可以先建立用戶

群，但像愛彼迎（Airbnb）這類的平台若沒有承租者，對出租者就沒有任何益處；反之，若沒有出租者，承租者也沒有得到什麼益處。

對平台策略師來說，優勢來自雙邊網路效應，要適度地「鎖住」買方與賣方。早期的關鍵課題是決定先建立哪一邊，爾後再增加另一邊，這個決策取決於境況的特性和業主的智謀。愛彼迎處理這關鍵課題的方法是先建立出租屋名單，該公司搜查 Craigslist 網站和報紙上張貼的出租廣告，以及其他線上渡假屋的出租告示。該公司出錢為這些早期的出租人拍攝專業的出租屋照片，藉此吸引更多房東上愛彼迎張貼租屋，同時也使網站上張貼的物件看起來媲美優質旅館，而不像張貼於 Craigslist 網站上的那種極簡格式。隨著承租者開始使用這平台，愛彼迎不再支付拍照費用，但房東會自己出錢，以求張貼出來的物業照片不遜於其他張貼的物件。

優步平台連結了司機、車子和想搭順風車的人，共乘價格低到足以搶走計程車和車行電話叫車的生意。儘管優步支付司機多少錢的爭議不斷，但還是輕鬆地吸引很多人成為優步駕駛。據報導，優步司機的流動率每年高達 60％。優步也花了很多錢在行銷、繳罰款和全球各地的政治獻金，本書撰寫之際，該公司面臨的大問題是有沒有轉虧為盈的途徑。優步在 2020 年虧損 $67.7 億美元，已經比 2019 年的虧損 $85 億美元好很多了，該公司聲稱將在 2021 年達到損益平衡，但這聲稱有附加細則——未計入折舊費用、股票薪酬費用、法定準備金、商譽減損、融資費用、新冠肺炎疫情相關費用，以及其他的支出。（優步最終未實現這一聲稱，在 2021 年全年仍然虧損近 5 億美元。）最大的未知數是，該公司究竟有沒有投資於成長，或訂價結構是否根本無法長期支撐。

優步平台的重要層面是，新手司機可以用極低的初始成本和非常彈

性的工作時數來開創「事業」。對很多人來說，這兩項特點非常具有吸引力，而這也是許多平台的基礎，例如為手工藝創作者提供銷售地的藝市（Etsy）。

藝市是手工藝品或古董銷售平台，由兩位畢業於紐約大學的羅伯·卡林（Rob Kalin）、克里斯·馬奎爾（Chris Maguire）以及海姆·蕭皮克（Haim Schoppik）共同創辦。他們研究「getcrafty.com」和「Crafster.org」網站的留言板，人們在這些留言板上分享他們的創作計畫與方法，還有許多留言者想出售作品，卻討厭 eBay 這個平台。一開始，藝市的創辦人讓這些留言板的留言者在藝市免費張貼幾個月待售創作品。最先賣出的作品人多賣給其他的藝品創作者，所以藝市在賣方這邊下了點工夫，包括提供預製品商店、編輯工具、信用卡付費機制、指南手冊、聚會等等。藝市的存在也被女權主義部落客宣傳為「購買手工藝品是拒絕大眾商業文化的一種方式」，購買者迅速成長。

藝市在 2005 年公開上市募集到 $2.87 億美元，使其有資金可投資更多成長。華爾街總是密切聚焦上市公司的每季成長數字，藝市規模成長的後果是，一些賣家轉往別的平台如 ArtFire、亞馬遜手工製品市集（Amazon Handmade）。伴隨藝市的擴張，「手工製品」的定義放寬至容許「手工設計」品委製。藝市成長過大也引發一些購買者抱怨，一名自由撰稿人寫道：「在藝市的婚紗品類別搜尋『mermaid（魚尾裙）』，得出 1,299 個搜尋結果，從真人秀節目《決戰時裝伸展台》（*Project Runway*）中脫穎而出的設計師黎安·馬歇爾（Leanne *Marshall*）設計一件售價 $6,882 美元的婚紗，到一件售價 $65 美元據稱是手工製的蕾絲禮服都有。」[6]

儘管如此，2020 年盈餘 $7,600 萬美元的藝市，市值達到了 $60 億美元，該公司的商品營收年成長超過 20%。藝市的營收來自對售出的商品售價索取 5% 服務費、付款處理收取 3% 手續費，以及對每件陳列商品收取四個月 20 美分的陳列費。

　　在思考優勢時，我們傾向看搜尋成本、黏度或轉換成本，亦即這個平台的購買者是否容易搜尋想要的類別或品項？買方或賣方是否可以輕易地轉換至別的平台？

　　以優步來說，平台搜尋快速又簡單，不過尖峰時段的車資可能是平常費率的三倍。優步的雙邊市場都有黏度不足的憂患，一大比例的優步司機也為來福車（Lyft）之類的競爭者開車，優步的手機叫車應用程式也相當容易被模仿。愛彼迎也有類似的憂患。

　　手工藝品平台上的買賣雙方也有意願轉換到別的平台，但賣方的轉換成本較高，主要因為網站的程式結構複雜繁瑣，以及商店的網路鏈結具有一些程度的黏度。我預期，五年後店家轉換平台會變得更容易，屆時平台市場將更競爭。手工藝品平台的另一個複雜性是品質控管，在藝市陳列的珠寶品項多達 1,200 萬件，有些是手工製品，有些明顯來自阿里巴巴電商，商品照片品質也參差不齊，該公司很難嚴格維護與執行「手工製品」的規範。在 ArtFire 平台上，商品照片的品質好壞差異更為嚴重。這類平台仍然有很大提高價值的創新空間。

第 12 章
創新

面對技術性課題，策略師必須警覺技術的演進。當然發明能力很重要。例如，我們的專利制度是以孤獨的發明家這概念為基礎而建立的。但是發明鮮少突然出現，新洞察與發現通常已被覺察、被談論、然後被發展而得出。任職德州儀器公司的傑克・基爾比（Jack Kilby）和任職快捷半導體公司的羅伯・諾伊斯（Robert Noyce）在幾個月內相繼發明積體電路，伊利夏・格雷（Elisha Gray）和亞歷山大・葛拉罕・貝爾（Alexander Graham Bell）在同一天申請電話專利。法學教授暨律師馬克・雷蒙利（Mark Lemley）對這個主題的研究結論是：「與大眾迷思相反，美國的重大創新史是由多個不同的發明者在約莫同一時間漸進增量而改進的歷史。」[1] 多數發明建立在已存在的基礎上，在了解電流原理後，愛迪生的發明天賦才嶄露頭角；在建立全球資訊網和其他搜尋引擎後，谷歌的搜尋演算法才問世；全球資訊網是在美國國防部出資開發的阿帕網（ARPANET）架構上發展出來的，其封包交換（Packet switching）基礎早在 1960 年代中期就開始研究了。

技術以波浪形式推進，一波堆疊一波，每一波建立於前一波浪所奠定的基礎結構與知識之上。策略師必須關注與了解綿延一世紀或更久的技術演進「長波」，以及常藉由技術進步來降低特定新收益成本的「短波」。那些靠技術來獲得力量的大公司，縱使目前獲利仰賴短波技術進步所生產的產品，仍然必須關注與了解長波。至於較小或較新的公司，或是大公司裡的產品事業單位，策略師聚焦於較短波，因為這是顯露技術與創新優勢的機制。

◢ 長波

在大多數人看來，織品與衣服製造似乎結束了一股長波。舉例而言，工業革命（1760 年 -1860 年）之前多數人貧窮（以現代標準來看）的衣物得穿到破爛才換。1700 年以前多數已婚的普通婦女將大部分時間花在紡線、織布、製衣，「spinster」一詞之所以用來稱呼未婚女性，是因為絕大多數的未婚女性都從事紡線工業，把紡線賣給別人製作衣服。作家夏娃・費雪（Eve Fisher）曾估計，手做一件男性襯衫需要花費的時間：「縫紉 7 小時，織布 72 小時，紡線 500 小時，總計縫製一件襯衫得花 579 小時。以最低時薪 $7.25 美元來算，現在手做一件襯衫的成本是 $4,197.25 美元。」[2] 機器製的襯衫問世後，其成本降低並非比以往機器製的襯衫成本低（以往沒有機器製襯衫！），而是比家庭製襯衫的隱性成本低。現在一件普通的男性襯衫不到 $20 美元就能買到，節省了99.5％美元。從 1700 年至 1900 年價格大幅降低同樣也發生於時鐘、餐具以及其他日常生活用品，這就是革命。

儘管織品是最古老的產品之一，創新仍持續至今，這長波不斷地出現新波痕。這裡舉例一個新波痕，今天多數衣服由棉花、聚酯纖維或二者混合製成，生態考量促使顧客要求製造衣料要用生長過程中未噴灑農藥的纖維，以及不會起微粒的合成材料。這社會趨勢與技術的結合促成採用以鳳梨葉纖維製成、名為「Piñatex」的人造皮革，以及由蘑菇菌絲體的細胞與細絲製成、名為「MycoTEX」的織料。

　　過去兩個世紀期間，最顯著的長波是電的利用。丹麥物理學家漢斯・奧斯特（Hans Christian Ørsted）在 1820 年無意間看到一股電流促使指南針移動，這是首次人類觀察到電流能移動物體。到了 1840 年用於車床與其他工具的電動馬達被發展出來，不久電動馬達開始出現在工廠，取代用以供輸蒸汽動力的複雜皮帶滑輪組系統。在革命性的 1880 年代，紐約與其他城市陸續出現最早的發電廠，到了 1890 年代電纜車開始取代美國城市裡的馬車，首見於俄亥俄州的克利夫蘭市。邁入二十世紀時，住家開始用愛迪生發明的電燈泡來取代蠟燭與煤油燈。

　　住家電力的普及使企業得以在 1920 年代把新的家電設備商品化，包括電動洗衣機、電冰箱、收音機等等。接下來的二十年間，IBM 把電動製表機打造得更完美，研究人員還建造出最原始的電腦。1947 年 AT&T 的貝爾實驗室（Bell Laboratories）發明並展示電晶體，十年內 IBM 使用電晶體建造出複雜的電腦。積體電路技術在 1960 年代發展，引領發明了半導體記憶體與微處理器，第一台家用電腦於 1970 年代末期問世。

　　想建立現今的網際網路少不了以下技術的匯集：1970 年代與 1980 年代發展出的平價小電腦與高容量光纖電纜，以及既有的有線電視訊號傳輸系統。行動電話利用了無線電、積體電路、對蜂巢式網路精進的管理技

能。一層又一層，一個分支接著一個分支，與電有關的技術建立在新科學和既有的基礎設施之上，這種發展與演進故事離結束還遠得很。

這些長波可被觀察到，但難以預測。我曾在 1967 年參加由著名的未來學家赫曼・卡恩（Herman Kahn）主持的一場預測未來研習營，參與此研習營的科學家、企業領導人、一些政府機構人員開始想像 2007 年時的世界會是什麼模樣。與會者預測，若沒有爆發核武戰爭的話，屆時我們將能治癒癌症；殖民火星；在地球任一角落前往任何地方只需一小時的火箭之旅；有核融合提供的便宜乾淨能源；或許還有自動語言翻譯。

未來學家所預測的其實是一份願望清單，彷彿技術是某種會實現人類渴望的魔法機器。在這些預測中，只有語言翻譯發展接近，但仍然不理想。我們沒有獲得便宜乾淨的能源，沒有治癒癌症的療方，也沒有殖民火星；但我們擁有這群人沒預測到的東西：到處都是電腦，放在口袋裡，連結到全球網路，我們幾乎能夠快速地搜尋任何東西。

當網際網路以全球資訊網形式呈現在大眾眼前時，有人預測分享資料與人類自由的新時代到來了。在很大程度上這已經發生，而且改變了工作及人類文化。但是卻沒人預料到，這會導致我們的注意廣度下滑，也沒人預料到網路會增強到使這世界充滿最荒唐的猜測。縱使過了十年，也沒人預料到推特之類的社交媒體會變成霸凌的工具，惡毒地強加不斷改變的社會規範。我們沒有獲得我們希望的東西，在這個例子中，不管我們有何想望，我們實際獲得的是技術帶來的東西。

這些技術演進與發展的例子啟發我們，策略師必須知道他考慮的長波的性質。有些長波會歷經時日不斷地大推進，有些長波則像船舶的推進，似乎會達到自然極限。一般來說，你展望的未來愈遠，就愈難預測

技術的演變，某種程度上可預測的技術前景大約是未來五到七年間，超過這期間的未來展望，策略師必須採取資產組合觀點，下注於多種可能性，其中一些可能性將彼此抵觸或相競。大公司、政府以及獲得資金補助的實驗室應該採取這種觀點。

短波

在演變的長波中，技術以較短的步伐演進，並發生於當做某個新東西的成本降低到足以商品化時。舉例而言，飛利浦（Philips）與其他公司在 1960 年代早期研發出微暗的發光二極體，後來 1970 年左右計算機螢幕上出現微暗的 LED 燈泡。到了 2000 年代中期 LED 燈泡已經發展到夠亮且夠便宜可以開始取代白熾燈泡。電力照明的下一短波可能是雷射二極體照明，在戶外應用方面有很大的利益潛力。

在隨著規模或經驗增加而成本降低的情況下，策略師通常會為一個產品的早期版本尋求對價格最不敏感的購買者，這麼做有雙重好處。其一，公司至少能獲得一些銷售，以及來自顧客的回饋；其二，因為初始市場看起來似乎太有限，其他公司的經理人可能不願意進入這麼小的市場。康寧公司（Corning）在 1970 年代研發出光纖電纜時，因為仍有訊號漏失的缺點，其使用侷限於少於一哩的距離，那麼誰會購買只能短距離通訊的電纜呢？答案是美國國防部。因為光纖電纜不受原子爆炸產生的電磁脈衝波影響，所以 1975 年時最早問世的康寧光纖電纜，被用於連結位於科羅拉多州的北美空防司令部（NORAD）地底下的電腦網路。當然，現在訊號漏失的問題已經解決了，光纖電纜支撐著全球網際網路。

最快採用傳真機的國家是日本，原因出在東京使用奇特的地址編號系統。東京的建築物編號是按照興建順序，而非按建築物在街道上的位置，很難告訴別人如何造訪辦公室或商店。傳真機為這困境提供了一個很好的解方：邀請某人跟你會面後，把地圖傳真給對方，向他展示會面地點。時至今日這習俗依舊存在，只不過現在大多使用電子郵件和即時通軟體來傳送地圖。

許多行銷專家告訴我們，新技術的早期採用者往往是「影響力人士」。在一些例子中或許如此，但在很多例子中卻不是。在美國，手機的早期採用者往往是毒販，他們用手機來聯繫街頭販毒者前往隱藏於附近建物的毒品供應處。由於這些需求很局部，鞏固了類比式行動電話系統在美國的發展，而歐洲則是朝數位技術發展。同理，最早「牽牛星」（Altair）個人電腦的早期採用者是業餘愛好者，不是影響力人士。

在下文提供的例子中，我細述個人與公司如何看到成本降低或潛在好處，以及邁向商品化的一些步驟。在每個案例中，我會剖析早期的關鍵課題是什麼，或是現今的關鍵課題可能是什麼。

直覺外科器材公司

蓋瑞‧古塔（Gary Guthart）獲得在美國太空總署艾敏斯研究中心（NASA Ames Research Center）撰寫軟體以評估戰鬥機飛行員在緊張情況下的飛行表現時，他還只是個高三學生，後來取得流體力學博士學位後，進入史丹佛研究院（Standford Research Institute，SRI）工作。在 SRI，每天午餐時間古塔都會前往籃球場觀看其他人打籃球，有一天他站在籃球場邊觀賽，站在旁邊的一位研究員問他是否了解某種非線性

方程式的數學，那人說自己正試圖打造手術機器人，卻被數學困住了。古塔告訴他，自己懂這個主題，就這樣，不久後古塔就轉入手術機器人研究實驗室裡工作了。在那實驗室裡，古塔被要求縫合一隻老鼠的股動脈，然後改用一台臨時裝配的手術機器人再縫合一次。他觀察並領會到在許多手術中必須執行的操作有多麼精細，精細到多數人的眼睛和手無法可靠地完成。他看到了機器輔助系統能夠產生的差異，並深信這項新技術能夠拯救生命。

創投資本家約翰・弗倫德（John Freund）、外科醫生羅傑・莫爾（Roger Moll）與科學家羅伯・楊（Robert Younge）在 1995 年共同創立直覺外科器材公司（Intuitive Surgical），買下 SRI 的手術機器人技術智慧財產權，並聘用古塔並把他的軟體技能引進公司。此前，SRI 的這項技術研發獲得美國國防部的資金贊助，希望外科醫生可以遠距連結操作手術機器人，為戰場上受傷者動手術。直覺外科器材公司把這技術推向不同的發展方向，讓機器人在手術房裡為病患施行手術時，只須一位外科醫生在旁邊。該公司打造的第一個原型在手術機械臂增加了手腕動作，以及在顯示器上加入 3-D 視覺系統。早期的實驗室試驗顯示 3-D 能大大改善手術施行者執行複雜手術的能力。

下一個名為「蒙娜」（Mona）的原型則增添了可替換器材，易於消毒作業。蒙娜系統在比利時進行了第一個膽囊切除手術的人體試驗。下一個名為「達文西」（da Vinci）的系統納入多項改善，包括大大改善3-D 影像和機械臂，美國食品藥物管理局在 2000 年核准達文西用於普通手術。

一路歷經幾個顛簸後，如今直覺外科器材公司已是有醫生指導下

的機器人手術領域的世界翹楚，全球各地已有數千名外科醫生接受了達文西機器人輔助手術的訓練，益處良多，主要減少伴隨手術而來的併發症。古塔等人的技能適時且適切地激起這一波的改變，古塔也在 2010 年接掌直覺外科器材公司執行長。

2021 年的現在，直覺外科器材公司面臨一些挑戰與機會。古塔投資了執行肺部深度切片檢查和縮胃手術的技術。競爭方面，字母公司（谷歌的母公司）已宣布朝機器人手術領域發展，美敦力醫療產品公司（Medtronic）也是。更大的整體性問題是，在缺乏外科醫生的觸覺回饋下，機器人手術依然受限。多數外科醫生仰賴觸摸來決定手術刀該施加多少壓力，或是如何處理軟組織，而機器人系統缺乏這種感知。若能解決這問題，市場將擴增多倍；若字母公司解決了這問題，直覺外科器材公司可能受到重創。把這個問題視為關鍵點，若我是古塔的話，會尋求一個「夠好」的解決方案。亦即，我打賭字母公司的人工智慧研究人員會尋求一個全方位的解決方案，而我可以研發一種足夠好的組織密度和結瘤位置指示系統來取得勝利。當然啦，我會對此保密。

Zoom 案例

2016 年我在歐洲輔導一家多國籍科技公司，當時高階主管聚集會議室，和位於美國與亞洲的其他高階主管透過網際網路連線開會。他們把 Cisco WebEx 系統掛到電腦上，嘗試和海外的高階主管們連線，剛開始只出現部分影像而且沒聲音。他們找來一名技術支援人員（一家高科技公司的技術支援人員），他把影像弄出來了，但仍然沒聲音。他把整個系統關閉，重新開啟，仍然沒能解決問題。這不是我經歷的唯一一次網

路會議連線失敗，一般來說，公司保全系統和視訊會議系統都運作得不理想。

思科（Cisco）在 2007 年時以 $32 億美元收購 WebEx，當時袁征是收購案續留的原 WebEx 員工之一，在中國取得數學與電腦科學學位的他於 1997 年來到美國，同年進入 WebEx 成為這套系統的開發團隊一員。隨著 WebEx 在思科旗下拓展顧客群，袁征晉升為工程部副總，領導八百多名開發者。

袁征面臨的挑戰是，WebEx 未能歷經時日而改進。起初這是蠻創新的產品，但到了 2010 年軟體基礎一直未升級，仍然需要複雜且多步驟的安裝程序。2020 年接受訪談時，袁征回憶他和顧客會面的情形：「會議結束後，當我和 WebEx 顧客交談時，我非常、非常侷促不安，因為我沒見到一位滿意的顧客。」[3] 袁征在 WebEx 的同事維爾查米·桑卡林安（Velchamy Sankarlingam）回憶：「思科公司以一種完全不同的心態……，思科只賣器材……，若某公司的網路故障了，沒人會歸咎思科。」[4]

袁征在 2011 年離開思科創立新公司 Zoom，並帶走一群工程師專門開發視訊工具，得出遠比 WebEx 更易於安裝、使用與維護的產品。

視訊會議軟體公司面臨技術與商業挑戰的關鍵點在於，消除顧客註冊、設立帳戶、下載程式、在手機上下載 WebEx、Skype、Microsoft Teams、TeamViewer 等等行動應用程式所涉及的複雜性。此外，開發易於使用、高品質的視訊會議軟體並不容易，工程師必須使軟體能在任何一種瀏覽器上運作，不論防火牆設定如何，而且影像必須分別壓縮分享到螢幕上，並根據每個使用者的電腦速度來調整。袁征團隊克服關鍵點

的方法是讓頂尖工程師聚焦在所有摩擦點上，堅持製作的產品必須令顧客滿意。

Zoom 提供的免費方案支援至多 100 名與會者、時長不超過 40 分鐘的會議。由於免費且易用，又是通訊工具，因此如野火般快速蔓延。在新冠肺炎疫情的隔離封鎖期間，Zoom 流量在 2020 年 5 月暴增 3000％，「Zoom」變成了一個動詞，學生 Zoom 至學校。隨後這產品的安全性遭受抨擊，Zoom 團隊趕緊修正，再之後又換公共衛生專家擔心一個接一個的 Zoom 會議會對隔離居家的人們造成影響。

伴隨世界大部分地區度過新冠肺炎疫情緊急期，Zoom 面臨的明顯挑戰是視訊會議的消減，以及來自谷歌、微軟與其他公司的妒忌競爭。無疑地，一些競爭者也將解決那些把 Zoom 推向領先地位的高品質、易用等問題。隨著疫情控管放寬，股市將聚焦於明顯且可預期的視訊會議量減少，而策略師則應該仔細留意接下來的機會。前進之路是尋找目前仍然不便捷的應用（如同 2011 年時的 WebEx），目前大多數版本的「團隊」通力合作工具就是一例。

多寶箱案例

多寶箱（Dropbox）是結合降低隱性成本、免費使用和網路外部性的軟體例子。2015 年初，我和多寶箱公司的共同創辦人暨執行長德魯・休斯頓（Drew Houston）討論該公司的未來時，他解釋說，2006 年外出旅行時他忘了帶隨身碟，當時沒有簡單容易的方法可以把檔案同步儲存於一台筆記型電腦和一台家用電腦上。這事件觸發他撰寫多寶箱檔案同步化程式，並創立了這家公司。到了 2015 年多寶箱被廣為使用，用戶可以把

桌上型電腦的檔案儲存於多寶箱，系統會不斷地掃描檔案中的任何變動，把改變的部分上傳與備份，亦即分塊同步。若用戶有兩台、三台或十台電腦，多寶箱會把儲存於所有電腦上的這個資料夾或檔案同步化。

需要的儲存容量少於 2GB 可以免費使用多寶箱，超過就採取分級收費。用戶若邀請其他人免費註冊加入，還可以獲得額外的儲存容量，用戶也可以和其他用戶分享資料夾與檔案。這些政策使多寶箱快速成長，網路效應強度雖不如谷歌的網路效應，但還是與轉換成本效應耦合：一旦你有許多檔案儲存於多寶箱，轉換至另一個解決方案的成本（隱性成本）就變得相當高。

2015 年時令德魯・休斯頓憂心的問題來自谷歌、微軟、盒子（Box）、及其他公司的競爭。他告訴我：「這些重量級公司的競爭令人擔憂」，但他說自己仍然相信多寶箱可以藉著提供最簡單、最容易、最少缺點的檔案同步化服務來支撐與成長。

2018 年多寶箱公開上市，本書撰寫之際（2021 年），該公司市值為 $100 億美元，用戶超過 6 億，顯然德魯・休斯頓當年指出挑戰關鍵點為「多裝置輕鬆無憂的檔案同步化」是正確的。儲存成本固然是個問題，但多寶箱提供的無縫模式服務意味著用戶不需要做任何維護作業，大大降低了用戶處理個別檔案移動的隱性成本。谷歌雲端硬碟（Google Drive）可以檔案同步化，但每次同步化整個檔案時不是分塊同步化，而且使用者介面不明顯，若你改動一份大檔案的內容，而且使用多個裝置，檔案的同步化就需要花很多時間上傳與下載。此外，谷歌雲端硬碟服務的檔案分享，目的是促使用戶採用谷歌文書處理軟體、數值計算、簡報程式。許多使用者說，之所以選擇多寶箱是因為它不是科技巨人。

儘管如此，2015 年時一些科技巨人把雲端儲存推向商品化的趨勢仍令人憂心。跟法國中部奧弗涅地區的礦泉水一樣，1MB 的線上儲存近似一種完全競爭性商品，服務這領域的公司將進入毀滅性的柏氏競爭。在我看來，多寶箱有好產品，轉換成本有助於該公司避免用戶群快速流失，但是更長期來看，競爭者仿效帶來的挑戰相當大。長期而言，多寶箱面臨的關鍵挑戰是開發更專有的產品，該公司近年納入 DocuSign 的電子簽名工具，又收購同樣提供電子簽名工具的 HelloSign，正是朝此方向發展的行動。另一個可採取的行動是建立虛擬「交易室」，讓投資專業人士用以儲存及查看交易相關文件，同理也可以為律師事務所及訴訟案件提供專門性質的文件儲存服務。易於使用版本的控管服務是另一個值得探索的商機。

直覺外科器材公司、Zoom 與多寶箱這三個案例有共通點並不意外。成功的創新通常能享有一段無競爭或輕微競爭的時期，使得公司成長快速，但是這種成功將刺激更大、更老公司的胃口，尋求吸納較年輕的新秀來維持自身的活力。較年輕的創新者面臨的關鍵點是使用當前的敏捷性，以及無科層制度的束縛，在競爭中脫穎而出。

科技巨人

結合顯著的成本降低（或效益提高）和強大的網路效應，產生了如今縱橫全球的科技巨人。例如，現今線上搜尋的容易與簡單性幾乎被視為理所當然。

沒人預料到，谷歌、臉書、推特、蘋果等這些巨大的資訊型科技公司崛起。起初，網際網路被視為一條大家都能走的資訊高速公路，應該

被看到、卻未被看到的是，具有巨大網路效應的系統能使隱性的消費者成本大大降低。谷歌搜尋大大降低了查找資訊的成本，愈多人使用谷歌搜尋，谷歌搜尋能力變得愈好，儘管一直都是免費提供，服務給消費者的價值卻愈來愈高。

2003 年哈佛大學大二生馬克‧祖克柏（Mark Zuckerberg）為 Faccmash 網站撰寫軟體，把女學生的照片擺在一起供人評選誰比較「熱門」。過沒多久，他撰寫「TheFacebook」應用程式讓哈佛學生張貼他們自己的相片及個人資訊。到了 2007 年臉書已經走出校園，有數千萬個用戶，以及 10 萬個商業頁面。

祖克柏完全未預料到，這爆炸性成長源於網路標記語言（markup language）的複雜度，使得建立個人網頁的困難度與成本很高，而臉書提供了一條輕鬆建立個人網站的途徑，再加上社群媒體的網路效應，臉書快速壯大成如今的一個巨獸。在臉書之外建立個人網站的複雜度與成本，迄今仍然存在（參見本書第六章有關於「WebCo」公司及其執行長「雪倫‧湯普森」的故事）。

至於谷歌、臉書與推特面臨的大挑戰，主要出於大眾與政府對他們壟斷地位的觀點，尤其是在形塑與影響言論方面的力量。此外，多數出版與娛樂事業的版權法規執行如此一絲不苟，反觀這些科技巨人卻能如此成功地繞過版權問題，仍然令人相當訝異與費解。

◢互補性

在創新領域，一個重要、往往往成為關鍵的課題是教授大衛‧提斯

（David Teece）所謂的「互補性資產」（complementary assets）的存在與否。[5]互補性資產指的是把新發明或產品推到市場上，同時提供必要的輔助性服務時所需要的技能或資源。例如，若你創新一款較好的血壓計，通往醫院與醫生辦公室的現有通路對你的創新產品具有互補作用。你也許得和現有的強大互補者分享創新產品的許多益處，但另一方面，若你發明的是每一家電信與網路營運商都想供應的 iPhone，情況就反過來了。

我一直認為，費羅‧范恩沃斯（Philo Farnsworth）的故事對於智慧財產權和互補性資源這兩個主題甚具啟發。范恩沃斯出生於 1906 年猶他州偏遠地區的一棟木屋，1918 年時隨家人遷居愛達荷州，那裡的農場有一台發電機和幾個馬達，范恩沃斯將其拆解開來研究它們是如何運轉的，也閱讀了他能找到一切有關電的文獻。高中時范恩沃斯在黑板上向化學老師展示他的「析像管」（image dissector）設計草圖，那是一支真空管，內有一根電子槍、幾片偏轉板與一個氧化銫螢幕，那位老師當時還做了筆記。七年後，就讀楊百翰大學的范恩斯沃申請「電視系統」專利，當時他才 22 歲。

1929 年范恩斯沃已經能向妻子展示一個影像的傳輸。但此時出現了一個問題，領導無線電革命的美國無線電公司（RCA）取得弗拉基米爾‧澤沃利金（Vladimir Zworykin）於 1923 年申請的「電視系統」技術專利，這其中內含「光電攝像管」（iconoscope）的一些裝置原理。但是美國專利局並未授予這部分的專利，因為沒有證據顯示這器材能運轉（當時還未能成功運轉）。之後美國無線電公司向范恩沃斯提出以 $100,000 美元購買其專利，他拒絕了，過沒多久范恩沃斯進入飛歌公司（Philco，美國無線電公司的競爭對手）工作，美國無線電公司便把他告

上法庭。雙方纏訟多年，范恩沃斯輸了兩回合，但後來他的高中化學老師在法庭上拿出自己當年的筆記為范恩沃斯做證，法院最終裁定專利屬於范恩沃斯。

任職美國無線電公司的澤沃利金後來改進設計，申請「映像管」（kinescope）專利，這技術成為早期電視機產業的標準。范恩沃斯則嘗試生產自己的完整電視機，但未能賣出多台。他繼續從事發明工作並取得了三百多項專利，包括名為「范恩沃斯—赫希融合器」（Farnsworth-Hirsch fusor）的桌上型核融合裝置。最後一次不成功的創業導致范恩沃斯破產，不久後於 64 歲因肺炎離世。

范恩沃斯故事的啟示是，你也許是首先提出新創意的人，但技術以波浪形式推進，在你腦海中點燃創意的火花，也會閃現於別人腦海，若你是貨真價實的第一人，必須建立堅實的智慧財產保護。但在此同時，切記別人的點子也在發展與改進中。有太多的案例顯示，一個新產品或創意的成功得仰賴互補性資產。在這個例子中，美國無線電公司有研發實驗室、預算、廣播技術與系統，以及設計與打造出「真正可運轉的電視機」的策略性耐心。范恩沃斯與澤沃利金的技術概念都不是電視，但為了開創電視事業，美國無線電公司必須完善電視攝像機與電視機以取得執照。直到 1939 年，美國無線電公司才開始從帝國大廈（Empire State Building）的第一頻道播送節目，但當時還未對外開播。1945 年美國境內約有一萬台電視機，到了 1950 年約有 600 萬台，到了 1990 年代電視機已無所不在。如今回顧，美國無線電公司的互補性資產是決定性因子，范恩沃斯當年或許應該與該公司合作，談判出一個更好的交易，取用該公司資金充沛的研發實驗室。

第 13 章

組織功能失調的挑戰

有時候問題在於我們本身，跟競爭或技術變化沒那麼大的關係，而是組織的反應能力差，這可能是欠缺需要的技能，或是組織的領導、結構或流程有問題，導致未能辨識及運用那些技能。這類問題的關鍵點在於領導人如何設計組織，或他們如何管理組織。

組織導致的最常見問題源於專業化歷史，通常也是成功的歷史，一段時期（尤其是成長與成功時期）奏效的東西，變成組織的做事模式。歷史學家阿諾‧湯恩比（Arnold Toynbee）稱此為「短效方法的偶像化」，認為這是一些文明衰亡的原因之一。身為局外人的我經常看到這種情況顯露於種種層面，例如辦公室設計、內部報告結構、人員如何談論公司的事業等等。1985 年時造訪通用汽車公司（General Motors），感覺有點像穿越回到該公司如巨人般昂首闊步的 1956 年。若跟海軍艦長去喝一杯，很可能聽到他們暢談 1942 年的中途島戰役（Battle of Midway）。1960 年代班尼頓集團（Benetton Group）是一家聞名全球的時裝公司，該公司總部位於義大利威尼斯北部一座富麗堂皇的十六世

紀建築，內部裝潢常以其過時的「色彩繽紛（united colors）」和「全球（global）」為主題。該公司的營收已連續十年下滑了，其時裝現在也顯得有點膨脹與呆板。

在通用汽車公司裡尋找槓桿點

歐洲工商管理學院是一所招收國際學生的管理學院，位於距離巴黎約五十公里車程的楓丹白露。1993 年我暫離加州大學洛杉磯分校，前往該校任教三年，為平靜中年生活注入一些不同的色彩。

在歐洲工商管理學院教授的策略課程中，有一節課我講述了通用汽車公司，或者更廣面地說，是講有關「卓越」這個主題。很遺憾地，當時的通用汽車公司並不卓越，這家曾在 1950 年代被彼得·杜拉克（Peter Drucker）稱為卓越典範的公司早已奄奄一息，落後新秀豐田汽車公司和重振的福特與克萊斯勒幅度愈來愈大。那堂課我們如同進入禪的狀態，藉由探索缺乏卓越來追求卓越。為何通用汽車公司沒能從自己和豐田公司共同創立、位於加州佛利蒙市（Fremont）的合資企業營運中學習？或者，為何通用汽車公司未能把釷星汽車（Saturn）與其他事業單位獲得的重要啟示推廣至全公司？或者，通用汽車公司為何無法把設計週期縮短到四年以下，或是製造出符合國際水準的汽車？

為了參與課堂討論，學生必須在課前閱讀一些報告、文章與該公司的歷史。最棒的是，有一位通用汽車公司主管艾倫蒞臨現場，他是歐洲工商管理學院一名學生的父親，那星期正好造訪楓丹白露與巴黎。

艾倫無情且精確地敘述通用汽車公司的狀況，他像個病理學家指出

絕症的症狀，勾選症狀項目：粉飾取代誠實分析、仕途主義瀰漫、令人難以忍受的科層制度、缺乏信任，以及缺乏信任之下，對每個計畫反覆審查。「有才幹的人很多，」他結論道：「但彷彿他們的心力都用於對內應付彼此，而非對外應付市場。」

艾倫帶著一本汽車業分析師瑪麗安‧凱勒（Maryann Keller）出版於 1990 年的著作《幡然覺醒：通用汽車的興衰與振興掙扎》（*Rude Awakening*），他說：「這本書敘述的是 1982 年左右的境況，」然後，他大聲讀出其中一段內容：「員工變得更有效率或更創新也得不到激勵，公司組織架構與重視遵從的企業文化勝過創造力，阻礙了這種激勵。獎酬制度以自動駕駛模式運作，累積年資、支持派系就能受到保護。」[1] 讀完，艾倫抬起眼向班上學生總結：「十年後的現在，人換了，但劇情仍然相同。」

遲遲未有學生提出評論，他們不知該如何應對，終於有一位法國籍經理說：「是領導的問題，是管理高層的問題，每個經理人看高層的眼色來判斷什麼能被接受。若你有不誠實的遵從文化，都是高層造成的。」

在法國，高等院校的教育制度實質上確保領導職務由學業（尤其是數學）表現出色者擔任。法籍學生傾向把組織視為領導人的延伸，德籍學生傾向聚焦於技術性能力，美國人常強調誘因的重要性，所以一位來自密西根州、主修經濟學的學生說：「有句俗話說，期望 B，卻獎勵 A，是愚蠢的。若你獎勵遵從行為，那就不必對缺乏創造力感到意外了。在我看來，問題在於誘因，人們會做那些能得到獎勵的事。若通用汽車公司想要提升創造力，必須獎勵冒險與大膽的新作為。」

其他學生的評論聚焦科層體制，以及缺乏明確的行為指引。一位英

國籍財金專業人員說：「通用汽車公司太大了，這麼大規模的組織很難變革，必須分解成更小塊。」

　　我轉向艾倫詢問他的看法。對於這些學生提出的評論，他贊同與否？艾倫的回應令人發怵，他對全班說：「你們說的全對，還有更多問題。」

　　全班學生茫然失望，他們想要一個乾淨俐落的解答——就算沒有一個行動計畫，起碼有一個清晰的診斷，問題不是「每件事」一定有個方法可以解開癥結。而是他們看到了一大堆問題，但沒有看出一個關鍵點——一個槓桿點，人對這槓桿點施壓，就能有條不紊地解決難題的各個片塊。

　　通用汽車公司的槓桿點終於在十五年後的 2009 年到來，該公司申請破產保護，這是有史以來最大宗的工業公司破產。當時該公司有 $820 億美元的資產，負債 $1,730 億美元，破產使該公司得以大砍薪資來擺脫一些龐大負債，並獲得美國政府投資約 $500 億美元（後來償還了）。

　　下一個槓桿點是 2006 年至 2014 年間點火開關釀成的災禍，直接或間接導致 124 人死亡。這些有問題的點火開關設計用於雪佛蘭科博（Chevrolet Cobalt）與龐帝克 G5s（Pontiac G5s）車款，震動、膝蓋碰觸或鑰匙圈大擺盪會把點火開關從「執行（Run）」位置切換至「附件（Accessory）」位置，從而切斷安全氣囊的電力。由前美國檢察官安東・瓦盧卡斯（Anton Valukas）監督的內部調查報告揭露，通用工程師知道點火開關的問題，卻沒能將其連結到安全氣囊無法啟動，儘管早有一名州警官撰寫了一份事故報告點出這種關連性，通用工程師就是沒有把點火開關問題和已知安全氣囊無法啟動的問題連結起來。在這份調查

報告中，瓦盧卡斯表達自己震驚於通用工程師對汽車系統的實際運作情形如此欠缺了解。

此外，瓦盧卡斯的報告也點出了通用汽車公司的企業文化問題，一名經理人說：「五年前若有員工嘗試提出安全性問題，該員工將遭反擊。」瓦盧卡斯在這報告中寫道：

> 工程師也沒有升高問題等級。2012 年中，公司聘用沃喬夫斯基、費德里科與肯特三名高階經理來當「鬥士」，聘用的理由就是要幫忙解決安全氣囊未能迅速啟動的奇怪型態。但是他們沒有把這問題升高到他們的上司那裡，他們的思維是召開更多會議，把問題轉告給更多團隊或委員會。[2]

> 這份報告中也寫到「通用致敬」（GM Salute）和「通用點頭」（GM Nod）的共通知識。所謂「致敬」，指的是雙臂交叉於胸前，手指指向他人，意指咎責於他人。「點頭」是指委員會的一致意見，但實際上無意採取後續行動。

> 直到通用執行長瑪莉‧巴拉（Mary Barra）下令，為點火開關問題召回數百輛通用汽車。通用向美國政府支付 $9 億美元做為未能迅速找出問題並解決的刑事罰款，另外撥款 $6 億美元賠償受害者。

這段經歷似乎推動了通用汽車公司的變革，巴拉撤除矩陣式組織架構，扁平化組織。她開除了與這事件相關的十五名員工，並組成一支高階主管團隊，要求他們以身作則地示範解決問題該有的行為表現。通用

陸續關閉或出售旗下許多品牌和事業單位，推出新款電動車，並研發自動駕駛車。該公司如今已轉虧為盈。

2009 年破產以後，通用關閉了北美地區的鈕星、悍馬（Hummer）、龐帝克這三個著名品牌，並出售紳寶（Saab）品牌。爆發點火開關危機以後，執行長巴拉撤出西歐、俄羅斯、南非與印度市場，停掉在澳洲及印尼的組裝廠。通用曾經是全球最大的汽車製造公司，現在漸漸重新思考高度盛行及主導汽車製造業的規模經濟邏輯。在傳統產品線方面，該公司繼續在全尺寸貨車、跨界休旅車、凱迪拉克（Cadillac）品牌有不錯的績效，其新焦點擺在全電動車上，執行長巴拉認為這是未來的成長市場。

◢慣性與規模

質量有慣性，質量愈大，就需要愈大的力量才能改變其速度或方向。組織慣性通常是大型組織的問題。

我們得敬重大組織，當大型組織成功時，意味著解決了大規模下的治理大難題。伴隨規模擴增，管理問題也擴增。規模提高了協調大群專業人員的困難度；規模愈大，就愈難把資訊從源頭傳送至可以對資訊做出最佳利用的所在。規模會稀釋每個人或個別單位的努力效果，造成激勵工作變得困難重重。規模會隔離與屏障整個組織，使組織看不到個別與地方上的挑戰，想做出反應變得更艱鉅。規模的擴增讓活動範圍增大，遠遠超出老練的高階經理人熟悉領域，導致企業更難辨別明智的方向。因此，一間大公司若成功，意味著經理人已經找到應付這些困難的

組織架構與流程。這些困難從來不會自己解決或消除，但成功的公司已經找到管理方法能夠控管規模造成的困難與成本。

◢諾基亞的組織與慣性

2007 年時諾基亞是行動電話領域的翹楚，占了整個產業出貨量一半以上，但五年後其市場占有率崩滑至不到 5％。在許多人看來，諾基亞殞落的原因很明顯，2013 年刊登於《紐約客》（*New Yorker*）的一篇文章簡短扼要地總結：「諾基亞重摔的原因沒什麼奧祕可言：蘋果與安卓碾壓了它。」[3]

是的，但故事不僅於此。諾基亞傲人的工程技能怎麼了？那些早在 1996 年就研發出業界第一款智慧型手機的人才怎麼了？一直堅持過時的 Symbian 作業系統加快了諾基亞的衰落，而這慣性是該公司組織與領導模式所導致。

諾基亞在行動電話產業的地位，得力於 1991 年的一個深度策略研究，該策略研究使這家芬蘭的電信器材公司決定利用當時新出爐的全球行動通訊系統（GSM）數位標準，專注於行動通訊事業。這時機很有利，諾基亞的 GSM 電信服務設備與及手機事業快速成長，歸功於該公司自豪其敏捷的「能做」（can-do）風格與文化。

諾基亞「Communicator」是舉世第一款智慧型手機，於 1996 年推出，外觀有著橫向折疊式外殼和一個小巧、但完整鍵盤。該公司在 1998 年開發出 Symbian 作業系統，以開放源碼形式提供給諾基亞與其他品牌的智慧型手機。Symbian 的設計以效率為導向，用標準的 C++ 語言中的

一個特殊子集撰寫而成，並在主機微處理器上使用特定的指令集。在需求強勁、摩爾定律驅動數位電路系統成本不斷降低之下，諾基亞的業務非常興旺，到了 2002 年初該公司產品已占全球手機銷售量 36%。

諾基亞的基本策略是，透過巨大的全球銷售量來降低手機製造成本。透過基金會，諾基亞釋出 Symbian 做為開放源碼的軟體提供給全球所有開發者，促使 Symbian 成為智慧型手機的標準作業系統。谷歌的安卓系統也是基於這種概念，成功地成為智慧型手機世界的標準。

諾基亞的執行長約瑪‧歐里拉（Jorma Ollila）憂心快速成長會降低該公司的敏捷性，他從 2003 年開始把諾基亞改組成矩陣式組織架構。這麼做的部分原因是想把手機事業和「企業解決方案」（Enterprise Solutions）與其他事業區分開來，另一個動機則是想避免手機事業在公司裡握有太大的政治支配地位。在新的組織架構下，Symbian 成為所有諾基亞手機的共通軟體平台。

新的組織架構馬上出現問題。主要的營運主管是掌管特定手機種類的人，公司管理制度要求他們對獲利績效指標與新款手機問世時間嚴格當責，資源分配上的紛爭則是透過政治活動與許多龜速的委員會會議來化解。[4]

矩陣式組織架構不僅造成決策遲緩，也隔絕管理高層於實況之外。公司的政策把市場區隔成愈來愈小的區塊，造成諾基亞的產品種類與款式增生，2004 年時在市場上有 36 種諾基亞行動裝置，2006 年又推出了另外 49 種。這導致一個問題：由於 Symbian 作業系統與主機處理器高度整合，因此每一款新的行動產品都必須重新設計，缺乏模組化使得改善作業困難重重。[5] Symbian 的研發工作量開始增加，但管理高層不切實

際地對研發經費設定上限：不得超過營收 10%。

　　儘管蘋果公司對研發向來非常保密，諾基亞工程師仍在 2005 年末得知蘋果的手指觸控螢幕設計計畫。諾基亞早自 2004 年就打造出以觸控筆操作的觸控螢幕裝置，高層也把手指觸控技術的研發列為公司優先要務，一位經理人後來接受訪談時說：「諾基亞執行長於 2006 年時……感覺這是下一個盛事……，他不斷地向主管團隊提及這事……，在每一次會議中一再追問。」[6]但直到 2009 年，諾基亞仍然沒有推出這樣的產品。

　　我們很容易下結論說，諾基亞堅持 Symbian 作業系統，以及持續增生新款產品的策略導致公司衰亡。但更深層的疑問應該是，為何公司裡無人採取行動來矯正此情況？這種致命的慣性源自何處？

　　答案有四個層面。第一，產業追求與創造卓越的陣地，從製造優異的硬體轉移至撰寫能和硬體整合的軟體。

　　第二，諾基亞的領導階層沒有軟體方面的知識。雖然諾基亞的根基是優秀的工程能力，但歷經時日管理高層已轉變成財務導向，約瑪・歐里拉的職涯背景是投資銀行業，他的繼任者康培凱（Olli-Pekka Kallasvuo）是公司法律顧問。他們能要求交出各種成果，但一點也不了解軟體或不知道如何創造軟體。管理高層訂定績效目標，但完全不懂公司面臨的內部組織架構及軟體問題的關鍵點。

　　第三，矩陣式組織架構導致職責太分散，以至於沒人負責創造一款新的手指觸控式手機，沒人有執行這項工作所需的職權與預算。一旦公司的規模快速擴大，工程作業就變成慣常程序，經理人忙於達成財務績效和新產品問世時間的目標。具有技術訣竅的人沒有職權可以放棄 Symbian 改用發展前景更好的作業系統，就像谷歌選擇發展安卓系統那樣。

第四，高層的領導作風非常強硬進取。研究者訪談 76 位諾基亞經理人後發現，中階經理人與工程師覺得自己在威嚇下做出明知不實的樂觀承諾。一位高階經理承認，不同於競爭者蘋果公司，諾基亞的管理高層：「沒有確實的軟體能力。」其他經理人說，高階經理人下達指示，但不想聽到壞消息，高層訂定目標，卻不管這些目標的可實現性，對目標可實現性提出質疑的經理人被棄用，最終逐出公司。高階經理人似乎相信愈施壓愈能成事。幾位受訪者強調，1992 年至 2006 年間擔任董事會主席的歐里拉：「脾氣極壞」，經常對部屬：「聲嘶力竭地怒吼」。[7]

◢組織轉型與翻新案例

好消息是，影響諾基亞和通用汽車公司的這類組織問題，我們可以使用解決關鍵策略問題的原則來成功解決：診斷，把問題縮小至關鍵點，加上效能概念與協調一致的行動。許多新的網際網路數位公司，由於組成不像傳統公司那樣有工廠、固定資產、工會、巨大的管理架構，因此可以快速推動變革，雖然變革仍不免造成有些人事物被擱置或解僱的痛苦。

但是對許多組織來說，大變革似乎是力所不及之事。由教育水準高、胸懷大志的經理人掌管數十年前由能幹的創業家創立、歷經時日成長得錯綜複雜的組織，他們對於組織的技術或流程根本一知半解。靠著閱讀營運成果報告來管理公司，他們只會要求研擬更好績效的「策略」。

傳統公司想徹底變革可能得花上多年。在歐洲工商管理學院任教時，有段期間我擔任「企業翻新方案研究中心」主任，我們研究十個左

右的「轉型」行動細節，都是由相當大的公司所推動的組織架構與功能徹底變革，平均每個轉型翻新行動耗時五年以上。檢視這些公司在轉型前與轉型後的高階領導團隊的相片，大多數的面孔都不同了，轉型隱含高階領導團隊的改變。

關於組織變革這個主題的文獻多不勝數，在此我想側重個人認為重要的一些層面。

領導高層必須投身變革行動，不能只是動嘴，還要用力鬆解傳統組織架構、流程等等變革工作帶來的不安與痛苦，不能投入的人不可以成為此團隊的成員。不管公司規模如何，最高層的變革行動核心團隊為五到八人，他們將管理與指揮推動變革流程的二十至四十位經理人。沒有這些團隊領導變革，並做出智慧決策與日常的後續追蹤，將不會有多少變革發生，只剩下張貼於牆上的口號。

組織必須先化繁為簡才能推動實質變革。第一步是去除不必要的活動，看要外包出去給承包者或丟棄。接著，移除過多的組織層級來進一步簡化組織架構，過多的層級只會過濾資訊，不會增加任何實質有用的好處。接下來，把大單位分解成較小的單位，這麼做可以破壞政治地盤，縮減在較大事業中靠著補貼來安逸生存的虧損業務，此舉將暴露更多可以剷除的單位。接著，減少多角化經營的事業，消減供應產品種類和服務的利基市場數量又可進一步簡化。

做完簡化工作後，更容易看出與了解一個事業的基本營運，此時才能確實地推動翻新。最常用的方法是把中階經理人集合起來分為多個團隊，指派每個團隊負責解決公司面臨的一個特定問題。這些問題通常不是組織本身的問題，而是針對事業績效問題需要這些團隊透過政策與矯治組織性

質來達成。能把這工作做好的團隊，將成為新一代領導骨幹。

◢ IBM 的轉型與翻新案例

IBM 創立於 1911 年，在製表與計算機領域的巨大成功得歸功於聰穎的工程師，以及 IBM 在製造複雜機器方面的能力。到了 1963 年已經可以明顯看出，該公司許多產品開發軟體的成本不亞於硬體成本，關鍵問題是必須為廣泛種類的硬體產品建立單一一種作業系統，解方是改造全部機器產品線工程，使產品能夠和單一軟體相容，新的產品線「360s 系列」全都要有相容的指令集。推動這變革是當代最大的轉型行動之一，一度使該公司瀕臨破產。

1967 年我正在撰寫 IBM 案例研究，為此與 IBM 總裁湯瑪斯·拉森（Thomas V. Learson）見面，他是 IBM 360 系統開發計畫的堅定推動者之一，他告訴我：「我們知道我們拿公司當賭注。」他想要一群相容的機器，好讓顧客能夠在不需購買全新軟體之下持續更新。至於如何達成目標，存在迥異的工程構想，商用機器工程師對於相容性的看法不同於高性能科學用電腦工程師，「我基本上就是讓他們在一個籠子裡相鬥，並且由經驗豐富的人擔任裁判，」拉森說。相鬥後得出的點子是，在商用機器中加入微指令，讓機器能夠跑新軟體，同時又能相容舊軟體。

1964 年 IBM 公布與展示六款新型電腦和四十四款新的周邊產品，接下來一個月內 IBM 接到 10 萬台新系統訂單，使該公司的成長率加快。

伴隨快速成長而來的是愈來愈大的總部人員數量。1972 年已接掌執行長的拉森抱怨：「我們一位高階廠務經理最近告訴我，如果沒有某人召集會議並邀請 30 人出席的話，就不會產生任何實質結果。」九年後

執行長約翰·歐培爾（John Opel）抱怨：「不斷擴增的科層體制正影響著我們的事業績效。」後來一項研究發現，當時一支 IBM 研發團隊得等上八星期、取得三十一個簽名，才能購買為了解決重要問題所需的小設備。[8]

問題的早期跡象出現在 1980 年 IBM 個人電腦的研發方式。這研發計畫的領導人唐·艾斯特里奇（Don Estridge）從更早前失敗的一項計畫中了解到 IBM 在軟體開發方面的問題，那項失敗計畫研發的是「1 號系統」（System 1），是一款比主機型電腦還小的一套作業系統，為此 IBM 動用了數千名程式設計師，先撰寫細部規格再慢慢地寫程式。[9] 那次的經驗促使艾斯特里奇之後負責研發一款小型個人電腦（亦即 IBM PC）時，不想再於 IBM 內部自行開發，改而去找比爾·蓋茲。

三名學者後來發表的研究報告指出，到了 1990 年代初期 IBM 重度倚賴一大群公司總部幕僚，決策速度緩慢。[10] 各個事業單位是強大的「男爵領地」，只要其中一個「不同意」（nonconcur），就能扼殺一份提案。公司獲利下滑，向下沉淪的漩渦似乎止不住，華爾街建議把這巨人拆分成多個事業，變成獨立的公司或是賣給其他科技公司。

1993 年初 IBM 找來勞·葛斯納接掌執行長。葛斯納在麥肯錫當過顧問，在美國運通（American Express）服務了十一年，官至總裁，爾後成為納貝斯克公司（RJR Nabisco）的執行長暨董事會主席。接下來三年他在 IBM 推動的變革成為組織轉型的經典案例之一。

葛斯納的重要洞察是，沒有一家公司擁有能與 IBM 匹敵的技術廣度，以及直通客戶董事會的管道，但是若把組織拆分成按產品別與地區來劃分領地，將無法利用這些技能與資源來吸引與服務顧客。此外，

IBM 有抗拒變革的強烈企業文化，葛斯納在 2002 年接受訪談時說了一番見解深刻的話：

> 改變文化是很困難的，你不能強制推行，你要應付的是人們的理念與信奉，因此往往是一個歷經多年的過程。你必須經常談，給他們為何應該展現不同行為的理由，你必須把它和組織的策略、以及他們本身的個人利益關連結起來。歷經四、五年，我們做到了。[11]

從一個文化觀點，葛斯納投資大量的時間與心力，寫下與傳播他認為公司應該凝聚為一體來行動的看法，使用的標語則是「一個 IBM」。儘管如此，IBM 的「不同意」流程形成了一種宰制文化，這是一種官方制度，任何一位重要主管都可以否決公司的任何一項重要行動。葛斯納在 2002 年出版的著作《誰說大象不會跳舞》（*Who Says Elephants Can't Dance?*）中寫道：「這種獨特釀製的僵化與敵意經常降臨我的辦公室。我發現要求某人做某件事，並不代表這件事會被執行。當幾天或幾週後發現這件事未被執行時，我詢問為什麼，某個主管說：『這聽起來像個可做、可不做的軟性要求』或：『我不贊同你』。」[12]

葛斯納很早就啟動標竿研究，他發現 IBM 的設備價格太高，高出競爭公司四倍。他把 IBM 主機型電腦的售價降低，然後設法刪減約 $70 億美元的費用。1993 年 IBM 裁員 75,000 人，關閉或出售許多事業，這是一個裁減與簡化的過程。

這家 IT 公司的轉型故事中最生動顯著的一筆是，該公司原有 128 位

資訊長，掌管全球各地 125 個資料中心，最終裁減只剩下 3 個 IT 部門與資料中心，節省了至少 \$20 億美元。[13]

在驅動變革方面，葛斯納推出最創新的方法是成立公司執行委員會（Corporate Executive Committee），裡頭有十名成員再加上葛斯納。執行委員會的每位成員被授予在一特定變革方案上的充分行政權，包括採購、銷售、IT、產品發展、製造等等層面。這些主管的全職工作就只有推行變革，他們就像以往代表國王管轄殖民地或行省的總督，可以全權處理人員的聘用、解僱、重新分派職務與改組等等，以此推動全公司的再造工程。

IBM 的文化變革速度較慢，但在其他層面的強制變革與人員更換之下，文化最終也改變了。在加州大學，我曾面試一位年輕又創新的文化人類學家，他想進入商學院工作，並向我解釋各種文化之下合作範式的差異性。共進午餐時我詢問他對於組織中慣性與變革的看法，當時我正在撰寫這個主題的文獻。他說：「想改變一群體的範式，唯一的方法是改變這群體的領頭。在所有人類群體中，領頭定義了『正確』的思考與行為方式，改變領頭就能改變群體的行為。」重要且必須一提的是，領頭或老大未必是制度上的領導人，而是指受所有人敬重、想仿效的那個人。在 IBM，伴隨新的領頭出現，文化也漸漸改變。

葛斯納在 2002 年交棒給山姆‧帕米沙諾（Sam Palmisano），這位新執行長非常重視公司的價值觀，他在 2003 年舉辦連續三天的線上「價值觀論壇」（ValuesJam），讓 32 萬名 IBM 員工辯論與討論公司的價值觀。在最終產生的價值觀中，除了明顯強調創新的重要性，IBM 把致力幫助客戶取得成功列為第一優先要務，大大有別於過往的「產品優先」

價值觀。

2021 年 IBM 是資訊處理產業中的要角，但是儘管轉型與翻新，該公司還未能重拾往日的領先地位。IBM 的軟體事業成長慢於整個企業，也慢於「軟體即服務」市場的成長速度，在 IT 外包市場的占有率也流失給埃森哲（Accenture）與印孚瑟斯（Infosys）。

葛斯納領導的轉型拯救了 IBM，客戶優先的價值觀改變了往昔以產品為導向的營運方法。但是，葛斯納和帕米沙諾也把「客戶成功」依附於公司的大企業客戶，致使 IBM 比其他同業更慢於抓住網路與雲端技術所創造出大批較小的新企業客戶。而其大客戶的 IT 部門遲緩地把營運移至雲端，因此在雲端服務領域 IBM 落居第三，輸給微軟與亞馬遜。IBM 面臨的策略性挑戰很典型：其廣泛技能，以及和許多大型公司與組織掛鉤，給予 IBM 無與倫比的資源地位，但是這些客戶並不是最敏捷或推進資訊技術前沿者。

———

成功帶來富裕，富裕導致鬆懈。警覺性降低使得老舊的組織架構與實務在過了保質期後仍然延續著，公司找來能幹的主管推動公司轉型與翻新，安裝新系統，更新管理邏輯。然後，過段期間，變化再度來臨，那些組織結構與流程又變成問題……。

使大型、成功、賺錢的公司持續聚焦生產力與變革極其困難，有可能做到嗎？

組織與文化是策略性課題。當組織與文化支持公司的基本競爭地位

時，就是優勢的源頭；當妨礙效率、變革、創新時，就變成了策略性課題。那些「我們的願景」及「成長策略」之類的宏大聲明忽視化膿的組織問題，優秀的策略領導力應該以相同於推進組織外部目的的魄力，正視與應付內部問題。

4

閃亮的分心事物

現代組織與機構的領導人被太多干擾物所吸引。他們被告知，公司必須有一個「使命」，所有決策都必須源自這個使命。研擬策略時，他們易於以闡明自家目標為起始點，因為他們相信可以從目標演繹出策略。他們可能跟許多具有影響力的領導人與演講者一樣，把策略與管理混淆不清，其實二者雖然相關卻不同。我們可以同情他們為了追逐九十天的季獲利而分心，但我們不該讓他們以為策略就是追逐短期的成果。

第 14 章

別從目標著手

很多人以為策略就是達成特定目標的計畫。但由誰指定這些目標呢？他們如何指定這些目標呢？當領導人訂下目標時，其實就是有關什麼是重要之事，以及資源與心力將分配至何處的決策。

但是未經分析、了解關鍵挑戰或機會就武斷訂定的目標，如同無根據的目標（unsupported goal）。反過來說，好目標是有成效的策略研擬工作的產物，瞄準將組織向前推進的特定行動。為避免混淆，最好把目標稱為目的（objective），跟「無根據的目標」有所區別。無根據的目標像是「在接下來十二個月達成一定的獲利目標」，這是呆伯式公司管理，因為這類目標與境況的事實脫節。

◢多角化經營的寇蒂斯萊特公司案例

我最早釐清策略目標的思維是在多年前的一場會議上，那場會議由寇蒂斯萊特公司（Curtiss-Wright）當時的執行長泰德・伯納（Ted

Berner）主持，他接洽我是因為看了早前我出版一本有關多角化經營的書籍。[1] 伯納自 1960 年起執掌該公司，他想要一位有多角化專業知識的局外人來協助研擬公司策略，於是他邀請我輔導一支管理高層小團隊。

該公司的共同創辦人是位傳奇人物，格倫·寇蒂斯（Glenn Curtiss）是馬達設計師、摩托車賽車手、最早期的飛機研發設計者暨試飛飛行員，他在 1907 年聲名大噪，所設計的 V-8 動力摩托車創下時速 136 哩的紀錄，為他贏得「當今最快的男人」（the Fastest Man Alive）的頭銜。他是從軍艦上駕駛飛機起飛的第一人（1910 年），一戰期間他供應軍方上萬架易於飛行的「珍妮」（Jenny）及 N-9 水上飛機。

萊特兄弟創立萊特航空公司（Wright Aeronautical）成為一家引擎製造商，查爾斯·林白（Charles Lindbergh）在 1927 年完成從紐約至巴黎無間斷飛行壯舉時，他駕駛的那架「聖路易精神號」（Spirit of Saint Louis）飛機使用的就是萊特旋風（Wright Whirlwind）引擎。兩年後的 1929 年，寇蒂斯的公司和萊特的公司合併，成為寇蒂斯萊特公司。

在二戰與 1950 年代期間，寇蒂斯萊特成為飛機引擎與螺旋槳的大型製造商，1960 年代噴射引擎的問世幾乎消滅了寇蒂斯萊特的業務，該公司遂多角化跨入其他飛機零組件、核控設備、汽車與建築工程設備產業的零組件製造。

寇蒂斯萊特曾深度涉入市場推出汪克爾引擎（Wankel engine，迴旋式內燃引擎）行動。德國 NSU 車廠（NSU Motorenwerke）在 1957 年打造出第一部可運行的迴旋式引擎後，寇蒂斯萊特買下研發與製造汪克爾引擎的美國獨家授權。汽車業非常興奮迴旋式引擎的問世，汪克爾引擎運行順暢，沒有往復式活塞，發出的聲音低沉，不似以往引擎發出的

轟鳴聲，能夠平滑地把動力輸送至傳動系統。第一批使用汪克爾引擎的量產車是 1967 年問世的馬自達宇宙（Mazda Cosmo）車款，接著是馬自達著名的 RX-7 車款。美國汽車公司（American Motors）的產品副總傑拉德‧梅伊爾斯（Gerald Meyers）當時說：「該公司能在 1980 年前把 50％車子改用迴旋式引擎，到了 1984 年所有車子都能使用這種引擎。」[2] 華爾街愛聽這種故事，1972 年時寇蒂斯萊特的股價飆漲至 $60 美元，儘管當時的每股盈餘僅 13 美分。

不過汪克爾引擎耗油，1973 年爆發第一次石油危機導致油價高漲後，該引擎前景轉向黯淡。此外，美國政府開始縮減車輛廢氣排放標準，而汪克爾引擎無法通過此標準，所以通用汽車公司取消了汪克爾引擎發展計畫，其他汽車製造公司也不願與寇蒂斯萊特簽購買合約，該公司的股價在 1974 年跌到只剩 $5 美元。寇蒂斯萊特繼續生產軍用核子零組件、核系統與器材、渦輪發電機以及各種飛機零組件，也拓展生產新型廣體客機零組件的技能。儘管股價崩跌，公司仍沒什麼負債，甚至還有充足的現金準備。

執行長泰德‧伯納在星期五展開策略會議，要求與會主管們釐清公司的目標，我記得他下令：「我們首先應該就公司想達成什麼目標取得一致共識，一旦釐清了，就能深入探討如何達成目標。」

那天早上兩小時目標討論真的很痛苦。主管們提出種種大目標，例如「成長」「多角化」「提高資本報酬率」等等，沒人能爭議這些大目標，但若不能更明確具體一些，這類抱負沒任何意義。更明確的主張好比有人提出公司應該尋求進入污染控制設備領域，這種「目標」顯然是針對「做什麼」的極有力決策。

那天剩餘的時間用於檢視該公司的事業。中間休息時間伯納告訴我，翌日早上我們將再度討論目標，他請我在會議一開始先簡短扼要地說說何謂「好的策略目標」。

那晚我沒有睡覺，我來這公司原是準備討論各種多角化方法的利弊，不是討論目標的問題。邏輯上「一間企業應該致力於達成什麼？」與「人應該在人生中致力從事什麼？」的疑問沒有多大差別，而後者已苦惱哲學家們二千五百年了。人應該追求信仰、榮耀、真理、正義、權力、財富、和諧、抑或快樂？或者說，我們是否能像存在主義者主張的，自由地定義自己的目標與價值觀？這跟一個人明天要做的事有何關係呢？我借來一台打字機通宵製作了一份簡報，在我看來這是一篇經得起時間考驗的論述，四十六年後的今天，我發現論述內容對思考何謂「有成效的策略研擬」仍然很有幫助。

何謂「好的策略目標」？無庸置疑地，一間企業應該尋求生存與提高獲利。但是這些抱負並不會轉化成具體行動，因此我們才要開會研擬策略，這是對「我們該做什麼？」疑問的解答。回答這個疑問，將得出組織將致力達成的目標，好的策略目標是策略的產物，不是策略的投入要素。

研議策略時，很自然會聯想到我們的宏大抱負與價值觀，但是抱負、渴望與價值觀全未告訴我們該做什麼事。舉例而言，幾乎所有美國人都信奉自由與安定之類的價值觀，但是這些價值觀並未告訴我們，社會安全保險方案是否該用實際儲金來支應，抑或採取隨收隨付制。同樣地，也沒有告訴我們，願意捨棄多少的

安全保障以換取更多的自由權，或犧牲多少的自由權以換取更多的安全保障。

　　明確目標，例如超過15％的資本報酬率，或是把軍用品與飛機零組件的營收額降低至總營收額50％以下，這些目標似乎更有用，因為很具體。重要的是，宣布如此具體的目標其實是做決策，這是有關將要做什麼的選擇。這樣的具體「目標」決定高階主管將把他們的時間和心力投入何處，公司資源將被分配到何處。尋求以目標來指引我們的決策，其實是把決策偽裝成目標。

　　商業組織從事競爭，為了營收而競爭，為了技能而競爭，為了贏得聲譽與賞識而競爭，在資本市場上競爭資金。企業策略是關於這間企業要如何競爭、在何處競爭，以及和誰競爭的決策。不幸的是，沒有一個魔法計算機可以把策略選擇、財務或其他成功指標關連起來，因此也就無法從大目標回推策略。至於小範圍目標，充其量不過是沒有任何分析為根據的偽裝策略。

　　策略應該基於檢視變化、問題、技能、資源與機會後得出的判斷。策略也許能幫助實現渴望，但策略的實際形塑應該取決於有關變化、受到保護且特別的技能與知識、其他方的技能與資源，以及組織能夠動員的資源等等層面的洞察。

　　今年（1974年）油價已經從每桶 $3 美元漲到每桶 $12 美元，這將對許多產業造成重大影響。我們的策略研擬工作應該起始於檢視這些導致的變化，寇蒂斯萊特如何能安全度過這些變化，以及如何利用這些變化來蒙益。

　　策略是深思熟慮地判斷該做什麼，策略無法同時滿足我們的

所有渴望。我們的策略定義在目前境況下，哪些感興趣的事可以推進，哪些不能。決定了一條前進之路──一個策略──之後，接下來我們才能訂定目標，指引策略的執行。

第二天早上的會議，一開始我分發這篇短稿的影本給與會者。（當年沒有 PowerPoint，人們開會時閱讀的是實際文本。）與會者並沒有對這篇文章給予如雷掌聲，但他們確實轉向我強調的一些課題，開始注意石油危機帶來的影響並表達看法──該公司擅長設計和打造用於艱困環境中的高性能設備，但不擅長預期政府合約的變化，他們想要把自家技能用於更穩定的事業上。

除了那兩天的會議，我沒有和寇蒂斯萊特共事過，當時該公司的總值約為 $100 億美元。[3] 後續事件顯示，泰德・伯納為公司制定的策略是「集團式成長」，計畫採取購併不相關的事業。一年內，寇蒂斯萊特收購了升科（Cenco）的股份，這是一家半集團企業，製造污染控制設備與醫療器材也經營療養院。兩年後，伯納對肯尼科特猶他銅業公司（Kennecott Utah Copper）發起委託書爭奪戰，企圖取得該公司的控管權。後來工業集團泰萊達科技公司（Teledyne Technologies）開始購進寇蒂斯萊特的股份。寇蒂斯萊特的總值在三年間下滑到只剩 $29 億美元。接下來二十年間，該公司逐漸回歸本業，製造與供應精密零組件給商用飛機與國防產業公司。2021 年時的寇蒂斯萊特是一家中型多角化公司，為航太業、核能業、石油與天然氣產業供應流動控制系統，為航太業、汽車業與工業市場提供金屬處理服務，總值約 $60 億美元。

◢目標是決策

許多策略研擬與計畫會議的挫折，源於誤解目標與策略二者之間的關係，如同寇蒂斯萊特的例子。寇蒂斯萊特的主管們想研擬策略，但首先尋求大家對公司的目標達成共識，這是「制定策略」主題中最常見到的建議。

在研議策略的避靜會議中，對共同的價值觀達成共識還蠻容易的。公司應該賺更多錢，應該擴大規模，應該優於競爭者，應該贏得敬重，善待員工……，鮮少有人會不贊同這類價值觀與抱負。但是當價值觀被表達成一個明確目標時，尤其是被表達成一個指標時，隱含的是一連串的行動。訂定一個明確的指標，等同於決定什麼是重要之事。

若一個目標——一個決策——的訂定，是基於了解核心挑戰中的面對的作用力，目標有助於指引行動。但是若目標只是武斷決定與宣布，而非診斷作用力後得出的洞察為根據，那麼目標就只是有關「什麼是重要之事」的決策，一個缺乏可靠診斷為基礎的決策。產生好的目標或目的源自解決問題的流程，好的目標有任務形式：在澳洲設立營運；和某個客戶合作解決產品品質問題；成立一支突破團隊，聚焦於研發出更好的防水塗層等等。從無根據的目標（例如提高市場占有率）著手，那是在欠缺新洞察下試圖靠著鞭笞來獲得績效。

泰德・伯納問我：「什麼是好的策略目標？」答案是：好的策略目標是研究與分析棘手的策略問題後得出的產物，不是前因；先有策略，才有目標。當組織領導人面對策略課題時，他們是在渴望與抱負和現下該採取的行動細節之間建立一座橋樑，若他們有做好，得出的產物將是

好的策略目標。

目標是重要的管理工具，領導者和經理人訂定目標來做為指引行動的工具。好的目標：

- 消除含糊不清，定義一個比原始的整個挑戰更簡單、更易於解決的問題；
- 是組織知道如何達成或預期能設法達成的目標；
- 代表一組清楚的選擇，縮窄焦點，化解衝突，幫助定義該做什麼及不該做什麼；
- 未必所有人都贊同。

武斷、無根據的目標

不好的策略目標有兩種吸睛、令人分心的類型。第一種是無根據的目標，沒有分析根本問題，甚至連根本問題是什麼都不知道。我記得，前 IBM 執行長約翰・艾克斯（John Akers）在 1985 年為該公司訂定的目標是，未來十年把營收從 $460 億美元提高到 $1,800 億美元。跟現今智慧型手機產業中的蘋果公司一樣，當時的 IBM 稱霸電腦產業，囊括近三分之二的產業獲利。但是主機型電腦以及營運其獨立 IT 部門已日落西山了，艾克斯無根據的目標使 IBM 過度投資人力，導致其核心事業崩解之際拖累整個公司瀕臨死亡。這樣的目標猶如教練高喊：「贏得比賽！」卻沒給予如何比賽的指導與建議，這是躲避了領導的職責。

以下再舉一個無根據目標的例子。「Sendia」（假名）是美國前

五百大公司之一，該公司董事會指出，公司的成長未達標，希望能：「把公司提升至下一個水準」。對此，新任執行長提出名為「邁向下一個境界」的策略，為使這口號變得具體，他訂定一個目標：在未來五年內使公司的營收翻倍，從 $500 億美元提高到 $1,000 億美元。

營收五年內翻倍的目標毫無根據。儘管 Sendia 完全制霸其市場，這個市場並未成長快速，所以執行長企圖進入兩個鄰接市場。第一個鄰接市場有利可圖的部分是旺盛的成長，不利的部分是 Sendia 曾在此市場上供應產品卻失敗，而且該市場上存在一個成功稱霸的強大競爭者。第二個鄰接市場的成長沒那麼旺盛，但該市場上的眾多既有產品中也沒有明顯的贏家。

該公司的高階主管齊聚一堂，會議室牆上的大螢幕展示 PowerPoint 投影片，正是為即將召開的董事會會議所做的準備。主投影片呈現在五年內把營收從 $500 億美元提高到 $1,000 億美元的財務預測，那是一張複雜的瀑布式圖表，其內容是兩個新領域將增加 $400 億美元營收，剩下的 $100 億美元來自既有領域的成長。其餘的投影片提供公司產品及業況資料，焦點擺在達成成長目標的兩個主要方案。

第一個新方案的主投影片顯示頭幾年虧損，接下來隨著銷售量增加而獲利激增，還有一個附註說明現值為正值。執行長問道：「這些預測的市場占有率含義是什麼？這不是應該放進投影片裡嗎？」

財務長看了看她的筆記後回答，根據預測，在五年內取得 85% 的市場占有率。

「這似乎不合理，」執行長說：「畢竟這個市場上有一個強大的競爭者，而我們是從零開始。」

產品研發資深副總開口了：「我們擅長這項技術，一旦生產者實現我們能供應的性能，顧客就會改用我們的產品。」

財務長明顯皺眉，可能是想起先前公司嘗試進入此市場時的失敗過往吧。

「若我們計畫取得 40％市場占有率呢？這樣是不是比較合理？」執行長問。

財務長回答：「那樣的話，我們五年內只能達成 $740 億美元，不是 $1,000 億美元。」

財務長的助理接著指出，較低的市場占有率會使得現值變負值。執行長詢問，為使現值保持正值，最少需要多少的市場占有率？分析師回答，約 50％的市場占有率。

執行長嘆了口氣說：「那我們就把預期的市場占有率設定為 50％吧，然後把第二個新方案規畫得更積極進取。明天同一時間我們再開一次會，盡快把這事全部完成。」

儘管 Sendia 有一個堅實的核心事業，卻沒有任何策略，沒有搞清楚可辨的優勢源頭或潛在的未來優勢來支持五年內使營收翻倍的雄心。

前述會議的三年後，兩個新方案相繼失敗收場，執行長也下台了。

為何這位執行長會聚焦於改動投影片上的數字，而不是頭腦清楚地評估技術與競爭？其中一股推力是該公司的董事會為了符合獨立及成員多樣化的目標而在十年前改組。每位自外引進的董事會成員都是受人敬重的能幹之人，但其中只有一人對該公司使用的複雜技術有淺薄的知識。這些自外引進的董事會成員，唯一共通語言是財務會計，因而每季施壓執行長達成預測的成長。

無根據的成長目標導致 Sendia 的管理高層走樣，我相信他們心裡清楚知道投影片的內容根本是空洞的東西，但是「邁向下一個境界」的壓力使他們編造了無法實現的數字與承諾。若他們有更大的勇氣應該會有所幫助。我總是難以置信，為何那些每年領數百萬或數千萬薪酬的主管沒有如同普通消防隊員般的勇氣。

盛行的心理學信條是目標具有激勵作用。但是愚蠢武斷的目標不會激勵成就，只會激發譏諷與捏造。

◢誤用的目標

第二種不好的目標，是在缺乏診斷或診斷受到政治或短視近利的限制之下對錯的問題訂定的目標。在這類例子中，有說明問題再加上政策、行動與訂定目標，只是這些目標把組織的心力聚焦於錯的活動，沒有針對真正關鍵重要的問題。多數時候，這類不好的目標是一系列未能解決關鍵根本問題的短期指標。迪恩食品公司（Dean Foods）的效率目標就是一個例子。

2001 年總部位於芝加哥的乳品製造商迪恩食品公司被蘇薩食品公司（Suiza Foods）收購，後者以「迪恩食品」做為公司續存的名稱。迪恩食品透過持續包攬地方性乳品加工廠而快速擴張，壯大成美國乳品業的大咖，美國超過三分之一的流質牛奶由迪恩食品公司加工處理，大約是該行前三大競爭對手的加總量。

迪恩食品由四十至六十家小型牛奶加工廠組成，其中有些是家庭工廠，有些則是較大型的加工廠，這些加工廠從乳農那裡收集牛奶後進

行殺菌與調勻、分級作業，而雜貨店裡販售的新鮮牛奶大多離牛奶擠出僅僅二十四至三十六小時。持續包攬乳品加工廠的行動使迪恩食品公司旗下有超過六十種牛奶與奶油品牌，有些品牌很著名，有些則是地方性品牌，這些品牌包括 Alta Dena、Creamland、Foremost、Meadow Brook、Swiss Dairy。

自 1990 年代末期開始，美國的流質牛奶消費量逐漸下滑，平均明年減少約 2％至 3％，其間有升有降。美國政府補貼乳農（2018 年時總補貼額為 $220 億美元），並實行一套複雜的價格控管制度。但整體而言，乳農產出的牛奶量過剩，經常直接傾倒於土地上。牛奶價格隨著需求、母牛數量與飼料價格而波動，需求受到乳酪、優格、蛋白粉等產品需求起伏所影響。

迪恩食品面臨的根本問題是，自家並非一間全國性公司，面對的競爭在地方上，超市、沃爾瑪、克羅格（Kroger）與好市多（Costco）的採購者為了獲得最低價格，挑起地方加工廠之間的相互競爭。市面販售的所有流質牛奶中，有大約 80％是自有品牌產品，沒有全國性品牌名稱。因此，擁有全國足跡也無助於提高議價能力。迪恩食品公司管理階層長久以來尋求擁有一個強大的全國性牛奶品牌，但受阻於基本商品性質、長途運輸的困難度，以及沒有足夠的獲利可支應 $2 億美元的廣告費。

為應付這些問題，該公司訴諸提高營運效率。迪恩食品關閉了一些加工廠，調整供貨路線，並建立一個關鍵績效指標（kep performance indicators，KPIs）制度，衡量每週與每月的績效和進展。這些 KPIs 包括各地區的數量、營收、銷售折扣、費用、成本元素與顧客利潤。[4]

但是乳品業的成本大多跟飼料價格與牛群規模息息相關，而飼料價格又隨著石油價格波動，因為油價左右乙醇的需求，進而左右玉米的價格。牛奶價格通常因為生產過剩而漲不起來，對現有制度施壓來提高效率無助於解決這些根本性挑戰。

迪恩食品旗下曾有三個非商品化流質牛奶的品牌：Horizon Organic、Silk、Alpro（以豆漿廠起家），這些品牌全都隸屬於白波食品公司（WhiteWave Foods），於 2002 年被迪恩食品收購。迪恩食品在 2012 年把白波食品分支出去，成為一家獨立公司並公開上市，基本上就是以 \$29 億美元的價格把白波食品支賣掉了。從另一方面來看，此舉或許顯得衝動且過早了，因為五年後達能集團（Danone）以 \$125 億美元收購白波食品。

2014 年起迪恩食品面臨三重問題：中國大舉減少牛奶進口、歐盟解除牛奶生產配額制、俄羅斯禁止牛奶進口，再加上美國國內的消費者需求持續減少，這些因素導致美國的過剩牛奶被倒入溝渠。該公司加倍施力於效率目標，此外為了讓公司旗下擁有知名品牌產品，2016 年收購友誼公司（Friendly's）旗下的冰淇淋事業。2017 年 1 月營運長拉爾夫・史柯札發瓦（Ralf Scozzafava）接掌執行長，實行更強的成本施壓策略，並且更堅定追求成為一個自有品牌廠商。

接下來三年，迪恩食品公司的營收下滑了 5％，從淨利 \$6,200 萬美元轉為虧損 \$5 億美元。儘管該公司不斷公開宣示推動成本合理化，該公司的銷貨成本仍占營收比從 72％升高至 79％。在公司股價於一年間重挫了 87％後，史柯札發瓦於 2019 年中下台，迪恩食品在 2019 年 11 月宣告破產。新聞媒體把這歸咎於牛奶消費下滑，以及沃爾瑪決定發展自己

的乳品供應鏈，但是在乳農的抱怨聲中，牛奶依舊因為生產過剩而被傾倒。

迪恩食品公司原可以有何不同作為呢？迪恩食品可以把 2007 年時用來發放股利的 $20 億美元保留下來，用於收購成長中且不受管制的產品類別品牌。或者，可以把白波食品留下來，用來支撐與穩定更多品牌和全國性通路系統。又或者，可以擴張成為其他雜貨的通路商。迪恩食品也可以認知到自家事業其實是地方競爭性質，然後一區接一區轉型成為沃爾瑪的外包加工商。抑或把友誼冰淇淋打造成一個優質產品，而非普通的孩童冰淇淋。

包攬地方性乳品加工廠無法解決生產過剩或需求衰減的問題，也無法神奇地把四十至六十家地方性乳品加工廠變成一家全國性事業。對於一堆地方性加工廠拼湊而成的事業，迪恩食品公司的大量 KPIs 無法產生根本性改進，評量某個東西，未必能改善該東西。

若產品是泡菜或玉米片，包攬加工廠的做法或許行得通，但想建立全國品牌、在地方上加工、自有品牌的牛奶，難！

第15章
別把策略與
管理混為一談

　　1966 年的一個寒冷 11 月天，美國國防部長羅伯‧麥納馬拉來到哈佛商學院演講。他是二戰後被福特汽車公司延攬的十名「傑出人才」之一，曾任教哈佛商學院，二戰期間服役於美國陸軍航空隊，當過福特汽車公司總裁，1961 年被甘迺迪總統延攬擔任國防部長。當時（1966 年）他支持把越戰升級。那天，我和一小群人站在貝克圖書館（Baker Library）外的演講臺前聆聽麥納馬拉的演講。我至今仍記得他那天的主要論點，他在別處也發表過該論點。[1] 其論點很簡單：「做為一門技術，管理在過去三十年間快速發展，我們現在知道如何管理任何事──福特汽車公司、天主教會或國防部。你把大目標區分成能夠評量的多個部分，派人掌管各個部分，評量他們的進展，讓他們為成果當責。」

　　我永遠不會忘記他聲稱：「我們現在知道如何管理任何事」。麥納馬拉的公式是一種形式的目標管理（management by objectives），訂定可評量的目標，沿著這些層面追蹤進展。發表那場演講的 1966 年，麥納馬拉支持越戰美軍最高指揮官威廉‧魏摩蘭將軍（General William

Westmoreland）的目標：讓戰死的越共與北越士兵數量多於他們能補員的數量。

　　結果實際情況是，北越補充士兵的速度快於美國能殺死他們的速度。堅持追求這個目標導致美國民眾反戰。三十年後麥納馬拉在 1995 年出版的著作中寫道：「如今回顧，我顯然犯了錯，在當時或後來，在西貢或華府，我未能強制要求對我們在越南軍事戰略的基本假說、未提出的疑問、以及淺薄分析做出徹底且激烈的辯論⋯⋯。我大概永遠也無法完全理解為何我當年沒有這麼做。」[2]

　　如同第四章談到的，在政治與價值觀束縛下，越戰很可能根本沒有戰略性解方。藉由評量進展來管理根本行不通，「進展」導致落入「消耗戰與及意氣之爭」的陷阱。麥納馬拉在越戰中的進退兩難困境可茲例示，管理和策略是兩碼不同的工作。一連串的目標或指標並不是策略，策略是關於一境況中的作用力，以及如何有理有據地應付的主張，別讓指標淹沒了你的思考。

　　接替麥納馬拉的新國防部長克拉克・柯立福如此評價前任者：「在改革美國國防部方面，他的才幹發揮得很好，但是⋯⋯越戰不是管理問題，而是戰爭⋯⋯。他或許是最出色的國防部長，但不太適合應付爭戰，當時的境況需要的正是善於處理戰爭的人。」[3] 麥納馬拉是個能幹的經理人，但在戰略工作上的失敗創傷我們的社會，那傷疤至今猶存。

◢驅動成果

　　幾年前我接到一通來電，這通電話使我立刻想起麥納馬拉當年在哈

佛的演講。來電者是一名大型金融服務公司的主管，她問我是否願意為其公司一項新高階主管培訓課程設計與教授兩堂策略課程。我詢問這課程的目的，她說：「我們有行銷與財務課程，我們希望策略課程聚焦於驅動成果。」我猶豫了一下，建議她找別人。「驅動成果」固然重要，但這不是策略工作，麥納馬拉努力在越南驅動成果，但如上所述，他沒有一個策略。

激勵與評量績效是致力於「保持列車準時」組織的重要心跳，不評量效率就無法改善大部分的營運。為改善顧客體驗，你必須知道實際情況。例如，把我們的軟體安裝於客戶的系統上得花多少時間？一個具體目標可能是一項有效的激勵工具，「每天做些運動」是含糊不清的目標，「每天在跑步機上運動三十分鐘」則是具體目標，更有可能被遵循。

若為了達成大目標，只需要求人們達成派給他們的小目標，這世界就簡單多了。領導人只需年年訂定或協商出愈來愈高的目標，然後「驅動成果」就能達成大目標。在相對簡單的世界裡不需要策略。但是如同麥納馬拉的發現，「驅動成果」是管理工作，不是策略工作。

策略研擬定義追求的目標，好策略研擬始於辨識一個挑戰，了解克服此挑戰的困難處。好策略研擬產生政策、行動與目標。

管理是達成指定的目標，常被稱為「執行」，盛行的論點是：執行遠比策略重要。哈佛商學院教授羅莎貝絲·坎特（Rosabeth Moss Kanter）寫道：「比賽勝利是在競賽場上贏得的結果，策略之所以英明，那是因為執行得優異。」[4] 這說法不對，成功是好策略與好執行的結果，二者中不論哪一個失敗都不會獲致成功，二者都重要。問題不在於

相對重要程度，而在於二者是兩碼不同的事，策略與管理是不同類型的工作，在沒有清楚的策略下「驅動成果」，猶如把馬車車廂放在馬匹前方。

管理方法

約莫 1840 年以前，多數企業是小型與家庭型企業，經濟活動大多是農業與貿易，商人自己採買、運貨與銷售，或是有兩、三個幫手協助。鐵路問世後才有全職管理人員的需求，鐵路產生了史上最早的組織圖，以及持續的規畫與記錄保存流程。1870 年代以後開始出現部門及層級劃分的管理者。[5] 1900 年代開始出現大型公司，才有負責管理其他經理人的新經理人職務與架構設計。

彼得・杜拉克開始著手描述這種經理人管理其他經理人的新世界，他在 1954 年出版《彼得・杜拉克的管理聖經》（*The Practice of Management*）一書，嘗試把一個管理多層級經理人的現代複雜組織工作予以系統化。他忠告經理人莫再採取下達命令來指揮工作的舊模式，他指出，在經理人管理其他經理人的新世界，必須以知曉情況的協商過程來訂出每個經理人的目標，其間必須考慮到情況的限制與機會。他說，應該要讓人員了解何以特定目標是重要的。這制度現在被稱為「目標管理」。

杜拉克的「目標管理」很快系統化，成為一個制式的制定目標流程，其基本上就是協商預算與目標，再加入關於整體目標由上而下的資訊。這種管理制度現在相當普遍，多數現代組織跟著可量化目標的鼓聲而起跑。

這種管理制度的現行方法名為「平衡計分卡」（Balanced

Scorecard），由羅伯·卡普蘭（Robert Kaplan）及大衛·諾頓（David P.Norton）提出，並因他們出版專門介紹此制度的著作而盛行起來。[6] 這個制度把目標區分為四類：財務，顧客、內部流程、學習與創新（原始的平衡計分卡模型中為「學習與成長」），比起簡單的預算目標，平衡計分卡明顯更進步，現在許多大公司都在使用。卡普蘭及諾頓解釋：「在年度策略計畫會議中做出任何改變，都要轉化成公司的策略圖及平衡計分卡。」[7] 這清楚說明，平衡計分卡是一種管理工具，旨在管理、或推行、或幫助執行策略。

◢ DelKha 公司的平衡計分卡案例

「DelKha」公司（假名）的例子可茲闡釋管理與策略的差別，該公司雖經營得很不錯，仍然面臨其管理制度無法處理的挑戰。

我在 2010 年接到「菲莉西雅·卡」（假名）的電話，她想要我幫她把策略和平衡計分卡結合起來。她的母親創立一家連結越南、新加坡與美國的貿易公司，2010 年時這家在新加坡掛牌的上市公司已經擴展至供應製造電腦（個人電腦、企業用電腦與伺服器）用的許多機器與電子元件。DelKha 沒有供應主機板之類的主動元件，而是聚焦於電源、外殼、連接器、線束與冷卻元件，製造用於電腦機殼、中央處理器冷卻、顯示卡冷卻的冷卻風扇，其他多數元件則是向亞洲的許多供應商採購。

<圖表 14 > Delkha 公司平衡計分卡

使命：成為舉世最成功的電腦元件公司，在我們服務的市場上提供最好的顧客體驗。

目標	關鍵績效指標（KPIs）
財務：	
股價漲幅贏過新加坡海峽時報指數（STI）	淨利潤－每顧客營業利潤
每年營收成長 10%	股東權益報酬率
毛利高於 35%	營收成長率
顧客：	
永遠準時──兩天內提供報價──為新產品與版本做好準備	每顧客及每產品類別的營收與營收成長率
	顧客留住率
	每次銷售拜訪的成本與收益
	滿意度評分
內部：	
每個品項維持至少兩個外包商	重要供應商關係人員的流動率
保持快速行動	對外招募率
不持有風扇的存貨，只持有零組件存貨	滿意度評分
	處理設計變化的時間
創新與學習：	
與主要客戶密切聯繫以跟進新設計	採用的新產品種類
諮詢顧客有關的設計選擇	銷售人員接受產品訓練的時數
	供應商接洽人員接受產品訓練的時數

菲莉西雅在電話上解釋，她喜歡平衡計分卡的概念，有一組平衡的目標，而非只有一個預算，她說：「我們的人員必須相信，若他們把份內工作做好，一切就會水到渠成。」她的難處是，價格下滑且銷售量不振。

更大的問題是，整體而言個人電腦的銷售量已經封頂，筆記型電腦仍賣得相當不錯，但大多由整合型製造商製造，這些製造商要不是自己製造元件，就是直接找供應商採購元件。在平板與智慧型手機盛行之下，個人電腦元件貿易商與製造商的前景看起來很不妙，菲莉西雅擔心公司無法在這些衝擊下繼續生存。

Delkha 的平衡計分卡以及更詳細的營運資訊與預算，使該公司持續待在軌道上，管理制度算很不錯，但 2010 年時菲莉西雅需要的是策略工作，使命聲明和基本目標幫不了策略的忙。

我們組成一個策略工作五人小組定期開會，首先聚焦於該公司面臨時運變差的挑戰。我們檢視 Delkha 客戶面臨的問題，個人電腦製造商面臨什麼挑戰？菲莉西雅回答：「這些傢伙是世上最老練的採購者，戴爾（Dell）和惠普（HP）之類的傢伙幾乎不持有存貨，能夠在接單後一小時內組裝出一台電腦。」她繼續說，索尼（Sony）的螢幕直運給企業客戶。「這些傢伙只需要我們提供低價格和準時遞送，別的都不需要」她說。總而言之，該事業問題是需求減緩，以及彼此競爭導致的利潤壓縮。

銷售部主管提到，有些製造商專門製造電玩級個人電腦，這些公司需要較高性能與品質的元件，尤其是高效能冷卻系統。大家都覺得這將持續成為利基型業務。

在一場後續會議中一位高階經理人提到，個人電腦業務以外的很多客戶有著供應鏈方面的問題，不像戴爾、惠普等等公司那麼老練，

Delkha 能不能幫助他們解決那些問題呢？大家對於 Delkha 轉型為「非個人電腦製造公司的供應鏈顧問暨經理」的可能性進行了熱烈討論，這個發展方向的障礙是，Delkha 的技能與知識僅限於個人電腦元件。菲莉西雅承諾要透過她的越南裔美國籍商業人脈來尋找一位潛在客戶，另兩位主管也會探詢他們認識的人。

一個月後，人脈顯示 Delkha 並未在供應鏈顧問或管理方面有機會，而且已有技能與知識深度優於 Delkha 的公司在做這塊業務了。不過，倒是出現了 Delkha 的無刷冷卻風扇馬達的潛在客戶。

該潛在客戶「FlyKo」（假名）想要無人機用的高效能無刷風扇。法國的派諾特公司（Parrot）不久前剛發表第一款面向消費者 Wi-Fi 型無人機，造成市場大轟動。FlyKo 主要銷售無線電遙控模型飛機，他們想要製造更好的、能夠在 Wi-Fi 範圍外飛行的無線電遙控無人機。

Delkha 買了一架派諾特無人機，並讓風扇工程部主管加入策略工作小組，共同討論這一領域所面臨的挑戰。他對這一構想振奮不已，認為 Delkha 可以媲美、甚至贏過派諾特的風扇。

傳統的馬達傳輸至中央轉動部件的電力有銅觸點，電流通過銅觸點流經碳刷。在無刷馬達中，沒有電刷接點，只有氣隙，一台微處理器計算直流電匯入線圈的時間點來管理磁場時序。

Delkha 內部組織一個與 FlyKo 合作的專案小組，而最終 Delkha 工程師打造出風扇，FlyKo 也打造出無人機原型。不幸的是，FlyKo 原有的無線電遙控模型飛機賣得不好，該公司被迫申請破產。

Delkha 的策略小組傾心於以該公司的無刷風扇能力為基礎來發展新事業，他們心想，一定還有其他客戶的問題是 Delkha 能夠幫忙解決的。

於是，菲莉西雅決定以 $100,000 美元的低價買下 FlyKo 的無線電與電子資產，FlyKo 一位核心工程師開始以顧問身分為 Delkha 工作。

有了這項新能力，Delkha 高階主管認知到自家面臨的挑戰已經改變了。三個月前，他們面臨的關鍵挑戰似乎是個人電腦產業的衰退，而現在面臨的關鍵挑戰變成是在成長中的無刷馬達產業中取得一席之地。舉凡機器人、醫療工具、無人機等等都會使用無刷馬達，他們希望無電線的電動工具也將使用無刷馬達。

Delkha 第一項成功的消費性產品是和一家玩具公司合作生產的無線電遙控模型車，它遠比飛行器更容易操作。透過玩具店銷售的這款無線電遙控模型車，既安靜又有出色的最大行程與速度，問世後粉絲成立了一些俱樂部，「車友」們週日時在停車場上相互競賽。

在聚焦於為顧客解決問題之下，Delkha 接下來為一家製造便攜式無電線吸塵器的公司打造高效能、安靜的風扇。結合無電線電池供電，以及安靜高效能無刷馬達，使該客戶的產品非常成功。

到了 2014 年，Delkha 已經在高性能無刷馬達產業占有一席之地，公司市值翻漲至五倍，員工數增加至四倍。

Delkha 的策略探索始於先檢視個人電腦元件事業衰退的境況與前景，這似乎是個無法克服的挑戰。接著，我們開始檢視其他公司面臨的、與 Delkha 技能與知識有些關連性的挑戰。我們有一些錯誤的起始——在供應鏈服務及無人機方面，但最終，一個以無刷風扇能力為基礎的新事業誕生了。

2019 年時，Delkha 的平衡計分卡非常有別於九年前的版本。該公司現在的平衡計分卡更側重創新工程與馬達性能參數，公司本身的通路

與夥伴關係也獲得更多的關注。平衡計分卡依然是該公司一項實用的管理工具，但目標與 KPIs 非常不同於以往。

話雖如此，在 Delkha 的策略探索中，平衡計分卡並未提供什麼幫助。平衡計分卡的用途在於管理事業，當公司面臨的挑戰無關目前營運效率差的事業時，平衡計分卡幫不了多少忙，無法幫助你重新定義事業或建立新事業。若你誤以為策略是關於如何促使人員達成管理高層的目標，那你就繼續堅持平衡計分卡吧。但是，好的策略工作不是管理工作，二者你都需要，但別把它們混為一談。

第 16 章

別把當期財務績效與策略混為一談

「九十天德比賽馬賽事」（90-Day Derby）這個比喻，指的是市場平均預估季獲利的週期，這季獲利預估數字是公司獲利的指引，也備受華爾街和許多上市公司領導高層關注。這是如何源起的呢？

1976 年機構經紀人預估系統（Institutional Brokers' Estimate System，IBES）開始收集市場分析師們對美國公司未來年獲利的預估值，歷經時日這行動演進成平均預估值（average estimates 或 consensus estimates），但預測的時間範圍從一年縮短為一季。因應此變化，許多公司開始提供自家未來一季的獲利「指引」（guidance）。

到了 1980 年代中期，某公司是否達成季獲利平均預估值變為一項重要的事，隨著這指標愈加盛行，公司達成這些獲利目標也愈來愈在行。一些觀察家聲稱，新的思維邏輯是，實際獲利和預估值差一點點還不如差很多：「在成長股類群中，『離獲利預估值差了一文錢』隱含著公司瓶頸的頂峰，亦即你的公司無法賺到那區區一文錢好讓華爾街滿意，想必你的公司陷入大麻煩了。既然差了一文錢也會導致股價下跌，那還不

如讓這季的獲利差十文錢或二十文錢，把這些錢留給下一季的獲利。」[1]

那些被「九十天德比賽事」纏身的公司執行長，花大量時間與心力製作這季獲利指引，然後致力於實現這一數字。這行為自然而然導致公司聚焦於會計績效，並致力使短期獲利可預測。

若企業的目的就是賺錢，致力於創造高獲利與獲利持續成長有何不對？這問題有多個層面。首先，當期獲利是以往的投資與行動所產生的收穫，有時甚至是數十年前的投資與行動。現在的獲利並非只是現在的經理人及員工努力的成果，而是來自往昔的聰慧、幸運與策略性戰役的結果。微軟現在有高獲利，是因為軟體產品已經成為產業標準，幾乎每位想要有生產力、和他人共事的人都得使用這些軟體。同理，當期的成本很可能是未來獲利的關鍵。

當然，反之亦然。曾經很傑出的波音公司因其 737 MAX 機型的設計瑕疵、過度狂熱於國際外包、鋰電池過熱等等問題而陷入困境，使得該公司獲利下滑，但是較低的獲利並不是因為該公司現在的經理人、工程師與員工不賣力工作或技能太差。這些幾乎全可歸因於波音在 1997 年與麥唐納道格拉斯（McDonnell Douglas）合併後引進的文化，麥唐納道格拉斯的財務與刪減成本方法壓倒波音的傳統工程文化。早前在奇異公司擔任總經理、後來執掌麥唐納道格拉斯的哈利・史東席佛（Harry Stonecipher）在兩公司合併後成為波音執行長暨總裁，他在 1999 年接受訪談時曾說：「人們說我改變了波音的文化，其實這就是我的意圖，所以波音現在運作得像間企業，而非傑出的工程公司。」[2] 短期內成本降低取悅了華爾街，但可能已經傷害未來多個世代的波音公司。

第二個問題是，當期獲利並不決定公司的價值，公司的價值取決於

未來支付給股東的所有股利或帶給股東的其他報酬，並經過壞帳風險造成的價值調降、可能被樂觀收購者購併所造成的價值調升。公司的價值取決於未來，當季財務績效絕對不是長期未來報酬的可靠指標。

從亞馬遜公司的例子最能清楚看出這道理。亞馬遜在 1997 年掛牌上市，此後該公司從未支付股利，但其股價大大成長，因此價值全都來自市場對該公司的前景預期。跟其他股票一樣，亞馬遜的股價波動甚劇，這是因為未來股利、潛在規模、通膨與其他因素的不確定性大。

若你是亞馬遜的執行長，致力於拓展公司供應的產品與服務、加快遞送、管理每天巨量的包裹儲存與運送工作、建立雲端服務事業、開始擴展國際足跡。然後在四月初與華爾街分析師的電話會議上，一位分析師問到你新的出貨中心：「這不會傷害到第四季的獲利嗎？」

請思考一下這個提問。亞馬遜的價值取決於未來五年、十年、二十年、甚至更長期的獲利力，其股價每小時波動是因為未來的不確定性。展望這未來，請問第四季的每股盈餘有多重要呢？亞馬遜應該為了使第四季的每股盈餘稍高一點而調整投資計畫嗎？你應該努力把第四季每股盈餘的預測值預測得很精準，因為你知道，若沒達成預測值，這位分析師及其他分析師將咎責於你？

這位分析師為何會提出這問題？我了解一點華爾街分析方式，也觀察過他們的工作方式。他們可能畢業於賓州大學華頓商學院、紐約大學、加州大學洛杉磯分校，學過把未來現金流量折現，以及如何建立 Excel 試算表來預測那些現金流量。我見過分析師有著漂亮又複雜的十頁試算表，根據三、四十個重要成長因子、比率與產業參數來估計公司的價值。這未來現金流量「模型」與最終股利，將隨著任何一個輸入數值

的改變而跟某公司的價值估計數字產生出入。因此，若第四季的實際獲利比模型預測值稍低，試算表就會改動未來每季的所有預測，這當然會改變模型預測的公司價值，並降低其對「正確」股價的估計。

分析時，分析師會使用確定性最高的工具，這也是第四季實際獲利與預測值的差異會波及未來預測值的原因。但這分析很荒謬，就是試算表模型的機械性質下產物，現實中獲利跟其他的經濟指標一樣，內含強烈的隨機、無規則成分。你不妨追蹤或檢視自己的每月雜貨支出，支出稍高一些並不代表你的財務失控，支出稍低一些也不代表你將餓死。為了對估計值注入適當的邏輯合理性，分析師需要擁有高級貝氏統計模型博士學位，而這些人當然也不會使用試算表。注入適當邏輯就能看出，分析師的預測與估計工具相當粗糙，對短暫的波動過度反應。

第三個問題是，很難得知公司的「真實」價值。1973 年共同推出布萊克－修爾斯模型（Black-Scholes Model，選擇權訂價公式）的費雪・布萊克（Fischer Black）相信，市場價格是真實價值的無偏估計。[3] 但是我們一起喝酒時，他也告訴我公司的「真實」價值可能介於當前股價的一半至二倍不等。股價雖是無偏估計，但也是非常不確定的真實價值估計，在「九十天德比賽事」的多數談話中，這個事實被忽略了。

2018 年巴菲特和現任的摩根大通執行長傑米・戴蒙（Jamie Dimon）在《華爾街日報》上合撰的一篇文章中指出了這個問題：

> 金融市場變得太聚焦短期，每股盈餘這個指引是此趨勢的主要驅動力，導致忽視長期投資。公司經常在技術支出、人員招募與研發上退縮，只為了達成季獲利預測，但季獲利可能受到非

公司所能掌控的因素的影響，例如大宗物資價格的波動、股市波動、甚至氣候。[4]

第四個問題是，季獲利的壓力導致有些執行長做出浪費資源的決策。和上市公司高階主管密切共事過的人，不需要什麼學術性研究都能知道這是怎麼一回事。我親身目睹過很多例子，以下簡短敘述其中兩個：

- 「Softway」（假名）公司的軟體產品占據一個成長中的市場區隔，其主要競爭對手推出一種重要的系統元件，Softway 沒有這元件，估計得花大約一年的程式開發工作、支出約 $2,000 萬美元才能開發出來。該公司執行長猶豫了，他不願讓這項支出傷害了公司的盈餘數字。Softway 轉而以 $1.75 億美元收購一家擁有此項技術的公司，這筆錢有一半來自舉新債，另一半來自境外私募基金金主。這麼做的理由跟推出此元件的速度完全無關，完全是為了不降低短期獲利。這收購來的技術能用，但無法簡單地接合 Softway 既有軟體，為整合這兩種技術，又花了近兩年時間，比內部自行開發的估計時間多了一倍。
- 化學公司「Zotich」（假名）為五個主力客戶供應一種特殊的投入要素，近年客戶要求提高產品性能，Zotich 的策略是加強研發以滿足客戶需要。2017 年夏天客戶所屬產業的產品需求下滑，連帶衝擊 Zotich 的獲利，導致該公司股價下跌。執行長承諾要讓公司獲利快速回升，為此他大舉裁員研發部門。在此同時，競爭者增強自家研發工作。這是 Zotich 策略上重大的錯誤行動，接下來

兩年該公司股價跌了 60%。

許多公司雖未做出此類愚蠢的選擇，季獲利仍然導致各家管理高層分心，忽視實際上影響公司價值的更策略性課題。

股東價值與獎酬

1980 年代股東價值成為企業目的的北極星，哈佛教授麥克・詹森（Michael Jensen）的「公司代理人」理論衍生出一個概念：公司董事與經理人應該追求股東價值最大化。詹森在文獻中寫道：「公司經理人是股東的代理人，」他強調，股東經常遭到那些拒絕發放股利給股東，把錢拿去投資糟糕計畫的經理人所傷。[5]

以股東價值與報酬做為企業目的的北極星，這是經濟學家關於「代理人理論」（agency theory）的一種表達。這理論始於一個假設：除非獎酬的安排校準於業主與經理人的利益，否則經理人（代理人）不會賣力地工作（他們「懶散」），他們將做出自利的決策。

可惜的是，代理人模型沒有處理比激勵更加複雜的課題，像是理念、境況的診斷，以及有關重要性的判斷等等課題。若關鍵問題明顯是浪費與濫用，那麼獎酬能幫助減少缺乏效率的問題。但獎酬措施僅此而已。當愛因斯坦晚年試圖完成「統一場論」（unified field theory）時，試問，祭出 $1 億美元的獎金能加快完成該理論嗎？若面臨的挑戰是在歐洲戰勝納粹，並向愛因斯坦承諾，若他能促成盡早戰勝納粹就給他 $1 億美元的獎金。試問，這就能更快戰勝納粹嗎？美國海軍陸戰隊在槍彈砲

火下往前挺進，而非後退逃避，他們是為了獎金嗎？問題在於這個模型假設了獎酬誘因決定一切。

代理人理論的獎酬方案不能解決策略問題，策略能力未必是誘發出來的，策略失職也不是獎酬方案造成的。從未上市公司身上就能看出這點，在未上市公司業主和經理人的利益息息相關、相互結合，但依舊存在策略課題：做什麼與如何做。獎酬能激發注意力與幹勁，但仍然存在「做什麼與如何做」的疑問。

實務中，管理高層的「獎酬」包含合約上寫的獎金、直接發給股票，以及發給股票選擇權。現代趨勢是把管理高層的薪酬直接與公司股價連結，而非與財務績效連結。1980 年代股票選擇權變成高階主管薪酬的最大成分，網路公司泡沫破滅後，股票選擇權的角色被發放限制性股票（restricted stock）取代。2019 年在 S&P 500 中，根據績效發給的股票獎勵占了公司執行長薪酬的一半以上，在涵蓋較多上市公司的羅素 3000 指數（Russell 3000 Index）中，這比重約為 40％。[6] 這類獎酬的大幅增加，伴隨著積極型機構投資人與積極型散戶投資人的興起。誠如《快速公司》（*Fast Company*）雜誌編輯凱斯‧哈蒙茲（Keith Hammonds）所言：

> 差別在於現今公司執行長身處的沙盒，沙子在 1993 年開始轉移，那年專業經理人挑戰投資人，結果輸了，那週美國運通、IBM 與西屋（Westinghouse）的執行長全部都在壓力下辭職，基本上是因為他們公司的財務績效差。此後，公司主管的薪酬與公司績效愈來愈相關，他們的薪酬成分中有更多的股票，更多的股票

選擇權。[7]

　　這些薪酬方案是花大錢聘用的顧問所設計，他們堅持這些獎酬制必須使執行長的利益和股東利益相互校準，但他們沒有承認的是，這根本不可能做到。這些獎酬得在一定情況發生下才會兌現，這使獎酬形同選擇權。

　　選擇權是一種契約，承諾選擇權的持有人在一定價格下取得或購買某個東西。寫作當下蘋果公司的股價是 $130 美元，你可以用 $20 美元買一份選擇權契約，保證你能夠在一年後以每股 $130 美元買進蘋果公司一股的股票。若一年後，蘋果股價沒有上漲超過每股 $130 美元或是下跌了，你不會行使這項選擇權，而你的損失僅 $20 美元。但若一年後蘋果股價上漲每股超過 $150 美元，你的選擇權將讓你賺錢。若一年後蘋果股價每股上漲至 $170 美元，你賺的錢是當初投資 $20 美元的二倍。在更高的不確定性下，股票價值往往下滑，但選擇權的價值往往隨著不確定性的升高而上升，因為選擇權的損失有限。重點是，你無法透過如同選擇權般的獎酬，來使經理人面對相同於股東的境況，股東擁有的是股票，不是選擇權。

　　關於獎酬與公司績效之間關連性的研究顯示，二者之間並無顯著關連性。當然啦，我們很難釐清一個事實，那就是股價上漲會使得主管的獎酬提高，不管股價上漲原因為何。若一家經營不錯的公司執行長很幸運地正好處於總體經濟表現佳的時期，或者更好的情況是此公司所屬的產業很興旺，那麼該公司股價應該會上漲，使高階主管獲得高獎酬，而這高獎酬與他們採取的公司經營行動無關。大多數時期，個別公司股價的波動有

30％歸因於整體市場結果。在股市走揚，例如2019年上半年，個別公司股價的波動有60％歸因於整體市場走揚。因此，高階經理人與董事會成員可能在公司績效表現並未優於競爭者的情況下獲得高酬勞。

以股東價值最大化為公司目標的根本問題是，高階主管不知道如何達成該目標。花更多時間在辦公室幫不了忙。像波音公司那樣，與麥唐納道格拉斯合併後，不智地刪減成本終將產生長期負面影響。行動與股東價值之間縱使有可靠的關聯，也非常少。當然，我們相信對未來獲利的預期較高會推升股份價值，但是什麼行動能創造更高的預期呢？沃爾瑪應該擴大抑或減緩在中國的投資？蘋果公司應該推出自己的串流服務嗎？奇異公司應該堅守燃煤能源事業，抑或賣掉它？

1967年我還在讀博士班時，指導教授給了我一項工作：去訪談各種主題領域的教授，寫下他們的概念架構。行銷領域有「4個P」，財務領域有「負債無關緊要定理」（debt irrelevance theorem）等等，會計學教授大衛・霍金斯（David Hawkins）露齒而笑說：「每個企業案例都有相同的解決方案：提高營收、降低成本、讓員工工作得更賣力。」向前推進至半個多世紀後的2020年，《資訊長維基》（*CIO Wiki*）對「股東價值」的說明如下：「為使股東價值最大化，有三個重要策略可提升公司的獲利力：（1）營收成長、(2) 營業利潤、（3）資本效率。」[8]

想像你是美式足球洛杉磯公羊隊（Los Angeles Rams）的總經理，你想贏更多場比賽而聘請了一位顧問。經過六個月的研究，顧問回報：「你的目標是使每季的獲勝次數最大化，經我們研究顯示，獲勝次數的驅動指標是淨推進碼數，淨推進碼數等於總推進碼數減去總失去碼數，你必須增加總推進碼數，然後降低總失去碼數。」這位顧問的建議等同

於「提高營收、降低成本」。他的問題和你的問題，以及企業高階主管的問題是，在商場和足球場上獲勝得靠精湛技能，不是靠壓下按鈕和轉動曲柄。

◢那麼，能怎麼做呢？

想要使公司執行長的財務誘因校準投資人的財務誘因，方法之一是讓他（她）成為一位更長期的股東，這意味著在聘用時就給予夠多的公司股份，使其成為執行長的重要財富來源。除了怠忽職守或犯罪造成公司重大損失之外，不可對此股份獎勵的取得設定其他條件，此股份由執行長及他（她）的繼承人完全擁有，但必須七年後才歸屬。

七年或更多年後可擁有一大批公司股票，能使執行長對行動做出更明智的判斷，進而使公司的長期價值蒙益，而非只是聚焦於追求當期會計盈餘的提高。埃克森美孚採行的一項方案就是朝此方向：

> 這個薪酬方案的設計有助於加強這些優先要務，並且把多年期間的大部分薪酬和埃克森美孚的股價表現、乃至於股東價值連結在一起。此方案以股票支付高階主管每年薪酬的一大部分，並限制股票必須在一段期間後才能出售，這期間遠比所有產業的其他多數公司規定的期間長。此方案將以限制性股票支付高階主管每年薪酬的過半額，其中半數股票必須持有至少十年或直到退休（比十年還要久），其餘半數股票必須持有至少五年。[9]

降低「九十天德比賽事」雜音的另一種方法是調整公司的客戶。高階主管的客戶是公司董事會、大型退休基金的共同基金投資人、追蹤公司的分析師，以及購買公司股票的一般投資人，但股市投機者不算在內，這些投機者跟股價的波動有很大的關係，但他們只對價格波動感興趣，對公司的價值不感興趣。

　　這方法是建立一個相信公司對於創造長期價值的承諾與能力的客戶群，若退休基金經理人需要快速的12％報酬率，使資金不足的退休基金計畫免於破產，那就請他們購買別的證券。經常提醒你的客戶，經濟充滿不確定性，必有起落，股價是嘈雜、不確定的指標。告訴他們，為了創造長期價值，公司將會進行許多實驗，有些實驗可能行不通。告訴他們，你及團隊追求創造數十年的價值，若他們想要快速報酬，請他們別買你公司的股票。告訴他們，若他們看到很平順的公司績效，那代表有人在編造數字或是對金牛擠奶。

　　財金新聞把所有買賣股票的人稱為「投資人」，但多數股票交易是投機者所為，不是投資人。為降低「九十天德比賽事」雜音，你需要的客戶是投資人，不是投機者。對股價起伏進行投機性交易並非違法或不道德，但你應該區別這類股東，以及對公司價值感興趣、而非對公司股價波動感興趣的股東。

　　華頓商學院教授布萊恩・布希（Brian Bushee）在 2001 年發表的一項研究指出，在機構投資人中他稱為「短暫型」（transient）的投資人過度側重公司的近期獲利。[10] 所謂的「短暫型」指的是投資資產組合高度多樣化且週轉率高，反觀那些投資資產組合較窄、更集中持有的機構投資人似乎沒有這種短期偏向。另一群學者的研究則發現，當公司停止向投

資人提供公司獲利指引時，其客戶會轉變為較長期持有該公司股票的投資人。[11]

董事會也可能起重要影響，若你希望激發更長期觀點，別讓你公司董事會的過多成員是善於媒合交易者或投資銀行家。努力建立一個很了解公司事業而不會聚焦於每季、甚至每年財務績效的董事會，若董事會成員不了解公司的事業、技術或所屬產業的實際營運，他們就只會盯著每季的財務績效。

電機工程師區別得出「訊號」與「雜訊」，訊號是訊息，雜訊是使你難以聽到或了解訊息的靜電干擾與錯誤。重要的是，你的客戶應該接收了「嘈雜」的股價觀點，所以關於公司真誠價值的訊息經常被隨機雜訊遮蔽。巴菲特和貝佐斯之類抱持長期觀的經理人在年度信函中向投資人強調這個事實。例如，貝佐斯在 1997 年的第一封致股東信中寫道：「當被迫在優化公認會計準則（GAAP）會計帳和未來現金流量現值最大化之間做選擇時，我們將選擇現金流量。」在全球金融危機時，2009年致股東信中他寫道：

在此動盪的全球經濟中，我們的基本方法維持不變，埋首專注於長期，以顧客為念。長期思維使我們不僅利用現有能力，也嘗試去做原本無法想像的事。長期思維支持為了創新而需要歷經的失敗與迭代，使我們能放手去開拓尚未探測過的領域。追求即時滿足或難以捉摸的承諾，你很可能發現，已經有一大群人走在你前頭。長期導向與我們「以顧客為念」的理念很契合，若我們能辨察一種顧客需求，若我們能進一步確信這需求夠大且持久，

長期導向的方法能讓我們耐心地努力多年，為這需求提供一個解決方案。

　　巴菲特總是強調他的投資持有期間很長，他買進時就無意圖在短期間賣掉。他經常建議投資人及任何願意傾聽他的意見者，投資人應該歷時買進，擁有多樣化的股票資產組合。他說對這類投資人而言：「市場價格的下跌並不重要，他們應該持續聚焦在投資期獲得顯著提升的購買力。」

　　若要投資人不論漲跌都長期持有你家公司的股票，他們必須信任你這位高階主管，信任你的策略，信任你的管理制度。信任不易贏得，但容易失去。若你執掌波音公司，多年來市場信任你，並長期投資波音公司，而你只為了迎合西南航空，核准 737 MAX 把前艙登機階梯設計在錯的方位，那你就是背叛了信任，歷經數十年累積起來的信任可能在幾個月內蒸發殆盡。

　　避開「九十天德比賽事」的一種方法，是經營很單純的事業或事業群。當會計帳顯示的就是事業績效的真確面貌，事情變得容易很多。若你公司接單生產高中運動比賽的獎盃與獎品，事業績效與進展有明確的指標。製造空調輸送管的事業比較單純，設計與打造高科技人工智慧住家自動化系統的事業遠遠複雜很多。

　　避開「九十天德比賽事」聚光燈的另一種方法，是從公開上市公司轉為私有化，亦即下市。來看看特斯拉（Tesla）的伊隆・馬斯克在 2018 年時對此表達的觀點：

身為一家上市公司，我們的股價容易激烈震盪，這可能導致特斯拉員工焦躁不安，他們全都是特斯拉的股東。身為上市公司，我們也受季獲利循環的束縛，使特斯拉的決策承受巨大壓力，迫使我們可能得做出或許能提高某季盈餘、但未必對長期有益的決策。最後，身為上市公司意味著很多人有動機去攻擊公司。例如，特斯拉成為美國股市史上被做空最嚴重的股票。

基本上我相信，當人人都聚焦於執行，當我們能夠持續聚焦於長期使命，當沒有人出於不當動機而企圖傷害我們致力於達成的事時，我們就能處於最佳狀態。[12]

許多大公司其實不需要來自公開市場的資本，其公開上市股票被用於創造誘因，以及在購併其他公司時不支付現金以股票代替。不過，大型上市公司要下市的話，金融操作相當複雜，需要一個很富有的金主或融資購併，而這會給公司的短期現金流量帶來更大的壓力。

許多成功的創業家並非為了財富而創業，是的，他們喜歡成功，當中有些人花錢無度，但他們創業的主要動機是想在領域中勝出與稱霸，公司價值只是隨之而來的結果。他們想創造出新產品或新的事業模式，在他們的領域中成為佼佼者而受人欽佩。當然，握有控制性的公司股權、具有策略性洞察有加分作用。

史蒂夫‧賈伯斯聞名於世的一點是他不怎麼關心公司股價，那他如何經營管理公司呢？賈伯斯本身不是工程師，但他把蘋果經營成最傑出的工程公司之一，貨真價實的「工程」公司。競爭者競相成為第一個在市場上推出產品的人，或是在產品中包含最多的性能，但打造出的產品

往往比蘋果產品更笨拙。

　　許多人和公司想仿效蘋果，所以研究了該公司做了哪些事。其實學習賈伯斯經營下的蘋果公司時，也應該注意他不做什麼。我參考經理人、商業作家與顧問們常用的思想和語句，編纂出下列賈伯斯「不做」的事：

- 他不「藉由堅定聚焦績效指標來驅動事業的成功」。蘋果公司成功靠的是成功的產品與策略，而非靠著追趕績效指標。
- 他不「藉著把獎酬和重要的策略性成功因子綁在一起，以激勵高績效」。蘋果公司藉由施壓個人達成會計帳目標成果來驅動高績效。
- 他不採行「透過所有層級的參與，達成共識，以化解看法與價值觀的重要歧見」的策略。蘋果公司的策略大多由高層制定與推行。
- 他不浪費時間在「使命」「願景」「目標」「策略」的細微差異上。
- 他不使用購併來達成「策略性成長目標」，蘋果公司的成長是成功的產品研發及伴隨的事業策略下的產物。
- 他不藉由追求「規模經濟」來創造較高的利潤，他把這種老舊的概念與行動留給惠普之類的公司。
- 他不參與「九十天德比賽馬賽事」。

　　仿效蘋果公司並不容易，但也不是不可能。我們周遭充斥著花了大錢研發、但承諾多過的實現產品，還記得視窗 Vista 作業系統嗎？還記得平板電腦 BlackBerry Playbook 嗎？ BlackBerry Playbook 試圖做得比

iPad 好，但竟然不支援該公司的優秀產品 BlackBerry 電子郵件系統，工程師告訴該公司執行長詹姆斯・巴爾西里（James Balsillie），因為安全性理由，他們無法把這電子郵件系統放進去。你想，換成賈伯斯會如何回應工程師？

谷歌在 2017 年推出智慧型手機 Pixel 2 及藍牙耳機 Pixel Buds，我有一支 Pixel 1 因而特別關注這事件。看到發表會上的展示者使用 Pixel 2 與 Pixel Buds 和谷歌高級工業設計師、瑞典籍的伊莎貝爾・奧爾森（Isabel Olsoon）輕鬆地交談，我跟許多人一樣頗為驚豔，現場觀眾掌聲不斷，讚嘆連連。展示者說，新技術讓你能夠用四十種語言自然地交談，我經常旅行，於是很快就訂購了這款新手機和 Pixel Buds。

實際使用 Pixel Buds 我實在開心不起來。操作不流暢便利，你必須放在它們的小盒子裡充電有點麻煩、語言翻譯不管用、任何背景噪音都會混淆與困惑系統、想表達想法得做很多的回溯及錯誤修正。問題在於自然語言的翻譯極其困難，再加上語音辨識的困難度，使複雜度增至三倍。評論家詹姆斯・坦波頓（James Temperton）在《連線》雜誌上寫道：

> 谷歌的 Pixel Buds 是對一個不存在問題的糟糕設計解方，你想要一副不錯的無線耳機嗎？略過這款吧。你想要一個聰明伶俐的耳機語音助理嗎？這款不行。你想試試矽谷詮釋的一種虛擬異形魚如何在語言之間執行即時翻譯嗎？奉勸你還不如把一尾孔雀魚塞進你的耳朵裡，然後盡量往好處想吧。或者，別用這款中介譯者了，就在你的手機上使用谷歌翻譯應用程式就好了。[13]

仿效賈伯斯的祕訣並不是超越科技極限，而是提供人們願意掏腰包的卓越設計。這不單單只是漂亮的外殼、簡潔的介面，而是全體而言，這是當下最優質的產品或服務。

第 17 章

策略規畫
達與未達，用與誤用

　　策略規畫（戰略規畫）這個概念與流程產生自美國在二戰時的活動，當時軍方開始在總計畫中使用這個名詞，許多受僱為戰事規畫與控管民間生產活動的分析師也開始使用這個名詞，喬治・史坦納（George A. Steiner）就是其中之一，二戰期間他規畫金屬及其他物品的生產與配送。[1] 後來他成為規畫領域的著名專家，撰寫了一些極具影響力的「長程」「策略性」及「管理高層」規畫主題的書籍。喬治是我在加州大學洛杉磯分校的同事，文雅和善，退休後熱愛繪畫，2004 年辭世，享嵩壽102 歲。

　　喬治經常和我共進午餐，他告訴我，產業界的「長程」與「策略規畫」制度誕生於公用事業和資源型產業。在 AT&T，長程規畫的起始點是預測未來的打電話需求，再回推滿足此需求所需的基礎設施，很重要的一點是，規畫工作主要就是做預測，因為當時 AT&T 沒有競爭對手。相同的邏輯也適用於電力公司，沒有破壞性競爭。不過在石油公司就比較複雜了，因為在找到新油源方面競爭激烈，但儘管如此，在 1973 年爆

發石油危機之前，石油公司的規畫工作大致上也如此呆板：預測需求、預測市場占有率、規畫滿足需求所需的生產設備。在管制鬆綁前，航空公司的規畫形式也是相同呆板：預測需求、計算政府規定的機票費率、根據預測來訂購飛機。

當能夠預測重要流量與事件、當組織有膽識為時間與不確定程度的未來事件而在今日做出投資時，長程規畫可能有幫助。但是許多的組織卻發生當下的需求占用了能投資於未來的資源，組織領導人也缺乏投資未來的膽識。

◣大流行病

撰寫這段的 2020 年秋季，我因新冠肺炎疫情而窩居奧勒岡州的家中。疫情初期，奧勒岡州衛生局局長派屈克·艾倫（Patrick Allen）告訴州議會：「若聯邦政府沒有格外努力，我們的前線保健工作者需要的保護裝備將用罄。」全美各地響起相似的警鐘，地方上的衛生官員認知到，他們沒有為無可避免的全國性緊急事件做好因應規畫。

大流行病無法預測，但也無可避免，跟地震、乾旱、水災、海嘯一樣，大流行病在無預警之下襲擊是必然會發生的事。過去五十年間，世界爆發過伊波拉病毒（Ebola）、嚴重急性呼吸道症候群（SARS）、豬流感（swine flu）、茲卡病毒（Zika virus）、馬堡病毒（Marburg virus）、登革熱、西尼羅病毒（West Nile virus）、波瓦桑病毒（Powassan virus），以及一堆禽流感類病毒[2]，所以爆發新冠肺炎應該不令人意外，只是無法預測爆發時間罷了。在全球流動性如此高且頻繁

之下，爆發更致命的大流行病是可以預見的，那麼為何奧勒岡州會欠缺醫護裝備呢？

答案之一，太多官員與民眾認為保健衛生是聯邦政府的職責，其實不然，美國聯邦政府制定政策、提出建議，但在美國，流行病之前及流行病期間的政策行政，實際上是州政府與郡政府的職責。舉例來說，聯邦官員能夠針對戴口罩這件事提出建議，但規定戴或不戴口罩的主管機關是州政府，這點至今仍然有許多人很詫異。

更總括性的答案是策略規畫上的錯誤，以及欠缺實際執行計畫所需要的膽識。2005 年制定的美國國家流感大流行因應策略（US National Strategy for Pandemic Influenza）與執行計畫設想了類流感病毒蔓延國際的情境，錯誤地假設病毒將影響孩童最劇，也錯誤地假設疫情將在「受到影響的社區」持續六到八週。此策略提議全國儲備醫療用及非醫療用物資與器材，呼籲聯邦政府：「確保我們的全國存貨，以及在州及社區層級適當地建立存貨。」

此計畫未提及以檢測做為有用的應對措施。全國存貨確實建立了，但在應付有限的 2009 年豬流感時用罄，由此可見這存貨有多小量，而且這些物資被用罄後也從未再補充。另外，沒有機關或措施去監督各州，也就是確認公共衛生的實際一線行動者是否做好準備，跟許多策略計畫一樣，所有層級都缺乏實際執行計畫所需要的膽識。

除了計畫，一些非政府機構做了可能的大流行病研究。新冠肺炎疫情爆發的兩年前，戰略與國際研究中心（Center for Strategic and International Studies）的風險與前瞻團隊（Risk and Foresight Group）做了一種關於高傳染性新型冠狀病毒的情境分析，他們總結既聰明又愚

蠢。下述建議顯露了他們一廂情願的美好想像：「在危機來襲前，在國內與國際建立政府、公司、工作者與民眾之間互信與合作，這很重要……。因應大流行病的一個要素是公共秩序，以及遵從可能必要的協定、配給、其他措施……，國際合作也很重要。」

大多數「未來學」和「情境分析」研究的問題出在，研究結果受利益密切相關方的左右。關於大流行病的研究必須更加嚴謹，國際大流行病的研究需要富國資助窮國更多。儘管這是個陰鬱的主題，但奇怪的是相關研究卻頗為樂觀。例如，我們可以注意到，上述引文中並未提及美國或奧勒岡州應該儲備向來以即時模式採購自中國與其他外國供應商的口罩、手套或藥品。誠實的情境分析不會口若懸河地談全球協調，而是會預測封閉國界、限制旅行、供應鏈崩潰；也不會只提及「遵從協定」，而是會列出可能得強制遵從，以及允許少量個人自由的各自情況。低於七十歲者的新冠肺炎致死率顯然低於 1％，萬一疫情非常嚴重，致死率達 10％的話該怎麼辦？有沒有人能預測到媒體與政治人物會使用這疾病做為打擊敵人的工具？

美國在這次新冠肺炎大流行病方面的大成功，並非靠任何的長程策略計畫，而是靠高度關鍵點導向的策略性「曲速行動」（Operation Warp Speed）計畫。爆發新冠肺炎疫情前，疫苗研發是一件長期工作，此前疫苗研發速度最快的是流行性腮腺炎疫苗，花了四年。2020 年 3 月，三十三歲、從內科醫生轉行的創投家湯姆・卡希爾（Tom Cahill）開始積極研究與疏通這問題，他組織了一個影響力團隊，名為「聯手遏阻新冠肺炎科學家團隊」（Scientists to Stop Covid-19）。[3]

通常藥品研發順序流程：研發→多年試驗→美國食品藥物管理局

審核→製造→配送，卡希爾組成團隊的備忘錄呼籲政府注意新科學可以做到快速發展疫苗的這個新事實，並建議由一個特別設立的聯邦協調委員會負責協調工作，以平行方式來做研發、生產、配送的流程步驟，《華爾街日報》把這計畫類比於二戰時的「曼哈頓計畫」（Manhattan Project）。基本上，該團隊辨識問題的關鍵點，把營利型、一步步謹慎研發藥品的傳統制度擱置一旁。此團隊的人脈深廣、直通華府，使得這計畫快速聚積動能且國會同意資助，由出生於摩洛哥、有疫苗研發經驗的美國科學家蒙西夫・史勞伊（Moncef Slaoui）擔任聯邦協調員。美國食品藥物管理局起初拒絕快速推出疫苗，但被直接行政權推翻。令許多科學家與多數報章媒體大出意外的是，疫苗實際上比原訂時程超前開發出來，並於 2020 年 12 月開始配送。

欲看出這協調一致的策略價值，可以把這項成果與歐盟獲得的成果相比較。不同於美國採取「曼哈頓計畫」形式，歐盟處理課題的方法與其他的政府發包情形並無二致，歐盟執委會負責設立一個由代表性國家組成的委員會，與可能的生產商談判，這是很民主架構，但無可避免地減緩行動，也使得遊說行動大增。由德國的拜恩泰科公司（BioNTech）研發的 BNT 疫苗〔與輝瑞製藥公司（Pfizer）合作，在美國又簡稱輝瑞疫苗〕之所以沒被歐盟選中，是因為拜恩泰科不是製藥業中的大咖。接著，大型製藥公司提出了免遭訴訟的保護要求，歐盟對此有異議，因此直到這問題解決後藥廠才設立生產設備。歐盟這邊推出疫苗只有一個粗略的時程表，而且被歐盟選中的兩個承包商相繼發生了問題：法國的賽諾菲公司（Sanofi）無法駕馭科學，必須把發展時間推遲至 2021 年末；英國的阿斯特捷利康公司（AstraZeneca）推出的 AZ 疫苗因為有血栓的

輕微風險，許多歐盟會員國暫停使用它。

◢阿曼王國的水

　　阿曼王國的氣候高熱乾旱，水是一項稀少、珍貴的資源，長達二千多年以來，由傳統的阿夫拉吉（aflaj）灌溉系統供水給村莊與小鎮。這些灌溉系統是地下坑道和狹窄管路，把水從較高處的蓄水井輸送至村莊，供水策略計畫的要素是維修與翻新這些水道，以及補注水壩工程（這些水壩集水後，把水輸送至地下水路以減少蒸發）。伴隨人口成長，自1990 年代初期該國推出旨在水回收再利用、海水淡化，以及拯救農地免於鹽化等工程的策略計畫。興建海水淡化廠的重大工程相當成功，這些水廠已在該國首都馬斯喀特（Muscat）與其他城市供應飲水，還有一項研究計畫在尋求更低成本的海水淡化方法。農業用水，尤其是低收成農地或作物的過度用水，節控工作比較困難，政府握有阿曼的所有水權，實行類似許可制來控管與疏導農民用水，對那些必須減少用水的農民予以補貼。總體來說，阿曼王國成功推行了長期策略來應付困難的水資源挑戰。

　　反觀加州，沒有任何的策略性水資源計畫。2015 年加州的乾旱期已邁入第四年，州長傑瑞・布朗（Jerry Brown）說：「這是新常態，我們必須學習應付它。」他的悲觀顯然是基於相信乾旱期乃是全球暖化導致，儘管全球暖化事實上是一種漸進的過程，並非突然發生的。不過，事實證明布朗的預言並不正確，到了 2017 年初他宣布「新常態」乾旱結束了。中央谷地（Central Valley）的居民尤其能明顯感受到，內華達山

脈積雪深度創下歷史新高，水壩滿溢，許多果園遭遇水災。在缺乏相應於人口規模的大型水庫之下，這多出來的水流入大海白白浪費了。

加州的樹木年輪分析顯示，特大乾旱已經持續發生長達五十年，上一次的大乾旱結束於 1300 年代，此後氣候的變化週期大約是二十至一百年。近期的長週期是最溼潤的週期之一，正好發生於加州人口激增時期。

對於短期變化可以靠儲存更多的水來因應，州議會對長期因應之道並不感興趣。合理的長期策略只有建立更便宜的海水淡化，或是像阿曼王國那樣，鋪設地下水路通往設有補注水壩的山區、限制農業用水（占了加州總用水量的 80％）或控制居住該地區的人口。對於生活面臨無法預測、但無可避免的氣候變化週期，加州政府無意願於長遠規畫，還不如《創世紀》中約瑟為法老解夢時提出警告：「七個大豐年隨後又要來七個荒年」，之後法老派約瑟治理埃及而使埃及免於饑荒。

當問題持續且大家都明顯看出時，更可能推出較長期的策略規畫。當問題的嚴重程度不一時，像是大流行病和加州的用水問題，政府較不可能制定更長期的策略。

◢ 使命聲明與烏龜

關於創造的膽識，目前盛行的方法是為企業或機構創造一種持久、有意義的目的感，根據這觀點，領導人應該審慎地雕琢出企業的「願景聲明」「使命聲明」「價值觀聲明」與「策略聲明」，並且據以列出企業的「目標與目的」聲明。上網查詢一下，你會發現一大票自封的顧問

樂意告訴你願景、使命、價值觀、策略、目的與目標之間的細微差異，他們會敦促你必須雕琢出一份使命聲明，因為：「若你不清楚使命，你如何能制定達成使命的策略呢？」

這一節內容旨在說服你，雕琢一堆關於願景、使命、價值觀與策略的「聲明」其實沒有用，缺乏邏輯骨幹，而且沒有證據顯示它們可以持久。它們實際上無法在研擬策略時提供指引，你對基本價值觀的信奉是靠你的行動來彰顯，而非那些張貼或鑲嵌於牆上的「聲明」。

關於上述種種聲明，使我想到一位天文學家的軼事。這位天文學家在一場演講中解釋地球繞著太陽公轉，因此環繞著銀河系中心轉動。演講結束後，一位老婦人走上前稱讚他的演講，但她堅稱地球實際上是坐落於一隻巨大的烏龜背上。天文學家抬眉，相信自己能夠輕易地反駁這位老太太的論點，他說：「女士，那隻烏龜站在何處呢？」，老太太自信滿滿地回答：「站在另一隻烏龜背上啊，一隻烏龜接著一隻。」

這個笑話用無限回歸來探索，存在著一個原動力的疑問。若 A 是從 B 演繹而來的，那麼 B 來自何處呢？同理，若你需要使命聲明來衍生出策略，那麼使命聲明又是從何而來呢？答案是，使命聲明來自「願景聲明」，或許這願景說明衍生自「核心價值觀聲明」。邏輯上這就像堆疊的烏龜：一個聲明接著一個聲明。

根據維基百科：「組織通常不會歷經時日地改變使命聲明，因為使命聲明定義了組織的持續目的與焦點。」[4] 使命聲明真的持久嗎？微軟公司 1990 年的使命聲明：「每張桌子上和每戶家裡的電腦」，美好且清楚，但在應付網際網路興起時卻幫不了什麼忙。伴隨平板電腦、智慧型手機、雲端運算的興起與流行，世界改變了，微軟公司 2013 年的使

命聲明變成難以譯解的一堆話：「為個人與企業創造一系列的裝置與服務，對全球各地居家、辦公與行旅在外的人們都能從事他們最看重的活動。」2021 年的今天，較早的使命聲明已經濃縮成每家公司通用的使命聲明：「讓地球上每個組織以及每一個人都能實現更多、成就非凡。」這次的使命聲明可以更持久，因為實際上聲明中沒有說明微軟做什麼或希望做什麼。

1999 年時，美國疾病管制與預防中心（CDC）的使命聲明是：「藉由預防與管制疾病、傷害與殘疾，促進健康與生活品質。」2021 年的今天，疾病的概念已經擴大到包含安全、保安、肥胖症、槍枝暴力等等問題：「CDC 全天候致力於保護美國免於受到國內外的健康、安全與保安威脅，不論疾病始於國內或國外、慢性或急性、可治或可防、人為失誤或刻意攻擊，CDC 致力於對抗疾病，並支援社區和民眾做相同的事。」CDC 的使命聲明每隔幾年就改寫，以跟進不斷擴展的活動多樣性，很顯然，這職責與宗旨的大雜燴完全無助於制定任何策略。

2012 年時臉書的使命是：「使世界變得更開放與連結。」現在該公司的使命是：「讓人民有力量去建立社群，使世界更緊密結合。」索尼公司的使命是：「成為激發與滿足你的好奇心的公司」，跟臉書公司一樣，索尼的使命聲明傳達了不在乎賺錢的高貴氣質。但是，這兩家公司的使命聲明都未能指引如何策略性因應新冠肺炎疫情或政府對於反競爭行動的加緊監督。

不少公司直截了當地說自家的使命是追求股東價值最大化，例如迪恩食品是集合全國各地地方性乳品加工廠的一家公司，2018 年該公司的使命聲明是：「本公司的首要目的是追求長期股東價值最大化，在此同

時，遵守營運所在地的法律，時時刻刻奉行最高道德標準。」這沒什麼用，一年後的破產中該公司股價歸零。

崇高的全球性目的或獲利導向的聲明，同樣也無助於本書談到的解決問題策略。若你贊同策略就是一種形式的解決問題，是一趟旅程，是對挑戰的反應，那麼使命聲明就無助於策略研擬工作，它們只是浪費時間與心力。

領導一間企業不需要願景或使命聲明，當你設計與執行變化與機會的策略性行動時，就決定並創造了你的實際使命。你公開表達的使命更像是廣告及向社會傳達訊息，而非一種指引；你的使命聲明將隨著流行與領導層的變化而改變。

我的建議是，把使命聲明當成座右銘，當成激發情感與信諾感的一種箴言或格言：

<圖表 15 >著名公司與組織的格言

格言	公司
無可替代（ *There Is No Substitute* ）	保時捷（Porsche）
永遠忠誠（ *Semper Fi* ）	美國海軍陸戰隊
更快，更高，更強（ *Faster, Higher, Stronger* ）	奧林匹克運動會
血與火（ *Blood and Fire* ）	救世軍（Salvation Army）
鑽石恆久遠（ *Diamonds Are Forever* ）	戴比爾斯（De Beers）
不同凡想（ *Think Different* ）	蘋果公司
我不被領導，我要領導（ *Non ducor, duco* ）[5]	巴西聖保羅市

我們支援你（*We've Got You Covered*）	奧勒岡州本德市（Bend）河流屋頂工程公司（River Roofing）
團結，誠正，勤勉（*Unity, Integrity, Diligence*）	羅斯柴爾德家族（Rothschild Family）
拯救性命（*That Others May Live*）	美國空軍傘降救援隊（US Air Force Pararescue）
任何任務，任何時間，任何地點（*Any Mission, Any Time, Any Place*）	俄羅斯特種部隊（Spetsnaz Guard Brigades）
做就對了（*Just Do It*）	耐吉公司（Nike）
極簡思考（*Brutal Simplicity of Thought*）	上奇廣告（M&C Saatchi）

◢ 企業的策略規畫

自 1970 年代起，多數企業採用「策略規畫」這語言。當產品或生產的生命週期長達數年甚至數十年時，策略計畫或許有內容及大優點，國防業承包商、礦場業公司、石油公司，以及許多電力公司都有預期未來多年間的需求與生產如何演變的路線圖。

但在許多企業裡，策略規畫的工作或成果令人失望，多數高階主管說，他們的組織有策略規畫流程，但這些主管大多對策略規畫流程及其結果不滿。麥肯錫管理顧問公司在 2006 年對八百名主管所做的一項調查發現，對策略規畫流程滿意的主管不到半數。貝恩企管顧問公司（Bain & Company）的合夥人詹姆斯・艾倫（James Allen）在 2014 年指出：「最近和幾家大型全球性公司開會……，我明顯看出，許多公司領導人已經受夠了策略規畫流程……。普遍認為，這些策略規畫有 97% 是浪費時間，耗損組織的元氣。」[6]

常見的抱怨之一是策略計畫根本沒效。2009 年跟和美泰兒（Mattel）的執行長羅伯·艾克（Robert Eckert）交談時我詢問了有關該公司的策略，他微笑著說：「我們在策略規畫方面做得很好，問題出在執行。」艾克的這種抱怨很普遍，表達了一個無可避免的事實：計畫無法預測競爭結果。或者如同拳王泰森（Mike Tyson）的精闢名言：「在被迎面痛擊之前，人人都有一套自己的計畫。」

多數企業的基本問題是，所謂的「策略規畫」流程其實並未產生策略，策略規畫流程實際上是試圖預測與控管財務績效。簡言之，這些策略規畫流程是一種形式的預算規畫，並非處理重要的挑戰。這些流程可能綜覽較大的課題，但很快就轉而聚焦於財務績效目標，接著分配預算。

在此以「羅耶爾菲德」（假名）公司來例示眾多企業的策略規畫流程如何運作。這是一家「財星五百大」公司，大約二十五名高階主管聚集在一家飯店的會議廳，首先發言的是財務長，使用擷取自漫威影片《雷神索爾》（Thor）的影像來生動他的財務報告。

第二個發言的是執行長，使用一些 PowerPoint 展示他所謂的「策略承諾」與「成功記分卡」，他提醒與會者這個「策略承諾」衍生自三年前的一筆重大購併，定義了事業新擴大的範疇。這其中包含敘述該公司將服務的市場，並提醒該公司的產品將：「為顧客的需求提供最有成效的解決方案」，也要為產品：「提供高水準的服務」。

羅耶爾菲德公司的「成功記分卡」（簡稱 SSC）明訂獲利年成長率為 15％，股東權益報酬率為 15％，這些目標高於該公司近期的財務績效紀錄。接著，他展示已經和四個事業單位議定的各事業單位 SSCs，每個事業單位已經同意相關的營收成長、獲利率、投資報酬率與市場占有率

等目標。最後，他引述當時十九歲、已贏得五面奧運金牌的美國泳將凱蒂・雷德基（Katie Ledecky）的話：「訂定目標，設定時總認為自己不可能做到，但你可以每天朝著目標邁進，一切就變得有可能做到了。」[7]

中間休息時會場播放歡快的音樂，茶水區的咖啡杯上印有公司標誌。午餐後，四個事業單位的經理人分別報告他們達成各自事業單位的SSCs策略，其中提到主力顧客與特定產品的改進，但基本語言是執行長預設的：關於財務績效的語言。因此他們的「策略」基本上就是承諾尋找新顧客、設法降低成本、控制投資。

執行長主要以財務績效來定義SSCs，左右了他們能考慮的選擇項，也使策略性思考從技術、產品、顧客與競爭等層面，轉向旨在達成期望的會計成果的戰術。他們沒有認真考慮過既要提高營收、又要降低成本，該如何調和這兩項相互抵觸的需求。

欲了解羅耶爾菲德公司的策略規畫流程為何是這種模樣，首先來看該公司執行長的處境，他幾乎天天得向投資人、華爾街分析師、退休基金與避險基金解釋該公司的財務績效，並向董事會與證管會提出報告，而他的薪酬取決於公司的會計成果與股市報酬率。因此，他生存的世界使SSCs成為他個人的策略性問題。

其次，該公司的領導階層把他們含糊的「策略承諾」視為公司已經有了策略。他們的心態是，策略是一種偶爾、相當靜態的課題。「策略承諾」顯然已經解決了策略疑慮，該公司的「策略」會議便聚焦於他們認為的「實質工作」：訂定財務績效目標。

為了準備此會議中提供給該公司的諮詢服務，我事先訪談過該公司的兩名事業單位的主管，在我看來，羅耶爾菲德的策略性挑戰相當明

顯。該公司所屬的產業已經全球化了，但該公司的組織架構仍然按照地區來劃分。他們過去發明、且成功使用的技術早跟一個競爭者發明的技術相當，在某些地方甚至被該競爭者超越了，羅耶爾菲德工程團隊很能幹，只是行動緩慢，主要聚焦於應付內部的敏感性，而非應付競爭課題。其他不那麼顯要的問題使該公司難以區別什麼是真正重要的事、什麼是不那麼重要的事、什麼是關鍵課題、什麼是周邊課題。

晚餐前小酌時，我向執行長提出這些課題中的某些部分，他舉起手阻止了我：「我不想聽到有關團隊的負面東西，我不想讓他們從 SSCs 中分心。」

我再也沒有和羅耶爾菲德公司共事，那場會議後的接下來幾年，該公司的每個競爭者成長得更快了，羅耶爾菲德的核心事業市場占有率流失得最嚴重，這些損失顯然是因為該公司未能跟上競爭者供應的技術。雖然羅耶爾菲德降低費用使淨利潤獲得改善。但是該公司的成長率仍落後其所屬產業，市場占有率下滑 30％，競爭者藉由瞄準主力顧客區隔贏得業務。

為了向前邁進，羅耶爾菲德應該直接面對重大的策略性課題，但該公司卻沒有這麼做，因為領導人誤解了策略的含義與目的。這誤解部分顯示，該公司領導階層以為他們有關於在什麼領域競爭的「策略承諾」，就代表已經照應了絕大多數的策略性課題。其餘部分的誤解顯示，領導人武斷設訂了財務績效目標，並要求每個事業單位制定如何達成的「策略」，在沒有針對更根本性的挑戰就提出解方之下，儘管取得了較高的利潤，卻付出失去技術領先地位與市場占有率下滑的代價。

5

策略鑄造

策略鑄造是一種流程,一小群主管做挑戰導向的策略
探索,辨識關鍵點,研擬克服這些問題的協調行動。
策略鑄造流程非常不同於一般的策略規畫或其他所謂
的策略研討會,策略規畫流程或研討會得出的結果基
本上是長期預算。

第 18 章

前美國國防部長
倫斯斐的疑問

　　職涯早年我試圖組織迷你型顧問公司——只有我，或者有時候只有我和幾名同事。我輔佐公司研擬策略，通常這些客戶之前聘請過頂尖顧問公司，來找我只是想尋求不一樣的東西。

　　這當中有不少合作令人滿意，我相信與某些公司共事產生了成功的策略行動。另一方面，也有較不成功的案例，並不是這些案例沒有做分析或建議被拒絕，而是更像例行的暖場劇目與主秀之間的差異：境況的策略性分析和行動建議是例行的暖場劇目，有趣、但很快就被遺忘；主秀是傳統的年度「策略計畫」。

　　「OK 公司」（假名）就是較不成功的一個案例，2002 年該公司是居家與辦公室氣候控制系統的重要製造商，整個產品線有十四款產品，該公司指出，自家面臨的問題是低獲利力與低成長。我輔導該公司的策略副總，他領導一支分析師小團隊，定期與公司執行長討論。

　　我從至少二十名經理人、工程師與銷售人員那裡收集他們對境況的看法，這些看法主要是競爭加劇，以及業務的複雜性，但我看到的是

該公司產品線陳舊，跟不上時代。競爭者推出的系統能夠連上乙太網或Wi-Fi，而 OK 公司推出的系統必須用移動式跨接器跨接印刷電路板上的走線。OK 公司的十四款產品使用八種不同的電路板，有些競爭者推出的系統已經可以在牆上螢幕或筆記型電腦上呈現多區塊資訊，而 OK 公司設計印刷電路板系統的工程師老早退休了。為了彌補產品性能相對遜色於競爭者產品，OK 公司管理階層持續降低售價、提高銷售佣金，在我看來這不是一條好途徑，感覺就像經營資料處理業務的公司一直使用老舊的綠色螢幕終端機，直到網際網路和個人電腦的普及壓垮了它們。

策略副總和我詳盡評估了該公司產品與競爭者產品，並且訪談許多系統採購者與顧客。OK 公司是個知名品牌，規模大的系統採購者喜歡競爭者推出的新穎設計，但也信賴 OK 公司的悠久歷史。而規模較小的採購者與工程承包商則是意向分歧，許多安裝者偏好較舊的跨接系統，因為安置得花約二倍時間，可索費的工程時數也是二倍。

除了這些產品與行銷問題，OK 公司的組織呆滯，儘管公司財務績效逐漸下滑，整個組織明顯自信滿滿。該公司把零組件的製造外包至中國來維持低成本。

策略副總和我提出一項策略來幫助該公司建立更好的未來。此策略的關鍵是投資研發一款微處理器型控管系統，我們稱為「平台」，可用於全部十四款產品。我們從手持計算機產業汲取靈感，主張建立能夠處理所有特定性能的平台，一舉提升所有較不先進的產品。為指引此投資必須引進新血，尤其是工程領域的新技術人才。開發出此產品後，應該組成一支包含訓練、製造、行銷與銷售等領域的跨部門團隊，專責把產品推到市場上，此舉也是從歷史汲取的靈感，借鏡豐田公司在發展凌志

（Lexus）時，使用一支「重量級」團隊，此團隊不僅設計車子，也把車子推入市場。要實行此這構想，顯然需要解決組織與人事層面的問題。

　　向 OK 公司執行長提出實地資料、我們的分析與策略構想後，我等待下一步。

　　那年秋初，執行長及財務長提出了該公司的「策略計畫」，這份「策略計畫」並未處理我們分析與提出的問題，甚至未提及我們的建議，計畫內容預測了成長的息稅折舊攤銷前盈餘（EBITDA），列出下列八項優先要務：顧客滿意度、無敵的品牌知名度、供應鏈卓越性、提高生產力與降低成本、償還負債、透過與主力顧客的活躍夥伴關係來增進銷售能力、以先進分析法來提升利潤、把溫室效應氣體排放利量減少 15％。

　　撇開鬆軟空泛之詞，這「策略計畫」基本上就是提議償還負債，為謀私利而與主力顧客交好。當然，主力顧客指的是那些需求與 OK 公司的現有產品概念最符合的顧客。「先進分析法」一詞只是用來巴結安撫新聘的行銷主管，此人剛取得「商業分析」碩士學位。整個「策略計畫」中沒有提到新技術趨勢。

　　OK 公司（以及許多其他公司）的問題在於，主要政策決策者並不承認許多人明顯看出的關鍵挑戰。若挑戰不被承認或重視，就無法被克服。好策略只會來自承認與重視關鍵挑戰的高階主管。

　　三年後我看到新聞報導 OK 公司的市值顯著下滑，引起出價購併。該公司被收購後，三名高階經理人獲得豐厚酬庸而退休，半數員工被解僱，因為收購方最感興趣的只有 OK 公司的品牌名稱。

◢團隊迷思與倫斯斐的疑問

和 OK 公司與其他組織的共事經驗使我相信，許多組織迴避應付棘手挑戰的困難工作，因為這工作艱辛且具有潛在破壞力，而公司沒有做此艱辛工作的方法或制度。把工作委付給策略副總，就是把這份工作變成餘興活動。當見真章、面對觀眾時，太多高階主管禁不住依賴類似前奇異公司執行長傑夫・伊梅特的「成功劇院」（參見第八章），只想面對正面的東西，不想面對或聽到負面的東西。

若把策略研擬工作委派給策略副總或策略顧問公司行不通，那該怎麼做才好？一般很自然地認為，有著重大影響性的課題應該交付給一小群有素養的高階主管，想必比起把這工作委派出去，這些要角的討論與思考會得出更好的結果，他們的資訊交流，以及辯論重要且可能做到的事將大有幫助。是的，一些最佳策略就是如此產生。

但是，我多年來觀察高階主管團隊嘗試這麼做時，總會出現重重困惑與機能障礙。很多聰慧的主管與顧問檢視績效資料與競爭情勢時，往往沒有向前推進聚焦於突破錯綜複雜的問題網。亦即，他們沒有聚焦於可以獲勝的賽局。顯然，這種由一小群高階主管來研擬策略的方法存在問題。

關於這種做法的問題所在，著名理論是心理學家艾爾文・詹尼斯（Irving Janis）提出的「團體迷思」（groupthink）概念。詹尼斯檢視高層決策案例史後得出結論：許多高層決策團隊在未經有條理地收集資料或分析之下做出抉擇，團隊成員（在他檢視的例子中，通常是指總統及其親近顧問）傾向保持樂觀而非務實，傾向減少爭議。詹尼斯的結論是，高層決策團隊沒有檢視重要資訊，團隊為了快速產生共識，把其他

可能的行動方案推到一邊。他指出，這些高層決策團隊也高度重視凝聚感與同志情誼，使得團隊成員軟化在決策過程中的批判精神，甚至軟化與削弱他們本身的思維。

詹尼斯舉的一個團體迷思經典例子，是甘迺迪總統在 1961 年徹底失敗的「古巴豬玀灣入侵行動」（Bay of Pigs Invasion）。甘迺迪總統的顧問團顯然沒有檢視與思考多種不同方案，不過詹尼斯的分析中沒有點出此行動失敗的另一個主因是中情局的兩面手法。當時由二戰時期從事過間諜活動的艾倫・杜勒斯（Allen Dulles）領導的中情局想要顛覆古巴的卡斯楚（Fidel Castro）政權，但也堅信除非出動美軍，否則入侵行動不會成功。只不過，甘迺迪不想動用美國軍隊來引發政治反彈。因此，這其實是沒有可能解方的「空集」。

儘管如此，中情局仍然繼續行動，因為杜勒斯相信：「實際入侵時，總統最終會批准因成功所需的任何作為，包括必要的美軍公然干預，總統不會坐視此行動的失敗。」[1] 但是在這高賭注的懦夫博奕（game of chicken，看誰先膽小而讓步的一種賽局）中，甘迺迪總統並未讓步，中情局也沒改弦易轍，最終入侵行動失敗而引發巨大政治反彈。結果之一是，甘迺迪炒了杜勒斯魷魚，設立國防部長轄下的國防情報局（Defense Intelligence Agency）做為另一間情報機構。

詹尼斯的理論是，政策團隊的目的是理性抉擇，但你只能使用單一的價值指標在已知的選擇項中做出一個「理性」抉擇。然而多數這類團隊面臨的是棘手挑戰：存在相互競爭的企圖或抱負，沒有既定的行動選項，提議的各種行動與結果之間的關連性模糊而不確定。不幸的是，在這類情況中一般給出的建議是描繪出想達成的結果（亦即大目標）的

清楚樣貌，然後選擇最有可能達成此結果的行動。這種思維模式把一廂情願的想望（「想達成的結果」），以及費解的棘手挑戰混淆在一起，然後轉換為在已知的行動選項中做出抉擇。其實這種轉換才是問題的核心，不能掉以輕心地看待。在誤解如何研擬有效策略下，難怪會導致決策團隊成員對特定行動過早得出趨同的觀點。

根據我的經驗，並不是團隊商議過程本身導致過早對行動抉擇得出一致意見，而是習慣導致，他們習慣於把策略視為訂定大目標，或視為在已決定的行動選項中做出抉擇。觀察一些高層決策，以及和高級政府官員討論後我發現，多數時候高階主管對於想達成的結果已有定見，而想要達成的結果又只與一或兩種可以想到的行動緊密連結。在這樣的起始點之下，高層決策團隊的工作就只是微調已經做出的抉擇，並設想如何跟其他方（尤其是媒體與大眾）解釋何以如此抉擇，以及建立團隊成員之間的信心與團結。這不是團隊商議過程本身有瑕疵，而是這些早就已經決定的目的導致團隊根本不可能在決策會議中深思熟慮的探索。

第二次伊拉克戰爭就是一個例子，其根源於企圖塑造新的外交政策。1997 年二十五位著名的保守主義人士連署提出「新美國世紀計畫」（Project for the New American Century），這政策提議建立世界民主，特別著重美國停止支持世界各地的獨裁者，積極對抗「與美國利益與價值觀敵對的政權」。連署者包括未來的美國副總統迪克‧錢尼（Dick Cheney）、未來的國家安全顧問艾略特‧阿布拉姆斯（Elliott Abrams）、未來的國防部長唐納德‧倫斯斐（Donald Rumsfeld）、未來的副國防部長、倫斯斐的副座保羅‧沃夫維茲（Paul Wolfowitz），以及幾名未來的小布希政府閣員。

在這群人看來，阿富汗戰爭只是繞道的表現。小布希主政之初，注意力聚焦於改變伊拉克政權，倡議者認為此行動將向世界展示美國反對獨裁者、能夠解放人們、讓人們獲得民主，也展示誰是這世上的老大。如同一位陸軍上校在 2002 年美國於阿富汗迅速獲勝後告訴我的：「這勝利給出的訓誡是……，若你和我們作對，我們將把你當成一隻蟲子般碾壓。」

美國在 1991 年將伊拉克逐出科威特後不久，聯合國調查團隊發現了伊拉克成功隱藏的核武發展計畫，其實際發展情況遠超過美國中情局掌握此計畫的所有情報，令中情局難堪不已。[2] 因此，當一名代號「曲球」（Curveball）的伊拉克線人在 1999 年開始聲稱薩達姆‧海珊（Saddam Hussein）又再度發展核武與生物武器時，該訊息被當成宣戰伊拉克的理由。其實，更審慎的方法應該是祕請特種部隊前往查證該線人的聲稱，但是全面入侵與政權更替已經成了既定的想法。

由保羅‧沃夫維茲和迪克‧錢尼領導的新保守主義團體堅信可以改變中東，錢尼在 2002 年的一場演講中闡明了想要達成的結果：

> 伊拉克的政權更替將為該地區帶來多項好處。當最嚴重的威脅被消除後，該地區熱愛自由的人民將有機會提倡能帶來持久和平的價值觀。至於阿拉伯「街道」的反應，中東專家弗阿德‧阿賈米教授（Fouad Ajami）預期，巴斯拉和巴格達街道：『一定會欣喜若狂，一如喀布爾的街道上人群蜂湧迎接美國人的到來。』該地區的極端主義分子必須重新思考他們的聖戰策略，整個中東地區的溫和派人士都將受到鼓舞。[3]

2004 年我有機會訪談時任美國國防部長倫斯斐，當時他正試圖應付伊拉克境內興起的暴動。明明先前他們預期，美國入侵伊拉克的結果會大受歡迎，熱烈慶祝民主的到來而非暴動。我訪談倫斯斐的主題是關於國防部如何管理支出的改變，但腦海臨時浮現一個想法，就順帶詢問他對於制定策略或政策的看法，迄今我仍覺得他的回答耐人尋味。

倫斯斐告訴我，身為國防部長，他可以取得幾乎你能想像得到的任何專門知識與技能，「你想知道各種部落的歷史、語言、習俗與聯姻情形嗎？我們有了解這些的人。」接著他敘述伊拉克的氣候型態與內部政治的廣泛專門知識。「你想知道，在土耳其誰阻擋我們從北部入侵伊拉克，以及他們為何這麼做嗎？我們有知道這些的人……。」他說，真正的問題在於把所有這些專門知識匯集起來並得出一個凝聚的策略。倫斯斐說：「每一點專門知識都伴隨著來自某個人或團體的議程，可能是一個觀點，或是想磨一把斧頭，或是有一筆要管理的預算，或是想續簽一只合約，或是想推進自己的職涯發展等等。教授，你們學術界有找到應付這課題的方法嗎？」

為回答他的這個疑問，我想了一下，簡短地思考政策流程的系統性知識。我告訴他，我必須承認，我們對於這些課題的應付方法並沒有比以前進步多少，我說：「在什麼事情可能出錯方面，我們知道了很多，但在如何改進方面，我們知道的很少，基本上就是把一小群聰慧的人集合起來，看看他們能想出或提出什麼。」

◢關於決策流程，有哪些已知的問題？

倫斯斐的疑問照亮兩個事實。第一，當你以一個預定的結果（巴格達的人民在街道上歡騰慶祝海珊政權被推翻）來敘述與提倡一項策略時，就很難處理那些與此結果不符的資訊與建議。第二點更加深切，他的疑問加深了我的一個思慮：我們真的不太知道團隊該如何結合資訊以研擬出策略。對於鑽研策略的我來說，這項知識的匱乏令我羞愧。

過去半個世紀，企業策略、產業、經濟、競爭與公司內活動的分析方法已經顯著進步，但是成本與競爭分析對研擬好策略的幫助程度很有限，如同塗料色彩的分析對藝術創作的幫助也很有限。有關策略研擬流程的基本疑問，近乎完全無人研究與解答。

我這麼說，在研擬好策略的最佳流程方面，我們沒有相關知識，這是很強烈的聲言，會得罪很多人，若要我詳細佐證與論辯這個聲言，恐怕得花一本書的篇幅。我將在本節快速地檢視一些研究與了解，以及此知識的有限性。

「做決策」（decision making）的概念認為，這件工作就是要選出最好的行動。決策理論，不論是經濟決策理論或行為決策理論，是一種數學系統理論，其問題在於假定某人已經想出了一組可能的行動，做決策就是要從中選擇要採行哪一個（或哪些）行動。若你決定購買抑或租賃一輛堆高車，你可以使用這種決策方法，但若你面臨的是棘手挑戰，例如舊金山市民無家可歸問題，這種決策方法就幫不上忙了。

關於人類的認知偏誤、認知偏誤如何影響決策，已有愈來愈多的研究與了解，丹尼爾‧康納曼（Daniel Kahneman）的傑出著作《快思慢

想》（*Thinking, Fast and Slow*）對於許多認知偏誤提供了系統化的解釋。[4] 就高階主管來說，最重要的認知偏誤應該是樂觀偏誤（optimism）、確認偏誤（confirmation bias）與內視偏誤（inside-view bias）。

樂觀偏誤指的是人們傾向高估一項計畫或一組行動的益處，同時低估其成本。這似乎是基本的「動物本能」無可避免的結果，我曾經詢問未來學家赫曼·卡恩要如何做出無偏預測，他說：「僱用被診斷有憂鬱症的預測家吧。」

確認偏誤是指我們傾向偏好確認已抱持的信念與看法的資訊、新聞和陳述。若公司的管理階層相信他們有最好的椎間盤置換術，就會傾向漠視某家小公司有更好解方的新聞。

內視偏誤的發生是因為我們強烈傾向聚焦於自身的經驗，這種常見的型態傾向忽視兩件事：他人做相似事情的經驗；競爭者的長處與可能採取的行動，尤其是當我們想進入新的競爭領域時。邏輯上，這種偏誤是「贏家的詛咒」（winner's curse）的近親，「贏家的詛咒」是統計上得出的一個事實：在競標中得標者近乎全都高估競標項目的價值。（所以「理性」的矯治法是出價低，低到使你極少得標！）

關於策略師做選擇時的認知偏誤是一個重要概念，不過這概念並未切中策略研擬的核心。很多策略師跳過診斷挑戰這個步驟，導致他們的思考與撰寫有所偏誤，概念偏誤會傾向聚焦於計算與選擇，而非聚焦於辨識與了解問題，這種偏誤也導致他們偏離做出困難的判斷——判斷當前的境況下，應該聚焦於哪些抱負與價值觀。

有關於「解決問題」（problem solving）的研究，助益更少。多數這類研究是教育家所做的，他們向學生提出的是謎題，而非困難、非結

構性的問題，這是因為研究人員得知道謎題的解答，否則他們就無法評量學生的表現。

「團隊工作模式」的概念幫助就更少了。社會心理學家長久以來相信，團隊合作的成效應該勝過個人，但是數十年來的研究（大多以學生為研究對象）顯示，在解決普通問題方面，能幹的個人經常表現得比團隊還要好。（這些研究幾乎不處理涉及擁有不同專門知識與技能者的複雜問題。[5]）

所以對於倫斯斐提出的疑問，兩個直接的負面答案是：第一，沒有已知的流程可讓團隊研擬好策略，尤其是當特定結果或行動是已被預定的結論時；第二，一支圖謀私利、有政治謀算、或不忠誠的團隊無法研擬出好策略。誠如汎亞伯達能源公司（TransAlta Corp.）前執行長暨總裁唐恩‧法洛（Dawn Farrell）告訴我的：

> 我必須努力建立一支有效能的領導團隊，團隊成員必須更謙遜，不那麼自負，新規範是不能再有幼稚行為。我傳達的訊息很清楚：若你在資料或事實上糊弄我，我會立刻開除你。從一小群核心成員起步，現在我們有一支四十人的高層領導團隊，可以一起辨識必須做的事，然後幫助彼此達成此事。

◢能怎麼做？

倫斯斐的疑問激發我對這主題的興趣之際，我已經以演講者及顧問身分，為不少公司與機構提供策略議題的輔導與諮詢服務。多年來，我

把自己的架構應用於我所觀察到的問題。我的診斷是什麼呢？亦即，機能障礙源自何處？是什麼導致難以矯治？是政治問題，還是缺乏知識？是樂觀偏誤嗎？是政治內鬥嗎？抑或只是純粹的愚蠢？當然，這些全都是問題，分別在某個時點和某處作用。我開始看出，關鍵問題在於一般人普遍以為策略是為了實現預設的目標或政策目的。

我們需要一種方法打破把「策略」與「朝特定績效目標邁進」這兩回事混淆又結合在一起的習慣，讓高階領導人能夠確實地為面臨的關鍵問題研擬出行動計畫。在討論過程中我們也需要方法去軟化權力與地位的影響力，別在分析之前倉促做決策，把心力與行動聚焦於能夠產生最大效果之處。這些是下一章的主題，我將闡釋我稱為「策略鑄造」的流程。

第 19 章
策略鑄造流程演練

　　「喬安娜‧沃克」（假名）起先透過電子郵件聯絡我，她是「FarmKor」（假名）公司執行長，想邀請我到她公司在外舉行的年度策略會議上演講。我同意了，在一個清爽的秋日，到場講述我從上本著作《好策略‧壞策略》中擷取的一些概念。和執行長與營運部門主管共進晚餐時，我們討論到一種密集的集會，我稱為「策略鑄造」。

　　營運長傑洛米想知道這流程如何運作，以及這流程將得出什麼可交付產品（deliverable，這是商業術語，此處指的是書面報告）。我告訴他，幾年前我就停止做「可交付產品」了。多數組織在處理策略課題時的問題並非缺乏 PowerPoints 投影片或文件報告，而是根本不會研擬策略，在社會性仿效與金融市場的壓力下，以績效目標（尤其是財務目標）來框架策略。策略鑄造就是要打破這種框架，把策略研擬工作聚焦於組織面臨的挑戰。

　　我解釋，策略鑄造是挑戰導向，聚焦於辨識組織面臨的關鍵挑戰，這不同於大量文獻與建議所談論的「做決策」及「訂定目標」。從挑戰著

手，團隊負責設計出應付挑戰的行動，而非從團隊成員或其他人已經研擬好的計畫中做選擇，也不是在一份長期預算計畫書的空白處填入數字。

喬安娜接著詢問該如何準備策略鑄造，以及需要投入多少時間。

我解釋，根據我的經驗，策略鑄造應該由少於十名高階領導人參與，最好是少於八人，必須包括公司或事業單位的領導人，這團隊必須致力於用挑戰導向方法來研擬策略。策略鑄造工作最好是在公司外舉行，一般連續三天，較小的公司所需時間可能較短，我們也做過較長的策略鑄造工作，並把活動分成兩個階段，相隔幾星期舉行。

我向他們解釋準備工作有三步。第一步，我必須了解這家公司、競爭情況以及過去的計畫與績效。第二步，我想對每位參與者進行單獨的、至少九十分鐘的訪談，也許還需要訪談其他的重要人員。第三步，我會對每位參與者準備書面提問，每位參與者私下提供書面回答給我，我將在研討會中使用這些回答的一部分，但不會提及回答者的姓名。

財務長保羅詢問了時間安排，他說在公司外舉行的年度策略會議通常安排在預算規畫前一個月。這是個重要問題，我解釋策略鑄造的目的是處理策略課題，將研討出一些關鍵挑戰、指引政策與行動步驟，但策略鑄造不是財務或會計性質的研討會，必須和任何的預算流程分開舉行。

我能看出他們對策略鑄造這概念既感興趣，也有疑慮，畢竟我是在要求他們改變做事的方法。喬安娜認為，他們必須打破習慣的模式：從總是列出即將發生的所有好事，轉向認真聚焦於重要課題。所以我們訂了預備日期向前推進。

訪談與提問

我從訪談中得出這些事實：

● 2015 年時，FarmKor 生產與銷售用於農業和食品加工前面階段的硬體及軟體產品。

● FarmKor 的產品追蹤天氣與土壤化學成分，旨在使用這些資料為農作物提供適量的水與養分。

● 該公司近期推出的產品幫助堅果和較易儲存、儲存期較長的水果的早期階段加工。

● 該公司在全球十個國家有營運據點，製造設備則有四處地點。

● 這公司起源於丹麥的種花事業。

● 該公司在美國與丹麥研發軟體。

● 該公司在 1998 年於歐洲掛牌上市，2001 年歷經一次管理層收購。

● 該公司引進新的投資者，並讓債權人進入董事會。該公司於 2007 年再度掛牌上市，不巧碰上了 2008 年爆發的全球金融危機。

● 該公司的設備因地點、作物與土地面積而異。

● 該公司的技術伴隨著公司規模擴張至法國、德國、美國而發展。

● 原先該公司的產品可以應付土地面積較小的農場，例如僅十英畝的果園，但到了 2015 年已經有了一家在八千英畝地上種植蔬菜的美國企業客戶。

● FarmKor 的系統被用於種植樹木、蔓藤類水果、堅果、大豆、草本植物、豆類植物以及各類蔬菜。

檢視該公司的績效、以往的策略計畫與簡報後,我訪談被選來參與策略鑄造的八位主管,以及其他五名重要經理人。

這些訪談提供了非常有益的情報。多數參與者對此流程很感興趣,也熱烈地表達他們對境況的看法,其中一人甚至在他的辦公室哭了出來,他說自己把此生奉獻給這公司,卻看到公司為了降低成本而把種種制度廢除。

- 人力資源長熱中於持續調和各地區的政策。

- 各地區分公司領導人私下惱怒於這方案,他們說位於加州的總部不了解、也沒有考慮到他們的不同處境。

- 財務長已經公開表達過他的觀點,他認為公司的本益比(P/E ratio)太低,說其他財務成果相似的公司有較高的本益比,亦即其他公司股價較高是因為他們品牌有全球知名度,而 FarmKor 在不同地區使用著不同的品牌。

- 執行長主要關切似乎是她和董事會、與她聘用的新總裁之間的關係,這位新總裁負責美國和歐洲以外所有地區(rest-of-world,ROW)的營運。她解釋,該公司業務成長最快速的地區在海外,但迄今還處於虧損局面,離轉虧為盈還差得遠,她需要有人天天專責督導 ROW 業務,而非只是每月一次報告與檢討。

◤書面提問與回答

結束訪談後,我以電子郵件傳送一張提問給策略鑄造的每個參與

者，請他們私下直接把回答傳送給我。這張清單有七個提問，相似於我在其他複雜的企業境況中提出的疑問：

1. 關於你的產業，從 FarmKor 的角度回顧過去五年有什麼重要的技術、競爭與顧客行為變化？這些變化對 FarmKor 造成什麼影響？

2. 關於你的產業，從 FarmKor 的角度來展望未來三到五年，你預期技術、法規、競爭與購買者行為等方面將出現什麼重要變化？這些變化將為 FarmKor 帶來什麼問題？帶來什麼機會？

3. 在你看來，FarmKor 過去五年間推行的什麼計畫或專案是成功且值得驕傲？在執行這些計畫或專案時遭遇了什麼困難？你認為是什麼使得 FarmKor 成功克服這些困難？

4. 在你看來，FarmKor 過去五年間推行的什麼計畫或專案不成功？是什麼困難阻礙了它們的成功？你認為或許可以有何不同做法？

5. 你認為 FarmKor 目前面臨的優先課題是什麼？FarmKor 目前有什麼計畫與專案是針對這些優先課題的？

6. 制定出一個好策略的關鍵在於診斷阻礙改進的問題與困難，在你看來，FarmKor 目前面臨的兩個關鍵挑戰是什麼？請注意，關鍵挑戰本身並不是財務性質或其他的缺陷本身，而是導致難以改進的根本困難。除了指出這兩個關鍵挑戰，請寫出阻礙解決這些挑戰的主要困難。

7. 你能否指出公司的組織架構或重要政策中有什麼值得注意的問題或困難？這些問題當中有沒有問題的嚴重程度大到可能會阻礙你解決上一個提問中指出的兩個關鍵挑戰？

◢第一天

　　策略鑄造參與者在第一天早上八點集會，參與者都很好奇即將發生什麼。第一個主題是討論過去五年間發生的變化，以及未來可能發生的變化，這向來是會議時能夠幫助團隊放鬆、活絡起來的好主題，他們熱烈地討論起來，大家都知道過去發生了什麼變化，對於未來可能發生的變化也各有看法。

　　大體而言，競爭壓力在過去五年間升高，農耕自動化開始盛行，這方面的軟體開發也變得更容易了。另一方面，在美國「有機」運動下，究竟人們能夠接受哪些作物營養素引發大眾困惑。至於未來可能發生的變化，從「大致上不會有多大的變化」到「我們發明了新東西」，這些團隊成員的看法不一。

　　接著，我們討論過去成功及不成功的行動。這個主題的第一個部分通常是討論令人振奮的部分，讓與會者回憶過去達成的目標和顯著的勝利。他們最引以為傲的計畫是「阿爾法計畫」（The Alpha Plan），該計畫辨識出服務業務中導致成本升高的因子，並使用跨領域小組來解決辨識出的問題。他們說，計畫的成功得力於有一位能幹的專案領導人和來自公司高層的大力支持。

　　另有一項專案沒能成功，此專案是前高級副總推動的，旨在組成一支處理大客戶的中央團隊。與會者指出，這專案執行得不好，把客戶關係搞得一團糟，傷害了難以重建的客戶關係。

　　中場休息後，我發給與會者一張策略優先要務清單，這是我根據該公司上呈董事會的簡報，以及這些與會者早前針對第六個問題所做的回

答編纂成清單，共有二十個項目：

- 品質
- 客服卓越性
- 供應鏈卓越性
- 低成本製造足跡
- 提高效率與彈性
- 人才發展
- 組織發展與能力的建立
- 新產品與流程技術的提供與能力
- 改善負債率
- 創造力文化，有成效的冒險，以及創業精神
- 更多的研發管道
- 各地區之間更佳調和
- 製造技術：減少阻礙製造系統的部件種類數量
- 聚焦於營養素種類及已獲驗證的化學成分
- 發展銷售、行銷能力與績效
- 進入新市場；創造新產品
- 品牌形象定位
- 與主力客戶建立積極活躍的夥伴關係以發展新能力
- 加強研究與競爭情勢情報
- 建立或強化在墨西哥、智利、巴西及阿根廷的營運

此團隊檢視完此清單後陷入意味深長的沈默。我問道：「這清單行嗎？我們可以把付印了嗎？」

「這清單太長了，」一位與會者說。

「這些優先要務太含糊了，」另一人說。

「是的，」我贊同：「我刻意沒把『優先要務（priority）』這字眼放進這份清單的標題中。這個字意指排序上的優先或特權，在設有『停』標誌的交叉路口，幹道上的車輛有優先權；在機場，塔台的流量控管員告訴機師哪架飛機有優先權。當我們指定了太多優先要務時，優先的概念就喪失了。當高階領導人沒有訂定明確的優先要務時，就會讓所有人去爭出個勝負。」

我繼續說：「此外，這份清單大多是 FarmKor 想要達成什麼，是 FarmKor 的目標。今天下午，也就是午餐後，我們將修正這份清單，探討這些要務的困難，亦即有什麼重大困難、挑戰或障礙阻礙你們做其中一些項目？」

此時，有必要確保團隊了解用策略來因應挑戰的價值，以及從挑戰著手、而非從目標著手的重要性。簡短的闡釋或閱讀就足以幫助他們立腳這點。

這天下午，我們聚焦於辨識 FarmKor 面臨的挑戰，對於他們辨識出的每一個挑戰，我用一張 5 吋乘 8 吋的卡片寫下扼要陳述，把這些卡片釘在板子上。在討論中，一些挑戰被擱置（我把那些記載該挑戰的卡片從板子上取下來），也有些挑戰被進一步細分為二、或更多個挑戰。與會者討論每一個挑戰時，我會探詢更多細節，而且總是詢問他們：「這挑戰何以重要？」以及：「這挑戰有何困難之處？」但我會避免他們在

現階段討論可以或應該如何應付這些挑戰。

最終，板子上有十張卡片，亦即這策略鑄造的與會者經過討論後，最終辨識出以下十個挑戰。

優勢減弱：多年前我們在監視與調節農業系統方面能力獨到，現在新數位技術及無線系統使其他公司更容易開發出用以追蹤氣候、土壤狀態、植物生長、陽光等因子，並據以適當地調節供水與營養的優良系統。我們在智慧型控管系統的優勢漸漸消失，其他公司都在宣傳智慧型系統，但實際營收與工作愈來愈倚重機械器材、設備裝置與客服，我們甚至看到有競爭者把控管系統掛在我們的實體系統上。

大咖的研發：一些農業系統大供應商聚焦於餵養全世界的超高量基本農作物——稻米、小麥及玉米，這些供應商是強鹿及巴斯夫旗下位於全球各地的事業單位，過去五年間他們看到了高科技農業的商機。從機器人採收蘋果到全自動化飼牛生產，他們在廣泛領域有全面性研發的規模及範疇優勢，在研發預算上我們根本無法與其抗衡。

創辦人：FarmKor 的創辦人在董事會中仍有強大的影響力，隨著年齡增長，他們的興趣愈傾向穩定、可預期的股利發放，但伴隨公司成長，我們的獲利波動性增大。

每英畝營收下滑：營運績效伴隨公司成長稀薄化。雖然總營收成長但利潤下滑，過去十年間每英畝營收降低了 34％，我們在客服、設備裝置與研發上的相對支出也逐漸降低。轉向較大規模的企業型農場客戶區隔，導致我們能夠運用於任何土地情況的產品性能稀薄化。

太多部件：我們的設備部件種類太多，有 57 種不同的閥門、142 種不同種類的連接器等等。伴隨我們的成長應該出現某種規模經濟才對，

但複雜性的增加似乎阻礙了規模經濟。

精準農耕：多年來大型農耕走向更大、更專業化的機器，公司研發出巨型耕作機具，讓大農場淘汰以一台拖拉機拉曳一台農耕機的耕作模式。我們的技術發展源自小規模種植領域，爾後才擴張至應付規模較大的農場，我們做的大多是對軸轉機（pivot machine）編程。[1]但是自2003年左右開始，出現朝向精準農耕（precision farming）的趨勢，這與「大機器」型農耕趨勢相背。精準農耕使用機器人學與人工智慧來打造能夠針對作物給予個別照料的輕量級機器與無人機。

地區性封爵領地：我們靠著一些有創業家精神的人努力而成長，這些人熱愛技術與種植作物，他們個個在自己發展的地區做出卓著貢獻，留下持久印記。這導致各地區之間的調和工作困難，每個地區傾向有自己的銷售規則、人力資源政策等等。

才幹分散各地：公司有很多人才，作業現場出現任何問題都有具備所需知識或經驗的人能解決。但是我們現在的規模已經大到無法知道誰具有解決某特定問題的訣竅，就算我們知道誰有能力來解決特定問題，接下來又該怎麼辦？讓他們在世界各地飛來飛去嗎？

營養素替代品：我們專門品牌的作物營養素利潤不錯，但許多地方性的商家會販售較便宜的營養素替代品，我們對此無法控管。

高科技新創公司：現在出現了全新的農業新創公司，在創投融資趨勢下，任何與科技沾上邊的東西都能取得資金，有所謂的垂直農業（vertical farming）公司，例如 Plenty、Bowery，甚至有一家名為 City-Crop 的公司，銷售放在桌上的都市農業器材，讓你在家自行種植「有機」萵苣。這對我們是個商機嗎？還是威脅？抑或不必理會？

◢第二天

　　第一天的策略鑄造產生了大量挑戰，大家都很踴躍於辨識這些問題。但是既然知道存在這些課題，為何該公司截至目前為止如此淡薄於因應這些課題呢？

　　在把軟體、感測器與控管系統應用於農業方面，FarmKor 一直是個創新者，但現在該公司的農業科技風格已不再新穎了，把感測器和軟體應用於農業已經相當普遍，有許多公司供應大致相似的解決方案。不過這個領域仍然不乏商機，從主力公司推出機器人與精準農耕方面的研發計畫，以及出現許多發展垂直農業、水耕栽培、屋頂農業、全面控管型農耕解決方案的新公司，就可以看出這點。

　　第二天的策略鑄造研討會一開始，我先扼要回顧昨天大家完成了什麼，並摘要最終辨識出的十個挑戰。

　　接著，我用八張 PowerPoint 投影片展示我的訪談引述（沒有指名這些引述者是誰），每段引述單獨呈現於一張投影片，我逐一展示每張投影片，並進行討論。其中的六段引述如下：

> 　　公司裡的很多人並未真正接受我們已經喪失了技術與成本領先地位的事實，我們沒有在需要之處快速發揮我們的最佳能力。
>
> 　　我們在實驗站做出的投資相當可觀，這是在炫耀新的農業科技，但耗用了應該投入於創造新穎知識的資源。我們看起來像一家未投資於新科技的「科技」公司。
>
> 　　我們的文化是通力合作，但這也造成縱使已經做出決策，每

個意見仍然被視為有理有效的情形。做完決策後仍然抱持不同觀點，可能窒礙該決策的執行。

我們缺乏一個真正的解決方案型式的事業方法，我們銷售產品與系統並非向客戶供應解決方案。我們必須詢問客戶與潛在客戶面臨什麼問題，以及我們是否已經為他們解決了這些問題，或能夠為他們解決這些問題。我不確定我們知道如何做出這些轉變。

FarmKor 分成三派，一派是想餵養這世界，把這世界從氣候變遷中拯救出來的人，另一派是純粹熱愛科技的人，第三派是想經營一家企業的人。

FarmKor 的最佳成長機會在海外，但是沒有一個協調策略可以把追求成長的重心從最熟悉的地區轉向那些最有成長潛力的地區。

這些新揭露的看法凸顯了公司內部與行動分歧，不是所有人都認同所有這些看法，但這些揭露是會議室裡的人，以及一些重要部屬不具名的真實觀點。有些與會者驚訝於領導團隊中竟然有人抱持特定看法，這些揭露的看法令他們不安，但也是展開確實診斷的起始點。是的，FarmKor 有很能幹的人才，但是基於不明原因，這些才幹與心力未能創造出「有可能創造出」的成就水準，該公司有能力獲致更好的成就。

中場休息後銷售與行銷高級副總首先發言，他說：「問題在於缺乏聚焦，我們擔心二十幾個問題，但沒有在任何一個問題上取得進展。」

「是什麼阻礙你們呢？」我問。

「我不是很了解，」他回答。

「好，」我說：「那我們就來探索吧。在昨天和今天舉出的十個課題中，公司聚焦於哪一個有可能應付得來？」

「在高度競爭的大型農場業務領域似乎難以創造優勢。至於內部不和諧的問題也不易解決。」有人說。

「這些全都不是不可能解決的課題，」營運副總說。

「好，」我說：「這十個挑戰當中，哪一個最重要？哪一個迫切重要？」

「我們的優勢減弱，」執行長說。

「地區性封爵領地，」人力資源主管說。

「營運績效稀薄化，我們服務大農場的每英畝毛利下滑，」財務長說。

我把代表這三個挑戰的三張卡片移到板子的中央位置，把其他卡片取下來。我說：「我們把所有其他的挑戰擺在一旁，先看這三個挑戰。假設接下來十八個月期間，我們絕對必須在這三個挑戰當中的至少一個挑戰上取得好進展，也就是說，它是最緊要的，否則我們就會失去工作和選擇權。你們會選哪一個，要採取什麼行動計畫？」

我把與會者分成兩組，要求每組提出應付這三個挑戰當中的至少一個挑戰的行動計畫。我讓每組花九十分鐘做這事，中場休息結束後就提出來。

接下來的簡報與討論是這場策略鑄造研討會的核心。銷售與行銷高級副總早期提出「欠缺聚焦是導致困難的根源」的看法很重要，現在讓大家只專注於最重要的挑戰，可以使他們的心思清澄。以此為中心柱，有助於

做出我所謂的「大膽躍進」：從棘手問題躍進至一個可能的行動。

討論內容在困難與行動之間切換，三個主要的行動構想：調整焦點，聚焦於高價值作物業務，尤其是果樹，可考慮把大農場這部分的業務賣給全球性大咖公司之一；調整研發焦點，聚焦於營養素的詳細化學成分，發展針對每種作物、地點、季節，甚至每日時段的客製化液態肥料的能力；和一或兩個主力客戶建立深度的共同發展關係。這兩個小組都未選擇直接處理地區性封爵領地這個課題。

第二天結束時，對於 FarmKor 為何消沉，以及該怎麼辦，策略鑄造團隊已經得出合理解釋。該公司是所屬領域的先驅，但開創的技術早已廣為所知，技術利用也變得很便宜。在擴展至規模較大的農場與更廣泛種類的作物時，他們遭遇更大的競爭者，以及較低價值作物這個區隔更苛刻的經濟特性。挑戰的關鍵點是他們擴張至較低價值的作物，以及降低和大型全球性競爭者之間的差異化程度。

若 FarmKor 能夠調整焦點，聚焦於較高價值的作物，尤其是果樹和蔓藤類，或許能夠研發量身訂製的營養素來補充這項聚焦行動。種植較高價值作物的農民負擔得起更多實驗，也負擔得起專門性質的感測器。

◢第三天

研討會第三天一開始，執行長布達了一件令大家驚訝的事，她說自己就出售一地區事業單位，靜悄悄地和董事會討論了約一個月。這事業單位一直是最難與其他單位協調的分部之一，賣掉可以獲得現金，同時也對其他地區單位發出政治性訊號。

策略鑄造團隊採行的關鍵政策是朝向服務高價值作物，這其中包括油菜籽、美食菌菇、番紅花、堅果樹、蘋果樹、李樹、高級葡萄園。其基本概念是，一般作物的軸轉灌溉系統大多已經自動化，這個領域的競爭太激烈了，但高價值作物需要更細膩的方法。

策略鑄造團隊規畫出實行新政策的具體行動，在研發針對果樹與葡萄園的新技術上，他們辨識出可能做為先期共同合作者的兩個顧客。研發主管同意成立一個特別小組，研究應付這些農民問題的新技術性方法。他們訂定這些行動的時段區間為十八個月。

除了新的指引政策和具體行動，我交給策略鑄造團隊一項工作：把他們的重要假設彰顯出來。我解釋：

> 在制定新方向、策略時，你們做了一些重要假設，這絕對有必要，創造力與想像力就是如此運作的。例如，你們假設能針對不同的土壤狀態、作物、天氣等等量身打造的營養素，你們已經在這領域做出了一些進展，但是你們假設在研發方面將持續成功。把這些假設寫下來，這很重要，不論是五或十一個月後，當你們再度召開策略鑄造團隊會議時，你們必須檢視這些假設是否正確。我稱這流程為「策略導航」（strategic navigation），當未能證實假設正確時，就必須修正你們的行動。

有時在策略鑄造研討會中，必須對選定的方向做一些公開顏面工夫（公眾形象）。不過這也不是什麼大問題，這些新行動若有效的話，就會改變公司的方向，若沒成效的話，對外宣傳也沒什麼益處。

策略鑄造的最後一步是「立誓」。我向他們解釋，有時經理人對選定的方向三心二意、猶豫不決，這經常發生，但領導團隊必須凝聚、團結一致，至少直到下一次召開策略鑄造會議前必須如此。我請八位團隊成員在會議室中央圍成一圈。

我說：策略鑄造團隊已經就特定的指引政策和幾項特定的具體行動達成一致意見，為了成功，策略鑄造團隊的每個成員將支持並執行這些政策與決策，每個成員在必要時將尋求其他成員的協助，其他成員將提供必要協助。策略鑄造團隊知道，這些選擇並非永久的，情況可能變化，但在接下來十八個月，此團隊將支持且持續這路線，大家同意嗎？

第 20 章

策略鑄造的
概念與工具

策略鑄造是一種方法，旨在幫助領導團隊不再把策略研擬視為訂定目標。此方法辨識組織面臨的重要挑戰，診斷其結構，辨識挑戰的關鍵點，研議如何應付。策略鑄造得出的結果是釐清什麼是關鍵至要的挑戰，規畫出應付此挑戰的行動步驟，最後則對選定的方向做些公開顏面工夫。

◢策略鑄造成功的先決條件

想要策略鑄造有成效，高階主管和重要的高階經理人應該致力於使用挑戰導向的方法來研擬策略，若他們對這方法不感興趣，或不願投資這方法，策略鑄造不會有成效。若策略鑄造團隊知道，未與會的高階主管將駁回他們的意見，策略鑄造的成效將有限。若領導人的表現彷彿他（她）對所有重要疑問已有答案，策略鑄造也行不通。

策略鑄造團隊應該要了解且同意：策略鑄造工作並不是財會性質的

工作，也不是訂定預算之類績效目標性質的工作。

策略鑄造的目的不是訂定整體績效目標，基於這個理由，策略鑄造流程必須和預算規畫流程區分開來。週期性的策略鑄造也應該與年度預算流程區別開來。例如，每 11 個月或每 31 個月舉行一次，間隔月數可以是任何一個不能被 3、4、12 整除的數字，這可以強化人們認知到策略鑄造並不是財務預測或預算規畫流程。若不這麼做，策略鑄造終將淪為訂定預算之類績效目標的一種流程。

策略鑄造流程最好只有一小群高階主管參與，參與者太多的話，組織科層將對這流程起支配與影響作用。當然，可以有幾名額外與會者負責做會議紀錄。

策略鑄造會議最好在公司外舉行，我輔導的策略鑄造會議大多為期二到五天，視情況的複雜程度而定，較簡單的情況可能兩天就夠了。某些情況策略鑄造可以分成兩階段，相隔數週。

我主持過許多策略鑄造，事前準備除了訪談每一位參與者，還有挑選其他重要人員來聊聊。我保密訪談取得的資訊，並用這些資訊來引導與形塑策略鑄造會議中的討論，這讓我能夠在會議中提出那些個人猶豫不敢公開表達的意見。

你可以加入一位內部主持人，前提是此人跟策略辯論涉及政治糾葛與利益牽扯的不相干程度夠大。不過，根據我過往經驗，面對一位值得信賴的局外人時，人們會更坦誠發言。讓局外人主持會議還有其他好處，包括：局外人願意說其他人不願或不能表達的意見；局外人能夠平等對待與會的上司與下屬，堅定局內人難以做到的聚焦與選擇。由公司內部人主持策略鑄造會議的好處是，局內人可能比較了解事業的技術性

細節。

主持人的第二個角色是引導策略鑄造團隊歷經辨識挑戰、診斷、生成可能選擇、規畫行動步驟的流程,第三個重要角色是在策略鑄造會議的後半部分,主持人必須堅持與會者持續聚焦於關鍵、但可應付的挑戰,直至研擬出行動步驟。

◢導致策略鑄造失敗的原因

若與會的高階主管忍不住支配會議中的討論,策略鑄造將失敗。同理,若有任何一個與會者把歧見轉變成公然敵對與挑釁,將破壞策略鑄造工作。

當與會者不能在會議期間保持專注時,策略鑄造工作將無法運作得宜。有時候與會主管太忙於接聽電話、簡訊,因為各種緊急事件而離開會議室,導致無法做到持續的專注討論,在這種情況下最好延後策略鑄造,或是改變參與者名單。

策略鑄造的參與者應該對企業或機構的基本運作有充分了解,若他們是一家複雜公司中僅專責管理財務目標及預算的高階主管可能行不通。為了辨識重要挑戰與研擬策略,參與者必須了解產品、市場、競爭情勢與技術。

對於多角化經營的複雜公司,解決方法之一是在產品與市場專門知識所在的事業或分部層級舉行策略鑄造。在我輔導的案例中,這種做法的結果不一,事業單位或分部可能熱切地研擬了好策略,卻沒能獲得公司的支持。在一些案例中,公司想看到的是成本、營收與其他績效的預

測，不是策略。事業單位或分部與公司的目標分歧，公司可能不接受。解決方法是讓總公司高階領導人參與事業單位或分部層級的策略鑄造，或是先在總公司層級做一場策略鑄造，再下推至事業單位或分部層級，做另一場策略鑄造。

◤策略鑄造流程的重要工具

延後判斷

延後判斷有助於避免過早趨同一個解答，這是艾爾文・詹尼斯在其「團體迷思」分析中點出的問題。為避免過早趨同採行某個行動，與會者可以有意識地聚焦於辨識挑戰，診斷他們的思考邏輯。

在策略鑄造中延後判斷有兩個含義。第一個含義是心理學家說的：延後判斷好或壞、重要或不重要。累積事實與資訊，別幫它們區分於好或壞、重要或不重要的類別，有助於生成更多的資訊。

第二個含義是，把行動計畫的研擬拖延到判斷什麼是關鍵至要的挑戰、什麼是可應付的挑戰之後。身為策略鑄造會議的主持人，我的重要角色是快速建立平衡討論，以及避免過早趨同的範式。

揭露看法、觀察與判斷

保密訪談幫助我了解組織的歷史與其面臨的課題，也揭露過去奏效與不奏效的方法或行動。接受訪談的主管與重要經理人可能也洞察了組織面臨的挑戰與可能解方，只是不願在團體場合中如此直率地表達這些觀點。

每一個訪談內容皆保密，並在策略鑄造會議中以匿名方式揭露從訪談中獲得的洞察，這些判斷可做為開啟討論與點燃辯論的有效工具。在討論中加入強烈、但匿名化的想法與意見，可避免與會者被單一一個具有高影響力的與會者牽著鼻子走。

書面提問與回答

我發現，以書面方式提問策略鑄造參與者和一些重要相關人員非常有用。我已經把這工具制式化出一份五至十個提問的清單，請受訪者透過電子郵件提供書面回答。這些回答皆保密，但我有權在策略鑄造會議中以匿名方式提出其中一些意見。

上一章 FarmKor 案例中列出的提問是我向來使用的標準。我詢問：近年的變化和預期未來的變化；過去有什麼成功與不成功的計畫與專案，以及成功和不成功的原因；組織面臨的挑戰，其困難處為何，以及能怎麼做。除了這些標準的提問，我也針對產業、企業或組織的境況，量身訂製一些提問。例如，特定的新技術或特定的競爭者行動所造成的影響，這些提問很有幫助，其他的提問則可能涉及內部問題。

當受訪者提出的回答太短時，我會透過電子郵件請求他們提供更多資訊。當受訪者提出的回答不夠詳細時，我也會透過電子郵件請求他們釐清問題。

注意歷史

歷史是個好老師，但前提是你記得它的好，並且從中得出結論。策略鑄造輔導人／主持人的工作之一，是使用訪談結果和團隊討論來凸

顯過去成效甚好的行動與專案，很重要的一點是，策略鑄造團隊應該試著闡明是什麼條件或行動使其成功。接著，回顧以往不成功的專案與行動，並試著闡明導致失敗的原因。

每個組織從歷史中汲取的重要啟示不同，但常見的原因包括：缺乏來自高層的支持；行動方案太多；有不可能達到的目標；來自一些強大的內部利益團體的橫阻；資源不足；對實地行動時能發揮的作用力了解太少。為選定的重要挑戰研擬行動計畫時，這份從自家歷史中汲取的啟示清單是非常寶貴的參考。

從挑戰著手

策略鑄造最重要的一項要素是聚焦於辨識與診斷組織面臨的挑戰。從挑戰著手，可避免與會者試圖使自己鍾愛的計畫與目標變成討論的中心。從挑戰著手，能使與會者敞開心胸在解決問題，不再是傳統的聚焦於達成績效目標。

重新思考

反思（relfective thinking）的檢驗之一是這個疑問：「若製造兩個小玩意兒需要用兩台機器花兩分鐘，那麼用一百台機器製造一百個小玩意兒要花多少時間？」許多人（包括麻省理工學院學生在內）給出的答案是 100 分鐘，你可能需要「重新思考」才能看出，用一百台機器製造一百個小玩意兒需要花兩分鐘。是的，答案是兩分鐘。

避開這種陷阱的唯一方法是「重新思考」，亦即藉由使用不同的方式去檢視問題，或利用第一反應的含義來檢查你的答案。

重新思考是很有用的工具，研擬策略時用不同的方式來重新敘述挑戰，鼓勵轉變觀點；或者檢視提議的行動有沒有其他更有效的方法。舉例而言，前文提到蘋果公司推出 iPhone 時，賈伯斯想要蘋果的行動應用程式商店只銷售自家出產的產品，他向來希望盡可能一手掌控使用者體驗。但是公司的其他人質疑這項計畫，認為第三方應用程式的健康競爭有助於降低應用程式的售價，提高 iPhone 的吸引力。

多數主管多數時候對於如何處理問題或課題有自己的快速直覺，這些快速直覺源於豐富經驗與優秀才智，屬於專業性要素。心理學家蓋瑞・克萊恩（Gary Klein）研究消防員後發現，指揮官憑直覺做決策：「有能力使用經驗去評估狀況，知道如何處理它們。」[1] 我們全都有這種能力，沒有這種能力的話，我們很難存活。[2] 但是我們也會遭遇很重要、但自身缺乏經驗的境況，在這種策略性境況中，用第一直覺來應付可能付出極高的代價。我們可不希望一艘核潛艇的指揮官在危機中驟然下結論。在策略鑄造研討會中，期望展現的討論與辯論風格是既能發揮有素養的直覺，也能相互批評。在適當的輔導下，團隊可以比個人做到更好的「重新思考」。

窺時機

在法國航太公司（Aérospatiale）於 1999 年和工業集團馬特拉公司（Matra）合併的不久前，我為該公司提供策略顧問服務，我告訴該公司的七名主管，我很幸運認識一位在研究窺時機（time viwer）的科學家，昨晚我們觀察七年後的事，並且獲得一幅《財星》雜誌封面照。不幸的是，窺時機後來爆炸了，我們沒能取得任何其他的資訊，但我們有這

個……，我向他們展示有點燒損的 2005 年《財星》雜誌封面，標題是：
「法國航太：年度風雲公司」。

「到底發生了什麼，使法國航太成為這封面故事？」我問他們。我把這七名主管分成兩組，請每一組講述為何會出現這篇封面故事報導。有趣的是，這兩個小組講述的故事都跟國防事業沒多大關係，兩組都想像該公司把資源與訣竅應用於全新的領域。

這種方法也可用於想像失敗，透過窺時機可能「看到」《財星》雜誌資深編輯吉奧夫・柯文（Geoff Colvin）在 2018 年發表的文章〈奇異公司到底怎麼了？〉（*What the Hell Happened at GE*）的改寫版本。這種展望未來可能的失敗方法被稱為「事前驗屍法」（premortem），源於蓋瑞・克萊恩在 2007 年發表的文章〈對計畫執行事前驗屍〉（*Performing a Project Premortem*，此文發表於《哈佛商業評論》，中文版標題譯為〈預設失敗求成功〉）。[3]

另一種使用窺時機概念的方法是回顧。我請與會的主管們想像我們可以發送一則訊息到公司執行長七年前的筆記型電腦上，只能發一則，必須簡短，而且不能內含有關未來的任何資訊，時空旅行警察嚴禁發送相關的訊息。試問你們會發送什麼訊息？

這方法的竅門在於，發送的訊息中不能看起來像是知道未來的真實情境，因此必須是根據七年前的可得資料所產生的某個洞察。我在通用動力公司（General Dynamics）使用此方法時，一些經理人想要傳送有關簡易爆炸裝置在阿富汗炸毀車輛的訊息，但時空旅行警察不允許發送這樣的訊息。2018 年在普華永道（PricewaterhouseCoopers），經理人想傳送給高層的訊息是改造該公司的顧問實務。當與會團隊發現傳送

訊息有多難時，他們就會重新看待自己試圖在策略鑄造會議中所做的價值，他們會禁不住思忖，從現在算起的七年後，想發送給現在的他們什麼樣的訊息。

即刻策略

有時候策略鑄造團隊會有點太「深埋於細節與複雜性」，無法縮窄焦點於少數幾個關鍵行動上，這種情形總是發生於非營利組織，因為以往策略總有一長串的「待辦事項」。在這種情況下，來個一回合的「即刻策略」（instant strategy）可幫助突破迷霧。使用此方法時，我請每個參與者用一個句子寫出他們建議的行動，不是一個含糊的策略或績效目標，而是很有可能達成的集中行動。他們有兩分鐘的時間在一張紙上寫下這句子，把紙摺好後投入一個盒子（或一頂帽子）裡。

我在輔導第四章談到的「XRS 公司」時使用了這個方法，前四個即刻策略建議分別是調整研發焦點，只聚焦於無線感測器；對多數經理人推出虛擬股票計畫；整頓銷售團隊，做更遠征探察的工作；對非客戶做更多銷售拜訪。但第五個即刻策略建議「汽車感測器」是意料之外的奇招，結果這奇招把該公司帶往新的賺錢方向。與會者建議的即刻策略有可能只是重複顯然的行動，但也可能出現意料之外的新奇建議，有可能把大家的心力導向一個有趣的新方向。

強迫向內分析

主管們在討論策略時，自然傾向從財務成果或競爭地位的角度來定義挑戰，所以才需要一個從外面找來的輔導人／主持人把討論導向組織

實際運作方式造成的挑戰。

我輔導一家化學公司時，施壓策略鑄造團隊稍加詳細地解釋該公司獲利下滑的原因，基本上他們的回答是競爭導致價格下滑，再加上公司訂定了工廠以產能滿載生產的目標。

「價格實際上如何訂定呢？」我問。

「由我們的第一線銷售代表和客戶議價。」他們回答。

「他們有什麼工具，他們接受了什麼訓練？」我問。

他們的反應相當木然，這已經說明的一切。銷售代表應該要有工具向客戶說明不同的化學產品如何影響每位客戶的產品成本與效能，若沒有這種工具與資訊，他們和客戶的討論就會淪為純粹的價格談判。他們既沒有這些工具，也沒受過多少銷售訓練。接下來，策略鑄造團隊的討論從抱怨競爭轉向探討該公司實際上如何在市場上競爭，問題並非只有價格，該公司的銷售代表沒有受過如何在與客戶相談時使用槓桿點的銷售訓練。

根據輔導公司研擬策略的經驗，我估計大約有三分之一的案例，其真正的策略性挑戰在於組織本身的架構或流程，揭露這部分並不容易，但應該會很有收穫。

這為何困難？

第八章敘述了「QuestKo 公司」案例，以及我向其執行長提出的疑問：「這些有何困難呢？」。這思考線非常有助於評估與分析挑戰。

主管們在辨識挑戰方面比較容易，但評估挑戰的可應付性就比較複雜，詢問「這為何困難？」往往可以把挑戰分解成夠小而易於思考的多

個部分，亦即「應付此挑戰的障礙有哪些？」

如「QuestKo」的例子所示，有時障礙變得難以啟齒、想掩飾部門或單位之間欠缺協調的問題、迴避顧客評分的問題、高階主管的討論聚焦於成功而非問題、將較多的心力投入無助益的方向。有時障礙太大以致於無法應付挑戰。

更常見的情形是，只要把心力聚焦於障礙就可以克服。但很多時候，管理階層鼓勵直擊績效指標而非直擊障礙。其實只要詳細分析一個障礙，並且把它列為優先要務，這障礙是可以克服的。

紅隊演習

「紅隊」（red team）是軍事專門術語，在美國及北約的作戰演習中紅隊是敵人，作戰演習把才幹的人分派至紅隊，讓他們謀畫對抗藍隊的戰略與戰術。

微軟等公司和國安局等組織，近年應用紅隊演習來應付網路與雲端伺服器農場遭到網路攻擊的問題，他們讓設計保護機制的人員設法突破這些保護機制，找出漏洞，從而提出改善。

有時紅隊演習相當簡單，就是讓團隊成員扮演某個競爭者或某個外來者，從競爭者或外來者的角度會如何看待我們公司的計畫呢？會曲解我們的哪些行動呢？

在研擬策略時，紅隊演習能迫使團隊評估「框架風險」（frame risk），亦即評估思考方式錯誤或嚴重不周全的可能性。框架風險的棘手處在於，我們無法從思考框架本身得知它們是否錯誤，我們得靠人為判斷。若某情況的思考框架明顯有錯，我們自然不會使用它。欲看出目前

的「最佳」模式是否錯誤，唯一的方法是團隊改變觀點，攻擊此模式，試圖擊破它。

紅隊演習可對當前意料之外的情況做出調整，用於發掘「黑天鵝」、意料之外的弱點、失敗的模式。紅隊知道我們事業的經營要領，在演習中試圖智勝它們，甚至利用我們的長處來對付我們。

找出可應付的策略性挑戰

討論策略時經常用到「重要」與「聚焦」這兩個字眼。根據定義，策略就是針對重要之事，至於聚焦就不太明顯了，因為現代的公司、人員與競爭模式很少關注複雜性的成本。主要問題不在於無法同時做所有的事，主要問題是每一個方案吸引了人們的注意力與認知空間，消滅人們對其他方案的注意力與認知空間，多個方案必須彼此調和相容。

策略鑄造的最實用工具之一，是把一個棘手狀況分解成幾個 ASCs，此棘手狀況的關鍵點通常就在其中。找出很重要、且能克服的少數幾個挑戰，這是策略鑄造工作的核心。第四章的英特爾習題中詳述了這方法：評估每個挑戰的重要性與可應付性。

第二種方法是「刪減」擺在桌上的挑戰項目。某個政府機構的策略鑄造團隊列出了二十六個「主要」挑戰，他們把每項挑戰摘要於一張五吋乘八吋的索引卡擺在會議桌上。我告訴他們，我們必須減到只剩下五個挑戰，亦即拿掉二十一張卡片。

沒有人自願站出來移除任何一項「主要」挑戰，我轉向這機構的主管說：「這是你的職責，由你來挑出五個最重要的挑戰。」

他照做了，把這當成一種練習。接著，我們先聚焦於這五個當中最

重要的那個挑戰，在一小時的討論中把它分解為四個部分，如此一來，桌上就有九個重要挑戰了，我再度堅持只能留下五個。

這種刪減法的重要結果是，對每個挑戰的聚焦變得更深入，與會者才能發現挑戰有多複雜，以及暴露出來許多次要的問題。伴隨複雜程度增加，與會者就必須再次聚焦於其中關鍵且能應付的部分。

聚焦於一、兩個近程目標

策略就是要聚焦，但在沒有危機或不英明的策略領導團隊之下，多數組織會逐漸失焦，他們嘗試去做五十項聽起來不錯的事，但沒有一項做得很好。策略鑄造最重要的功能之一，就是把心力與資源聚焦於敏捷地解決最重要的挑戰。

為此，一個很有用的工具是近程目標（proximate objectives），我指的是有相當可能性、且能夠在短期內成功完成的一件任務（注意，不是績效目標）。這任務或目標是近程性質，亦即能夠做、且能夠相當快地去做。

沒有什麼比勝利更能激勵一支軍隊或一間公司了，領導者可以藉由應付一個重要目標，克服它，為接下來的戰役鋪路。把策略想成一系列近程目標，而非一個長程願景。

時間範圍

建立近程任務的第二個好處是，這麼做能夠側重行動。好策略可以促使大家把注意力聚焦於那些能夠在最近的未來應付的重要課題，我通常建議的時間範圍是十八個月。當然，對於需要花較長時間才能取得收

穫的行動，這期間可以更長一些。

較短的時間範圍也有助於策略團隊達成一致意見。策略團隊猶豫不決於「刪減」擺在桌上的挑戰項目，主要原因是每項挑戰通常和鍾愛的計畫及專案有關，拿掉意味著拒絕鍾愛的計畫或專案，或至少拒絕給予充分資金和關注。這也是為何那麼多策略會議最終得出一長串項目清單，所有與會者想做的事全都列在上頭的原因，關起門來，經理人政治互惠，大家協商與交易，相互支持你我的計畫。

較短的時間範圍有助於避開這種常見的僵局，舉例而言，若採行的政策與行動要在未來十八個月內完成，意味著很快就有機會把另一個計畫或利益擺上檯面。看到策略快速的週期循環時，與會者比較不會太心疼於把自己心愛的計畫或利益從桌面上移除；反之，看到策略需要長程投入時，挑選優先要務的工作就變成了一種生死搏鬥。保持較短的時間範圍有助於策略團隊對優先要務達成一致意見，因為這些要務不是永久不變的。

參考類群

一個常見的偏見是認為你的情況很特殊，這相同於樂觀偏誤，或丹尼爾·康納曼和丹·羅瓦洛（Dan Lovallo）所謂的「忽視競爭者」（competitor neglect）[4]。例如，我認為應該車禍統計數字不適用在我身上，因為「我不一樣」。問題是，人人都認為自己與眾不同，但統計數字就是來自我們啊。

至於參考類群（reference class）則是指一群相似的情況、公司或挑戰。有效使用專業顧問，其實就是收集有用的參考類群，像是收集進入中國消費性商品市場的公司，或是技術專利已過期的公司等等。麥肯錫

的顧問克里斯・布萊德利（Chris Bradley）、賀睦廷（Martin Hirt）和斯文・史密（Sven Smit）合著的《曲棍球桿效應》（*Strategy Beyond the Hockey Stick*）精闢地闡釋這個問題。他們指出，為研擬策略準備的大量文件：「提供細節資訊，但沒有提供協助預測功能的參考資料。有趣的是，你獲得的資訊愈詳細，愈使你相信自己知道一切，自信愈高，得出錯誤結論的風險愈高。」[5]

這種偏誤的一個有趣例子出現於美國智庫蘭德公司（Rand Corporation），他們研究了四十家使用新流程的化學廠，平均而言，這些化學廠在辯護採用新流程的效益時，做出的初步成本估計是最終實際成本的 49％，這些化學廠的初步成本估計介於實際成本的 27％ 至 72％（一個標準差）之間。蘭德公司的這項研究總結之一如下：

> 我們未能發現，在十二年左右期間，我們資料庫裡的這些工廠在成本估計方面獲得改善，我們也沒看出對工廠績效的預期有任何改變。長期持續低估成本，以及對績效的過度樂觀假設，令人不禁疑問，為何長久以來這產業一直未能調整其預期。[6]

答案很簡單，產業不會思考，做思考工作的是人。在我輔導的幾個策略鑄造工作中，策略團隊會為了在做出決策結論之前進行更多的研究工作而休會，這其中的一些研究工作就是收集他方面臨相似情況的資訊來建立一個參考類群。

策略導航

　　在困境中生存的關鍵是調適境況的變化,如第三章所述,策略是持續的旅程,為實踐這概念,主管應該花時間寫下他們研擬策略的基本假設以便日後檢驗與修正。從困難邁向行動必須要假設,不幸的是,一些假設可能是錯的,若不明確地寫下所有基本假設,並且隨著事情開展來檢查這些假設的正確性,我們就很難做出調整。策略導航就是明確假設、且隨著事件開展而檢查假設正確性的流程。

立誓

　　「National Agency」(假名)是一家為某政府提供重要服務的大型機構,輔導該機構進行策略鑄造的兩個月後我再訪該組織,令我氣餒的是,策略鑄造團隊研擬與採行的重要指引政策被忽視了。主管解釋,管理高層的兩個成員「變節」,在策略鑄造會議結束不久後就開始苛刻批評會議中所建議的行動。原本這兩人在策略鑄造會議中贊同這些行動,但會議結束後卻開始要求其部屬與同仁拒絕執行這些行動。

　　這種行為在公家機關很常見,因為高階主管承繼既有的組織架構與人事,他們鮮少在任內待得夠久而能夠組成一支具有凝聚力的團隊。

　　矯治這種權謀政治運作的基本方法是不容許雙面經理人,那些對上司說是、對下屬說不的主管,應該被送回初中接受再教育。

　　「立誓」能注入一些道德骨氣來防止這種行為。適當的時候,我會請策略鑄造團隊成員在會議室中央圍成一圈,我說:

　　　　你們這個團隊已經深入檢視你們所面臨的挑戰,你們已經針

對為了克服最重要的挑戰而必須執行的一些任務達成一致意見。你們刻意把其他關切的課題擱置一旁，聚焦於這些任務。我請你們向自己與彼此確認，直到下次策略鑄造之前必須遵守這些抉擇。我請你們確認，你們不會對他人詆毀這些決策，你們不會尋求破壞這些決策，你們將對彼此提供協助與支持好完成它們。

應該要求每個策略鑄造團隊成員以言語或姿勢表達贊同，我輔導過的一些團隊會圍成一圈在中央一起碰拳立誓。

公開顏面

多年前我輔導一家大型國際性製造公司做策略鑄造，四天半的會議期間，團隊對基本指引政策激烈辯論，第三天重要專家飛抵後，研擬終於完成。開始進入結論時，我把我們研議出的三個主要任務寫在會議室前方的腳架活頁紙上，一位與會者問道：「策略在哪裡？」

「你指的是？」我問。

「噢，三年前我們發送給所有人一項策略，裡頭有很多關於我們想做什麼的細節。」

「你指的是這個嗎？」我問，同時指向釘在牆上的三年前「策略」紙本文件。

「對，就是那個。」他說。

我手拿著紅色麥克筆走向那文件，大聲讀出上頭列出的十個目標，並逐一詢問這團隊這些目標是否達成了。

「如同第一條說的，你們持續是這產業的領先者嗎？」我問。答案

為「否」，因為該公司的市場占有率下滑了。我用紅色麥克筆在這目標旁邊打了一個 X。

「你們維持最高的安全性標準嗎？」是的，我打了一個勾。

「你們的獲利力提高了？」沒有，我打一個 X。

「你們滲透了中國市場？」不盡然，我打了一個淺紅色的 X。

「你們維持高員工士氣與信心？」呃，在裁員 15% 之下，這大有問題，我打一個 X。

「你們明顯減少使用排碳能源？」排碳量維持不變也沒減少，我打一個 X。

逐一檢視完後總共有八個 X。

「你們想要再發表這種策略嗎？」我問：「充滿神聖目標、但三年後沒能達成幾個的文件？」

太多主管把「策略」看成公開顏面，亦即雕琢一份目的與優先要務的公開聲明。但是員工與投資人期望看到公司發表公開的「策略」說明，敘述組織的基本活動、價值觀與優先要務。

為應付這些需求，策略鑄造團隊必須花些時間和心力，為選定的政策與行動妝點顏面。為策略建構公眾形象時，最好避免使用「目標」與「目的」等字眼，應該講述少數幾項優先要務。（切記，超過三項優先要務，「優先」的意義就淡了！）避免令人感覺策略文件把所有事情都說成重要，像是在耶誕樹下為每個利益團體擺放了一份禮物。這或許打破了傳統做法，但卻有其必要，好策略就是要聚焦，不是人人做所有的事。

致謝

　　沒有妻子凱特每日支持，我無法寫成此書。身為前策略學教授，她傾聽我遭遇的每一個難題，總是給出解決難題的建議。她閱讀我寫的每一章，建議修改哪些地方，甚至建議刪除整章。雪梨大學的教授丹‧羅瓦洛（Dan Lovallo）也閱讀我寫的許多篇章，提出非常有助益的評論。我也感謝史蒂芬‧李普曼（Steven Lippman）、皮特‧卡明斯（Pete Cummings）、諾曼‧特伊（Norman Toy）等人閱讀本書的早期版本，提供精闢的回饋。

　　感謝阿歇特出版集團（Hatchette Book Group）旗下 PublicAffiars 出版社的約翰‧馬哈尼（John Mahaney），他的貢獻不僅僅是一位編輯，他看出本書的核心訊息，小心地幫助我琢磨與雕塑。我請 Inkwell Management 的共同創辦人麥克‧卡萊爾（Michael V. Carlisle）擔任本書的經紀人，他閱讀本書初稿時給予我鼓勵，除了他身為優秀經紀人的貢獻，我也由衷感謝他對本書核心訊息的呈現及書名給出的明智建議。

註釋

前言

1. 在楓丹白露的等級制中，「狗屁股天花板」的攀爬難度是 7A，1950 年代中期首次有人征服这難度。2021 年的現在，難度的最高等級已上升至 8C，世上僅少數抱石攀爬者成功征服这難度等級的抱石攀爬路線。

2. 後來，我詢問愛絲雅有關＜圖表 1 ＞的那一步，問她那是不是關鍵點？她説：「是的，對我而言，那或許是關鍵點，但其他人也許會説是下一步吧。」

第一章

1. Gary Hamel, "Killer Strategies That Make Shareholders Rich," *Fortune*, June 23, 1997, 70.

2. Jack Kavanagh, "Has the Netflix vs Disney Streaming War Already Been Won?," *Little White Lies: Truth and Movies*, March 17, 2018.

3. Garth Saloner, Andrea Shepard, and Joel Podolny, *Strategic Management* (New York: John Wiley & Sons, 2001), 20.

第二章

1. Kees Dorst, "The Core of 'Design Thinking'and Its Application," *Design Studies* 32, no. 6 (2011): 527.

2. 此處及下文中使用公司與個人的假名，這些假名第一次出現時用單引號標示。

3. 麥克·波特絕對不會這樣處理一家公司的策略，他的分類法是廣義地敍述各種策略類型，而非策略本身。

4. Herbert A. Simon, *The Sciences of the Artificial* (Cambridge, MA: MIT Press, 2019), 111.

5. 一個張量（tensor）是一個根據每一維或指標的不同定律而變換的多維陣列（multidimensional array）。

6. 這段說明衍生自以下文獻中對「非結構化問題」（unstructured problems）的說明：Richard M. Cyert, Herbert A. Simon, and Donald B. Trow,"Observation of a Business Decision,"*Journal of Business* 29, no. 4 (1956): 237–248.

7. John Kounios and Mark Beeman, "The Cognitive Neuroscience of Insight,"*Annual Review of Psychology* 65 (2014): 88.

8. Michael C. Lens,"Subsidized Housing and Crime: Theory, Mechanisms, and Evidence" (UCLA Luskin School of Public Affairs, 2013), https://luskin.ucla.edu/sites/default/files/Lens% 204% 20JPL.pdf.

9. Kounios and Beeman, op. cit., 80.

10. Charles Darwin, *The Autobiography of Charles Darwin* (Amherst, NY: Prometheus Books, 2010), 42.

11. John Dewey, *How We Think* (Lexington, MA: D. C. Heath, 1910), chap. 3.

12. 通常最好是做法是循著你的足跡折返，縱使這意味的是再稍稍攀登回去。若你必須在山上或森林中過夜，你應該擔心及注意的是保暖及飲水，別浪費精力去尋找食物。除非你受傷或挨凍，否則你可以支撐多天及想辦法。

13. Merim Bilalić, Peter McLeod, and Fernand Gobet, "Inflexibility of Experts—Reality or Myth? Quantifying the Einstellung Effect in Chess Masters,"*Cognitive Psychology* 56, no. 2 (2008): 73–102.

14. Overture Services 公司在 2002 年向法院提出谷歌侵犯專利的訴訟，該案於 2003 年和解，谷歌向 Overture 支付 $3.5 億美元的谷歌股份。Overture 的基本權利主張是：「產生一份搜尋結果清單的一種方法……，以及依據個別競標價值，把辨識的搜尋列表整理成一份搜尋結果清單。」由於谷歌並未使用競標來整理它的搜尋結果，Overture 的專利或許未必和谷歌有關。

15. 伴隨行動搜尋的興起，谷歌把付費廣告移至搜尋結果的前列，某種程度地把問題模糊化。遺憾的是，2021 年的現在，谷歌已經藉由難以看出差別的格式改變，進一步模糊了有機搜尋結果和付費廣告之間的分界。

第三章

1. "Mid-market CRM Total Cost of Ownership" (Yankee Group, July 2001).

2. Marc R. Benioff and Carlye Adler, *Behind the Cloud: The Untold Story of How Salesforce.com Went from Idea to Billion-Dollar Company—and Revolutionized an Industry* (San Francisco: Jossey-Bass, 2009), 134.

3. Ben McCarthy, "A Brief History of Salesforce.Com, 1999–2020," November 14, 2016, www.salesforceben.com/brief-history-salesforce-com.

4. 馬可・貝尼奧夫於 2009 年 11 月 18 日在 Dreamforce 7 發表的言論。

5. "Telegraph Travel," *Telegraph*, September 28, 2016.

6. "Telegraph Travel"; Michael Hogan, "Michael O'Leary's 33 Daftest Quotes," *Guardian*, November 8, 2013.

7. Siddharth Vikram Philip, Matthew Miller, and Charlotte Ryan, "Ryanair Cuts 3,000 Jobs, Challenges $33 Billion in State Aid," *Bloomberg*, April 30, 2020.

第四章

1. Louis Morton, "Germany First: The Basic Allied Concept of Strategy in World War II" (US Army Center of Military History, 1990); emphasis in the original.

2. Joseph A. Califano, *The Triumph and Tragedy of Lyndon Johnson: The White House Years* (New York: Simon and Schuster, 2015), 326.

3. Bethany McLean, "The Empire Reboots," *Vanity Fair*, November 14, 2014.

4. John F. Crowell, "Business Strategy in National and International Policy," *Scientific Monthly* 18, no. 6 (1924): 596–604.

5. 根據聯合國人權部門定義：國家機構、民營部門和社會結構中一個複雜、相互關聯的法律、政策、做法和態度體系的運作，這幾個因素結合在一起可產生基於種族、膚色、血統、民族或族裔的直接或間接、有意或無意、法律上或事實上的歧視、區別、排斥、限制或偏好。

6. 所有資訊取自公開資訊，未訪談或諮詢英特爾員工或主管。

7. Shawn Knight, "Intel Internal Memo Reveals That Even Intel Is Impressed by AMD's Progress," Techspot, June 26, 2019, www.techspot.com/news.

8. Leo Sun, "Intel's Chip Issues Are Hurting These 3 Tech Giants," *Motley Fool*, April 8, 2019.

9. Charlie Demerjian, "Why Did Intel Kill Off Their Modem Program?," *SemiAccurate* (blog), April 18, 2019, www.semiaccurate.com/2019/04/18/why-did-intel-kill-of-their-modem-program.

10. Don Clark, "Intel's Culture Needed Fixing. Its C.E.O. Is Shaking Things Up," *New York Times*, March 1, 2020.

第五章

1. S&P 1500 是標準普爾公司編纂的一群公司，約占美國股市總值的 90%。

2. 強・裴迪創立的強裴迪研究公司（Jon Peddie Research）是技術導向行銷與管理顧問公司，專業於製圖及多媒體。

3. Frederick Kempe, "Davos Special Edition: China Seizing AI Lead?," Atlantic Council, January 26, 2019, www.atlanticcouncil.org/content-series/inflection-points/davos-special-edition-china-seizing-ai-lead.

4. David Trainer, "Perverse Incentives Produce Deals That Shred Shareholder Value," *Forbes*, May 2, 2016, www.forbes.com/sites/greatspeculations/2016/05/02/perverse-incentives-produce-deals-
that-shred-shareholder-value.

5. F. Homberg, K. Rost, and M. Osterloh, "Do Synergies Exist in Related Acquisitions? A Meta-analysis of Acquisition Studies," *Review of Managerial Science* 3, no. 2 (2009): 100.

6. Colin Camerer and Dan Lovallo, "Overconfidence and Excess Entry: An Experimental Approach," *American Economic Review* 89, no. 1 (1999): 306–318.

7. D. Fisher, "Accounting Tricks Catch Up with GE," *Forbes*, November 22, 2019.

8. J. R. Graham, C. R. Harvey, and S. Rajgopal, "The Economic Implications of Corporate Financial Reporting," *Journal of Accounting and Economics* 40 (2005): 3–73.

9. Ilia Dichev et al., "The Misrepresentation of Earnings," *Financial Analysts Journal* 72, no. 1 (2016): 22–35.

10. Justin Fox, "Learn to Play the Earnings Game (and Wall Street Will Love You)," *CNN Money*, March 31, 1997.

11. Changling Chen, Jeong-Bon Kim, and Li Yao, "Earnings Smoothing: Does It Exacerbate or Constrain Stock Price Crash Risk?," *Journal of Corporate Finance* 42 (2017): 36–54. 在這項研究中，「崩跌」的衡量方法是股價下跌三個標準差的數字減去股價上升三個標準差的數字。

12. John McInnis, "Earnings Smoothness, Average Returns, and Implied Cost of Equity Capital," *Accounting Review* 85, no. 1 (2010): 315–341.

第七章

1. Nancy Bouchard, "Matter of Gravity, Petzl Turns the Vertical Environment into Bold Opportunity," SGB Media, August 1, 2008.

2. A. G. Lafley and Roger L. Martin, *Playing to Win: How Strategy Really Works* (Boston: Harvard Business Review Press, 2013).

3. "Cost-Benefit Analysis Used in Support of the Space Shuttle Program," National Aeronautics and Space Administration, June 2, 1972, http://archive.gao.gov/f0302/096542.pdf.

4. 發展太空梭的概念起源於美國空軍從 1957 年持續至 1963 年的「動力翱翔」（Dyna-Soar）計畫，尼爾‧阿姆斯壯（Neil Armstrong）原為這計畫下的試飛員。此計畫的概念是設計與建造一架一接獲通知就能立即攜帶武器至世界任何地方、並且像飛機般著陸的太空飛機，其靈感來自 1942 年的納粹「美洲轟炸機」（Amerika Bomber）計畫，該計畫研究從歐洲轟炸美洲的幾種可能選擇。

5. 135 次任務，2 次失敗，失敗率為 1.5%。「挑戰者號」（Challenge）太空梭上用於密

封接縫的 O 形環在低溫下失效，導致兩段固態燃料火箭推進器未能密封，燃燒的高溫氣體外溢。「哥倫比亞號」太空梭的隔熱系統損壞是因為固態燃料箱的一塊外殼脫落，撞擊並損壞了一片絕熱瓦。

6. Jean Edward Smith, *Eisenhower: In War and Peace* (New York: Random House, 2012), 278.

7. Maurice Matloff and Edwin Marion Snell, *Strategic Planning for Coalition Warfare, 1941–1942* [1943–1944] (Office of the Chief of Military History, Department of the Army, 1953), 3:219.

8. "President Bush Visits with Troops in Afghanistan at Bagram Air Base," White House press release, https://georgewbush-whitehouse.archives.gov/news/releases/2008/12/20081215-1.html.

9. Craig Whitlock, "At War with the Truth," *Washington Post*, December 9, 2019.

第八章

1. Thomas Gryta, Joann S. Lublin, and David Benoit, "How Jeffrey Immelt's 'Success Theater' Masked the Rot at GE," *Wall Street Journal*, February 21, 2018.

2. Brian Merchant, "The Secret Origin Story of the iPhone," *Verge*, June 13, 2017.

3. Walter Isaacson, *Steve Jobs* (New York: Simon & Schuster, 2011), 246.

4. David Lieberman, "Microsoft's Ballmer Having a 'Great Time,'" *USA Today*, April 29, 2007.

5. John C. Dvorak, "Apple Should Pull the Plug on the iPhone," March 28, 2007, republished on *MarketWatch*, www.marketwatch.com/story/quid/3289e5e2-e67c-4395-8a8e-b94c1b480d4a.

6. Translated from www.handelsblatt.com/unternehmen/industrie/produktentwicklung-nokia-uebt-sich-in-selbstkritik;2490362.

7. *New York Times*, June 19, 1986.

8. "Assessment of Weapons and Tactics Used in the October 1973 Mideast War," *Weapons System Analysis Report 249*, Department of Defense, October 1974, www.cia.gov/library/readingroom/docs/LOC-HAK-480-3-1-4.pdf.

9. NATO Force Structure (declassified), www.nato.int/cps/fr/natohq/declassified_138256.htm.

10. "Sensitive New Information on Soviet War Planning and Warsaw Pact Force Strengths," CIA Plans Division, August 10, 1973, 7, www.cia.gov/library/readingroom/docs/1973-08-10.pdf. See also "Warsaw Pact War Plan for Central Region of Europe," CIA Directorate of Intelligence, June 1968, www.cia.gov/library/readingroom/docs/1968-06-01.pdf.

11. Romie L. Brownlee and William J. Mullen III, "Changing an Army: An Oral History of

General William E. DePuy, U.S.A. Retired," United States Center of Military History, n.d., 43, https://history.army.mil/html/books/070/70-23/CMH_Pub_70-23.pdf.

12. 引述以下著作中提及亞歷山大·海格在 1976 年 9 月 10 日寫給威廉·德皮尤的信： Major Paul Herbert, *Deciding What Has to Be Done: General William E. DePuy and the 1976 Edition of FM-100-5, Operations* (Leavenworth Papers, no. 16, 1988), 96.

第九章

1. Brian Rosenthal, "The Most Expensive Mile of Subway Track on Earth," *New York Times*, December 28, 2017.

2. Greg Knowler, "Maersk CEO Charts Course Toward Integrated Offering," March 7, 2019, www.joc.com/maritime-news/container-lines/maersk-line/maersk-ceo-charts-course-toward-integrated-offering_20190307.html.

3. Richard P. Rumelt, "How Much Does Industry Matter?," *Strategic Management Journal* 12 (1991): 167–185.

第十章

1. 嚴格來說，布萊德利面對的是一個像買入選擇權（call option）那樣的凸性報酬（convex payoff），因此他受益於風險的增加，而非風險的減少。

2. 艾倫·札康對四象限的原始定義類比於理財工具：儲蓄、債券、抵押權、疑問。馮麥克創造了「金牛」這標籤，後來，這矩陣被公開時，此標籤引發了一些惱怒。

3. Joseph L. Bower and Clayton M. Christensen, "Disruptive Technologies: Catching the Wave," *Harvard Business Review* (January–February 1995): 43.

4. Jill Lepore, "What the Gospel of Innovation Gets Wrong," *New Yorker*, June 16, 2014, www.newyorker.com/magazine/2014/06/23/the-disruption-machine.

5. Mitsuru Igami, "Estimating the Innovator's Dilemma: Structural Analysis of Creative Destruction in the Hard Disk Drive Industry, 1981–1998," *Journal of Political Economy* 125, no. 3 (2017): 48.

6. Josh Lerner, "An Empirical Exploration of a Technology Race," *Rand Journal of Economics* (1997): 228–247.

第十一章

1. Karl Popper, "Natural Selection and the Emergence of Mind," speech delivered at Darwin College, November 8, 1977.

2. Thomas McCraw, *American Business, 1920–2000: How It Worked* (Wheeling, IL: Harlan Davidson, 2000), 51.

3. "How Intuit Reinvents Itself, " part of " The Future 50," *Fortune.com*, November 1, 2017, 81.

4. Karel Williams et al., " The Myth of the Line: Ford's Production of the Model T at Highland Park, 1909–16," *Business History* 35, no. 3 (1993): 66–87.

5. Armen Alchian, "Reliability of Progress Curves in Airframe Production," *Econometrica* 31 (1963): 679–694.

6. Grace Dobush, "How Etsy Alienated Its Crafters and Lost Its Soul," *Wired*, February 19, 2015, www.wired.com/2015/02/etsy-not-good-for-crafters/.

第十二章

1. Mark A. Lemley, "The Myth of the Sole Inventor," *Michigan Law Review* (2012): 709–760.

2. www.sleuthsayers.org/2013/06/the-3500-shirt-history-lesson-in.html.

3. Bernardo Montes de Oca, Zoom Company Story, slidebean.com, April 9, 2020.

4. Jon Sarlin, "Everyone You Know Uses Zoom. That Wasn't the Plan," *CNN Business*, November 29, 2020.

5. David J. Teece, "Profiting from Technological Innovation: Implications for Integration, Collaboration, Licensing and Public Policy," *Research Policy* 15, no. 6 (1986): 285–305.

第十三章

1. Maryann Keller, *Rude Awakening: The Rise, Fall, and Struggle for Recovery of General Motors* (New York: HarperPerennial, 1990), 107.

2. Anton R. Valukas, "Report to Board of Directors of General Motors Company Regarding Ignition Switch Recalls," Jenner & Block, May 29, 2014, 252, 253.

3. James Surowiecki, "Where Nokia Went Wrong," *New Yorker*. September 3, 2013, www.newyorker.com/business/currency/where-nokia-went-wrong.

4. Yves Doz and Keeley Wilson, *Ringtone*: *Exploring the Rise and Fall of Nokia in Mobile Phones* (Oxford: Oxford University Press, 2017).

5. Juha-Antti Lamberg et al., "The Curse of Agility: Nokia Corporation and the Loss of Market Dominance, 2003–2013," Industry Studies Conference, 2016.

6. Timo O. Vuori and Quy N. Huy, "Distributed Attention and Shared Emotions in the Innovation Process: How Nokia Lost the Smartphone Battle," *Administrative Science Quarterly* 61, no. 1 (2016): 22.

7. Vuori and Huy, op. cit., 24.

8. Daniel Quinn Mills and G. Bruce Friesen, *Broken Promises*: *An Unconventional View of What Went Wrong at IBM* (New York: McGraw-Hill, 1996), 43, 45.

9. Paul Carroll, *Big Blues: The Unmaking of IBM* (New York: Crown, 1994), 24.

10. Lynda M. Applegate, Robert Austin, and Elizabeth Collins, "IBM's Decade of Transformation: Turnaround to Growth" (Harvard Business School Case 9-805-130, 2009).

11. Lou Gerstner, "The Customer Drives Everything," *Maclean's*, December 16, 2002, https://archive.macleans.ca/article/2002/12/16/the-customer-drives-everything.

12. Louis V. Gerstner, *Who Says Elephants Can't Dance? Inside IBM's Historic Turnaround* (New York: HarperInformation, 2002), 187.

13. Applegate, Austin, and Collins, "IBM's Decade of Transformation," 6.

第十四章

1. Richard P. Rumelt, *Strategy, Structure, and Economic Performance* (Cambridge, MA: Harvard Business School Press, 1974).

2. John B. Hege, *The Wankel Rotary Engine: A History* (Jefferson, NC: McFarland, 2006), 115.

3. 這裡的總值，指的是所有股票價值加上所有負債價值，是股東利益及債權人利益的總和。

4. Dean Foods Company Overview, PowerPoint slides, 2015.

第十五章

1. 顯然，這是他的標準觀點。歷史學家暨社會評論家小亞瑟‧史列辛格（Arthur Schlesinger Jr.）在 1964 年說過很相似的話。參見：Papers of Robert S. McNamara, Library of Congress, Part L, folder 110, interview with Arthur M. Schlesinger Jr., April 4, 1964, 16.

2. Robert McNamara, *In Retrospect: The Tragedy and Lessons of Vietnam* (New York: Times Books, 1995), 203.

3. Clark Clifford with Richard Holbrooke, *Counsel to the President: A Memoir* (New York, Random House, 1991), 460.

4. Rosabeth Moss Kanter, "Smart Leaders Focus on Execution First and Strategy Second," *Harvard Business Review* (November 6, 2017).

5. Alfred D. Chandler, *Strategy and Structure: Chapters in the History of the Industrial Enterprise* (Cambridge, MA: MIT Press, 1961), 22.

6. Robert S. Kaplan and D. P. Norton, *The Balanced Scorecard: Translating Strategy into Action* (Cambridge, MA: Harvard Business School Press, 1996).

7. Robert S. Kaplan and David P. Norton, "Focus Your Organization on Strategy—with the Balanced Scorecard," *Harvard Business Review* (2005): 1–74.

第十六章

1. Justin Fox and Rajiv Rao, "Learn to Play the Earnings Game," *Fortune*, March 31, 1997.

2. Jerry Useem, "The Long-Forgotten Flight That Sent Boeing Off Course," *Atlantic*, November 20, 1999.

3. Fischer Black and Myron Scholes, "The Pricing of Options and Corporate Liabilities," *Journal of Political Economy* 81, no. 3 (1973): 637–654. 費雪・布萊克（Fischer Black）於 1995 年過世，享年僅 57，若他活得更久些，便會在 1997 年與麥倫・修爾斯（Myron Scholes）及羅伯・默頓（Robert Merton）一起獲得諾貝爾經濟學獎。

4. Warren E. Buffett and Jamie Dimon, "Short Termism Is Harming the Economy," *Wall Street Journal*, June 7, 2018.

5. M. C. Jensen, "Agency Costs of Free Cash Flow, Corporate Finance, and Takeovers," *American Economic Review* 76, no. 2 (1986): 323–329.

6. "CEO and Executive Compensation Practices: 2019 Edition," Conference Board, 1/.

7. K. H. Hammonds, "The Secret Life of the CEO: Do They Even Know Right from Wrong?," *Fast Company*, September 30, 2002, www.fastcompany.com/45400/secret-life-ceo-do-they-even-know-right-wrong.

8. https://cio-wiki.org/wiki/Shareholder_Value.

9. ExxonMobil, "Notice of 2011 Annual Meeting and Proxy Statement," April 13, 2011.

10. Brian J. Bushee, "Do Institutional Investors Prefer Near-Term Earnings over Long-Run Value?," *Contemporary Accounting Research* 18, no. 2 (2001): 207–246.

11. Kim, Yongtae, Lixin (Nancy) Su, and Xindong (Kevin) Zhu. "Does the Cessation of Quarterly Earnings Guidance Reduce Investors' Short-Termism?" *Review of Accounting Studies* 22, no. 2 (June 1, 2017): 715–52.

12. Lucinda Shen, "The Most Shorted Stock in the History of the Stock Market," *Fortune*, August 7, 2018 （這段引述中的粗體字是本書作者為強調而標示的。）

13. James Temperton, "Google's Pixel Buds Aren't Just Bad, They're Utterly Pointless," *Wired*, December 7, 2017.

第十七章

1. George Albert Steiner, *Top Management Planning* (New York: Macmillan, 1969).

2. 神經胺酸酶（neuraminidase）有 N1 至 N9 這九種，血球凝集素（hemagglutinin）有 H1 至 H17 這十七種，1918 年的大流感是 H1N1 型病毒，新冠肺炎是 l17N9 型病毒。

3. https://s.wsj.net/public/resources/documents/Scientists_to_Stop_COVID19_2020_04_23_FINAL.pdf.

4. https://en.wikipedia.org/wiki/Mission_statement.

5. "Not led, I lead."

6. James Allen, "Why 97% of Strategic Planning Is a Waste of Time," *Bain & Company Founder's Mentality* (blog), 2014, www.bain.com/insights/why-97-percent-of-strategic-planning-is-a-waste-of-time-fm-blog/.

7. www.brainyquote.com/quotes/katie_ledecky_770988.

第十八章

1. Lucien S. Vandenbroucke, "Anatomy of a Failure: The Decision to Land at the Bay of Pigs," *Political Science Quarterly* 99, no. 3 (1984): 479. 此文參考了當時的中情局局長杜勒斯的手寫文件：box 244, Allen W. Dulles Papers, Seeley Mudd Manuscript Library, Princeton University, Princeton, NJ.

2. 據 1991 年 10 月 20 日的《紐約時報》報導：「聯合國調查員發現被伊拉克成功隱藏的核武發展計畫，這驚人發現令美國情報機構既振奮、又難堪，振奮是因為就此發現提供大量可靠資料顯示該國（伊拉克）企圖製造原子彈的野心，難堪是因為這發現顯示美國對於該計畫的掌握情報太少。自聯合國調查團隊展開搜尋與摧毀伊拉克的毀滅性武器任務的幾個月間，他們已經發現範圍遠遠更大的核武發展計畫，其設計的先進程度及發展進程遠超過華府原先持有的懷疑程度。」

3. 這節錄自副總統錢尼於 2002 年 8 月在海外作戰退伍軍人協會（Veterans of Foreign Wars）全國大會上的演講。錢尼並非一直抱持這種想法，1990 年代初期老布希把伊拉克逐出科威特、但拒絕進軍巴格達後，錢尼在 1994 年接受訪談時說：「若你能推翻伊拉克的中央政府，你將很容易看到伊拉克四分五裂，敘利亞人會想要伊拉克的西部，伊朗人想瓜分伊拉克東部──他們已經為此打了八年的戰爭。北部有庫德人，若那些庫德人和土耳其的庫德人結合起來，那就會威脅到土耳其的領土完整性。若你試圖進軍、接管伊拉克，你將會陷入難以脫身的泥沼。」參見：*ABC News* interview, 1994, youtu.be/YENbElb5-xY。

4. Daniel Kahneman, *Thinking, Fast and Slow* (New York: Macmillan, 2011).

5. 學者蓋兒．希爾（Gayle Hill）全面回顧有關於團隊表現的實驗結果後得出以下結論：「就容易的工作而言，表現往往取決於一個能幹的團隊成員。」至於較複雜的工作：「團隊的生產力似乎取決於最能幹的那個團隊成員，再加上『集體加分效應』（assembly bonus effects，團隊表現高出個別成員貢獻總和的部分），減去因為團隊流程缺陷造成的損失。」這結論背離一般普遍抱持的「團隊合作成效優於個人單打獨鬥」的信念，是一個不得人心的結論，是以這條研究路線被探索團隊成員多樣化效益的研究給取代。參見：G. W. Hill, "Group Versus Individual Performance: Are N + 1 Heads Better Than One?," *Psychological Bulletin* 91, no. 3 (1982): 535.

第十九章

1. 軸轉機是以中心支軸轉動的灑水系統，這個名詞也用於平行式移動噴灑整片農場的灑水機。

第二十章

1. Gary A. Klein, *Sources of Power: How People Make Decisions* (Cambridge, MA: MIT Press, 2017), 58.

2. 這是丹尼爾·康納曼在《快思慢想》一書中提出的核心論述，參見：Daniel Kahneman, *Thinking, Fast and Slow* (New York: Macmillan, 2011)。

3. Gary Klein, "Performing a Project Premortem," *Harvard Business Review* 85, no. 9 (2007): 18–19.

4. D. Kahneman and D. Lovallo, "Timid Choices and Bold Forecasts: A Cognitive Perspective on Risk Taking," *Management Science* 39, no. 1 (1993): 17–31.

5. Chris Bradley, Martin Hirt, and Sven Smit, *Strategy Beyond the Hockey Stick: People, Probabilities, and Big Moves to Beat the Odds* (Hoboken, NJ: John Wiley & Sons, 2018), 6.

6. Edward W. Merrow, Kenneth Phillips, and Christopher W. Myers, *Understanding Cost Growth and Performance Shortfalls in Pioneer Process Plants* (Santa Monica, CA: Rand Corporation, 1981), 88.

好策略的關鍵
The Crux: How Leaders Become Strategists

作者	理查‧魯梅特（Richard P. Rumelt）
譯者	李芳齡
商周集團執行長	郭奕伶
商業周刊出版部	
總監	林雲
責任編輯	潘玫均
封面設計	萬勝安
內文排版	点泛視覺工作室
出版發行	城邦文化事業股份有限公司 商業周刊
地址	104 台北市中山區民生東路二段 141 號 4 樓
	電話：(02)2505-6789　傳真：(02)2503-6399
讀者服務專線	(02)2510-8888
商周集團網站服務信箱	mailbox@bwnet.com.tw
劃撥帳號	50003033
戶名	英屬蓋曼群島商家庭傳媒股份有限公司城邦分公司
網站	www.businessweekly.com.tw
香港發行所	城邦（香港）出版集團有限公司
	香港灣仔駱克道 193 號東超商業中心 1 樓
	電話：(852) 2508-6231　傳真：(852) 2578-9337
	E-mail：hkcite@biznetvigator.com
製版印刷	中原造像股份有限公司
總經銷	聯合發行股份有限公司
	電話：(02) 2917-8022
初版 1 刷	2022 年 9 月
初版 5 刷	2023 年 3 月
定價	600 元
ISBN	978-626-7099-67-4（平裝）
EISBN	9786267099711（EPUB）／ 9786267099704（PDF）

國家圖書館出版品預行編目 (CIP) 資料

好策略的關鍵 / 理查 . 魯梅特 (Richard P. Rumelt) 著 ; 李芳齡
譯 . -- 初版 . -- 臺北市 : 城邦文化事業股份有限公司商業周刊 ,
2022.09
　　面 ；　公分
譯自 : The crux : how leaders become strategists
ISBN 978-626-7099-67-4(平裝)
1.CST: 策略規劃 2.CST: 策略管理
494.1　　　　　　　　　　　　　　　　111010904

金商道

The positive thinker sees the invisible, feels the intangible,
and achieves the impossible.

惟正向思考者，能察於未見，感於無形，達於人所不能。 —— 佚名